零戦隊、発進！

「無敵零戦」神話の始まり

神立尚紀
Koudachi Naoki

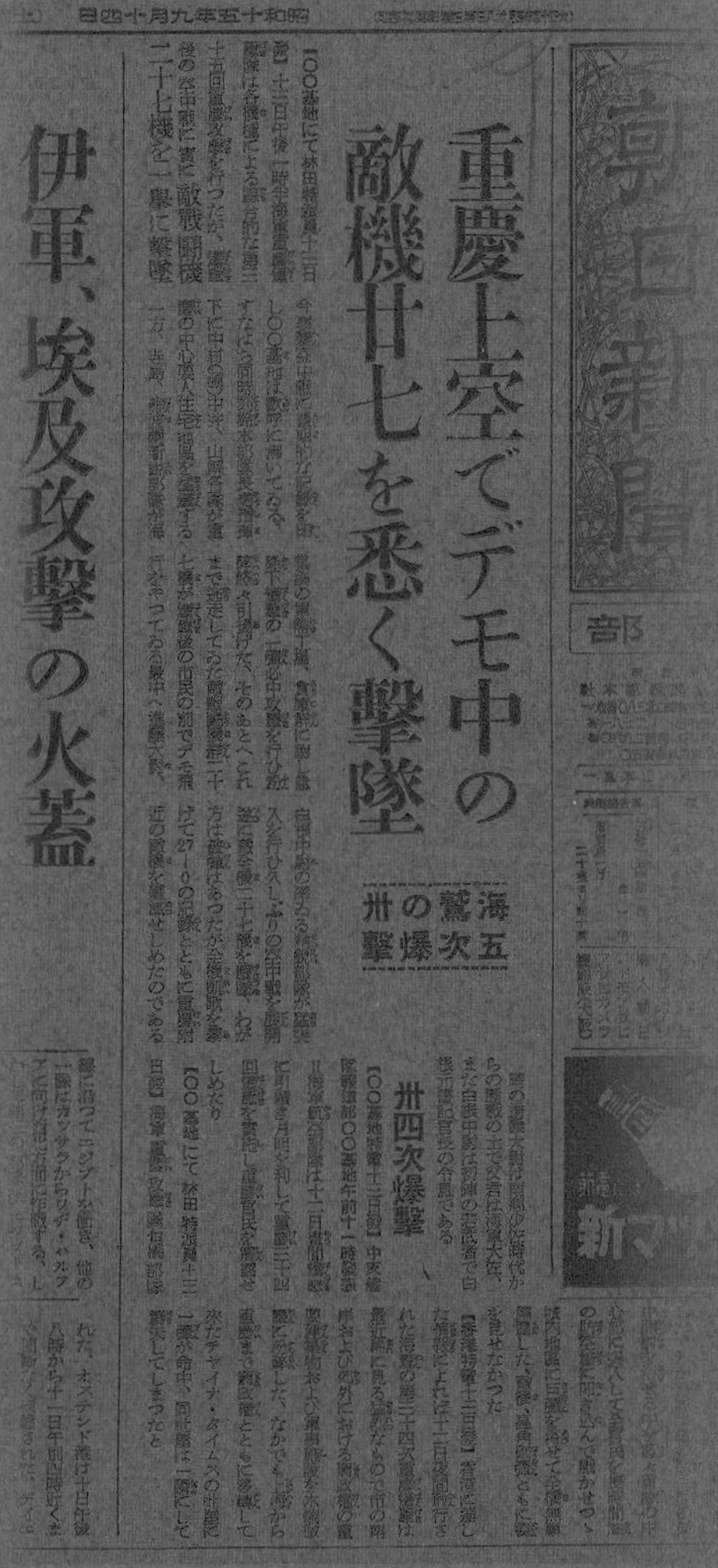
昭和十五年九月十四日

重慶上空でデモ中の
敵機廿七を悉く撃墜

海鷲の五次爆撃
卅

伊軍、埃及攻撃の火蓋

卅四次爆撃

潮書房光人新社

昭和15年８月、揚子江上空を飛ぶ零式一号艦上戦闘機一型。３-166号機は、同年７月26日、最初に漢口基地に進出したうちの１機。進藤三郎大尉が撮影した１枚で、操縦しているのは北畑三郎一空曹。本機は、８月19日の零戦初出撃、９月13日の零戦初空戦のさいにも北畑一空曹が搭乗している

昭和15年９月13日、零戦のデビュー戦を飾って漢口基地に帰還した13名の搭乗員（飛行服姿）と、第十二航空隊の主要幹部。前列左から光増政之一空曹、平本政治三空曹、山谷初政三空曹、末田利行二空曹、岩井勉二空曹、藤原喜平二空曹。後列左から横山保大尉、飛行長時永縫之介少佐、山下小四郎空曹長、大木芳男二空曹、北畑三郎一空曹、進藤三郎大尉、司令長谷川喜一大佐、白根斐夫中尉、高塚寅一一空曹、三上一禧二空曹、飛行隊長箕輪三九馬少佐、伊藤俊隆大尉。搭乗員の肩越しに零戦の列線が見える

昭和15年9月13日、重慶上空より漢口基地に帰還した指揮官進藤三郎大尉。後方で腰に手を当てているのが、第二聯合航空隊司令官大西瀧治郎少将。進藤大尉は薄いサングラスをかけている

〔次ページ〕昭和15年９月13日、夕日に照らされた漢口基地で、零戦初空戦の戦果を報告するため整列した搭乗員たち。周囲に人の輪が広がっている。後ろ姿中央は司令長谷川喜一大佐。搭乗員の左端列外に立つのが進藤大尉で、以下、この日の編成の小隊順に並んでいるが、高塚寅一一空曹、大木芳男二空曹の姿はまだ見えない。画面右上を歩いてくる３人のうち２人がこの両名かもしれないが、宜昌基地の上空哨戒にあたった九六戦六機も零戦隊に続いて還ってきているので、九六戦の搭乗員の可能性もある。画面右上に少なくとも５機の九六戦、左上には少なくとも３機の零戦が確認できる

昭和15年９月13日、漢口基地に帰還、整列場所に向かう搭乗員たち。やや引きの写真だが、人物部分を拡大すると（右写真）、第一中隊第二小隊の、手前から山下小四郎空曹長、末田利行二空曹、山谷初政三空曹であることがわかる

報告のため整列した搭乗員たちを斜め後方より見る。報告を聞く大西瀧治郎少将、長谷川喜一大佐らの顔が見える。搭乗員のライフジャケット背中に白ペンキで書かれた名前から、この日の編成順に並んでいることがわかる。所属部隊は「十二空戦」「第十二航空隊」の二通りの表記が見られる。進藤大尉、白根中尉の飛行帽はレシーバー収納型になっている

垂直尾翼に２本線を記した3-165号機は、昭和15年８月19日、零戦初出撃の日には進藤三郎大尉が搭乗し、その後も山下小四郎空曹長、白根斐夫中尉ら中隊長、小隊長の乗機となることの多い機番号だが、９月13日の初空戦のさいには末田利行二空曹が搭乗した

中華民国空軍第四大隊所属の徐吉驤（華江）中尉と、愛機ポリカルポフE-15（И-15bisあるいはИ-152とも）。徐中尉は、この戦闘機で零戦と30分にわたって戦い続け、三上一禧二空曹機に4発の命中弾を与える健闘をみせた。徐機は最後は三上機に撃墜されるが、この日、雌雄を決した宿敵同士は、58年後の平成10年（1998）、奇跡の再会を果たす（下写真。徐華江〈左〉と三上一禧／著者撮影）

徐中尉機は水田に墜落、大破。徐中尉は重傷を負ったが命に別状はなく、持っていた愛用のドイツ製カメラ・レチナで愛機の残骸を撮影した。上写真はエンジンの前方より、下写真は、横倒しになった胴体の操縦席側からのアングルである

昭和15年８月、漢口上空で訓練飛行中、進藤三郎大尉が撮影した零戦

昭和15年10月28日付朝日新聞「重慶上空廿七機撃墜　殊勲の海鷲現地報告」と題する記事に掲載された、９月13日の初空戦参加搭乗員たち。漢口基地指揮所前にて。前列左より平本政治三空曹、光増政之一空曹、三上一禧二空曹、高塚寅一一空曹。後列左より、岩井勉二空曹、山下小四郎空曹長、山谷初政三空曹、大木芳男二空曹、進藤三郎大尉、北畑三郎一空曹、白根斐夫中尉。１人飛行服姿の岩井二空曹によると「上空哨戒を終えて着陸したら撮影が始まっていた」という。ここに入っていない末田利行二空曹、藤原喜平二空曹は、すでに９月下旬、第十四航空隊に転出している

左から２人めより、第一聯合航空隊司令官山口多聞少将、支那方面艦隊司令長官嶋田繁太郎中将、第二聯合航空隊司令官大西瀧治郎少将

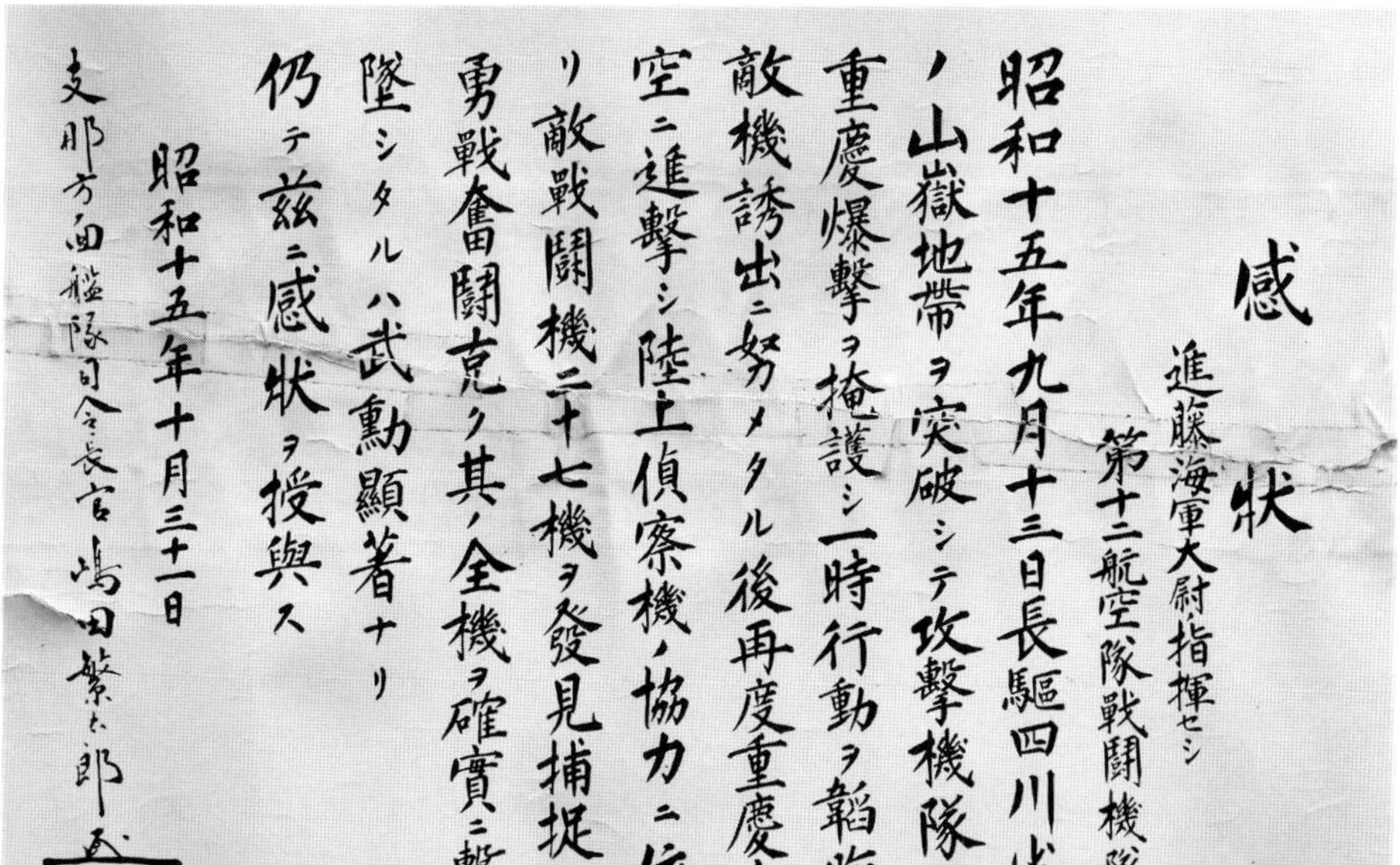

感状

進藤海軍大尉指揮セシ
第十二航空隊戦闘機隊

昭和十五年九月十三日長驅四川省ノ山嶽地帯ヲ突破シテ攻撃機隊ノ重慶爆撃ヲ掩護シ一時行動ヲ韜晦敵機誘出ニ努メタル後再度重慶上空ニ進撃シ陸上偵察機ノ協力ニ依リ敵戦闘機二十七機ヲ發見捕捉シ勇戦奮闘克ク其ノ全機ヲ確實ニ撃墜シタルハ武勲顯著ナリ
仍テ茲ニ感状ヲ授與ス

昭和十五年十月三十一日

支那方面艦隊司令長官　嶋田繁太郎

嶋田司令長官より「進藤海軍大尉ノ指揮セシ第十二航空隊戦闘機隊」に授与された、零戦初空戦の感状。進藤が戦後、破り捨てたのを父が拾って補修し、それが進藤歿後の平成12年、自宅から発見された

↗３列め左から２人めより中瀬正幸一空曹、山谷初政三空曹、岩井勉二空曹、光増政之一空曹、高塚寅一一空曹、北畑三郎一空曹、大木芳男二空曹、大石英男二空曹、羽切松雄一空曹、三上一禧二空曹、小林勉一空曹、杉尾茂雄一空曹、有田位紀三空曹。後列左端廣瀬良雄一空、４人おいて上平啓州二空曹、１人おいて平本政治三空曹、伊藤純二郎二空曹、１人おいて角田和男一空曹、松田二郎二空曹

昭和15年10月、第十二航空隊の戦闘機搭乗員たち。11月の異動を前に撮影された一枚。2列め（椅子）左から東山市郎空曹長、白根斐夫中尉、進藤三郎大尉、飛行長時永縫之介少佐、司令長谷川喜一大佐、飛行隊長箕輪三九馬少佐、横山保大尉、飯田房太大尉、山下小四郎空曹長。↗

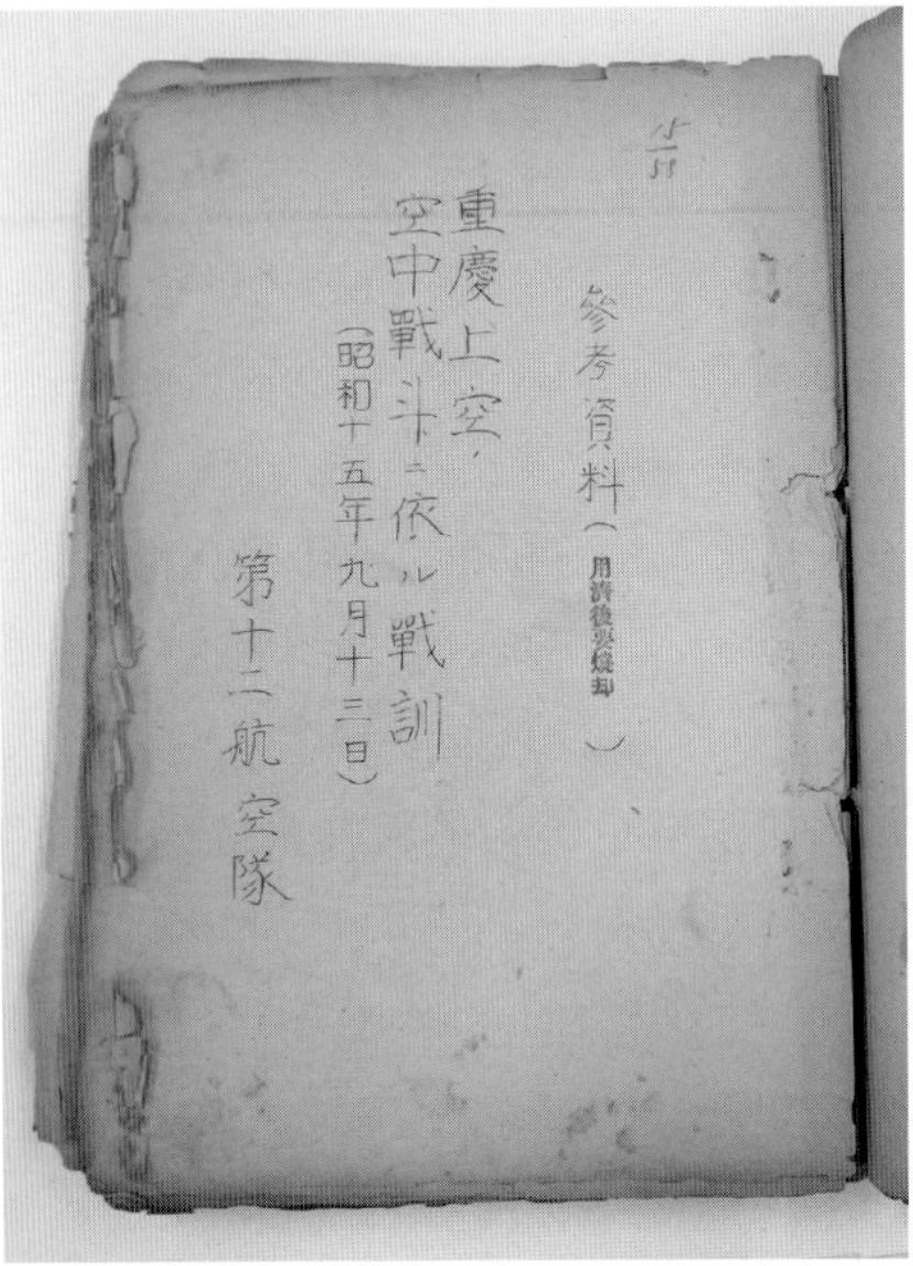

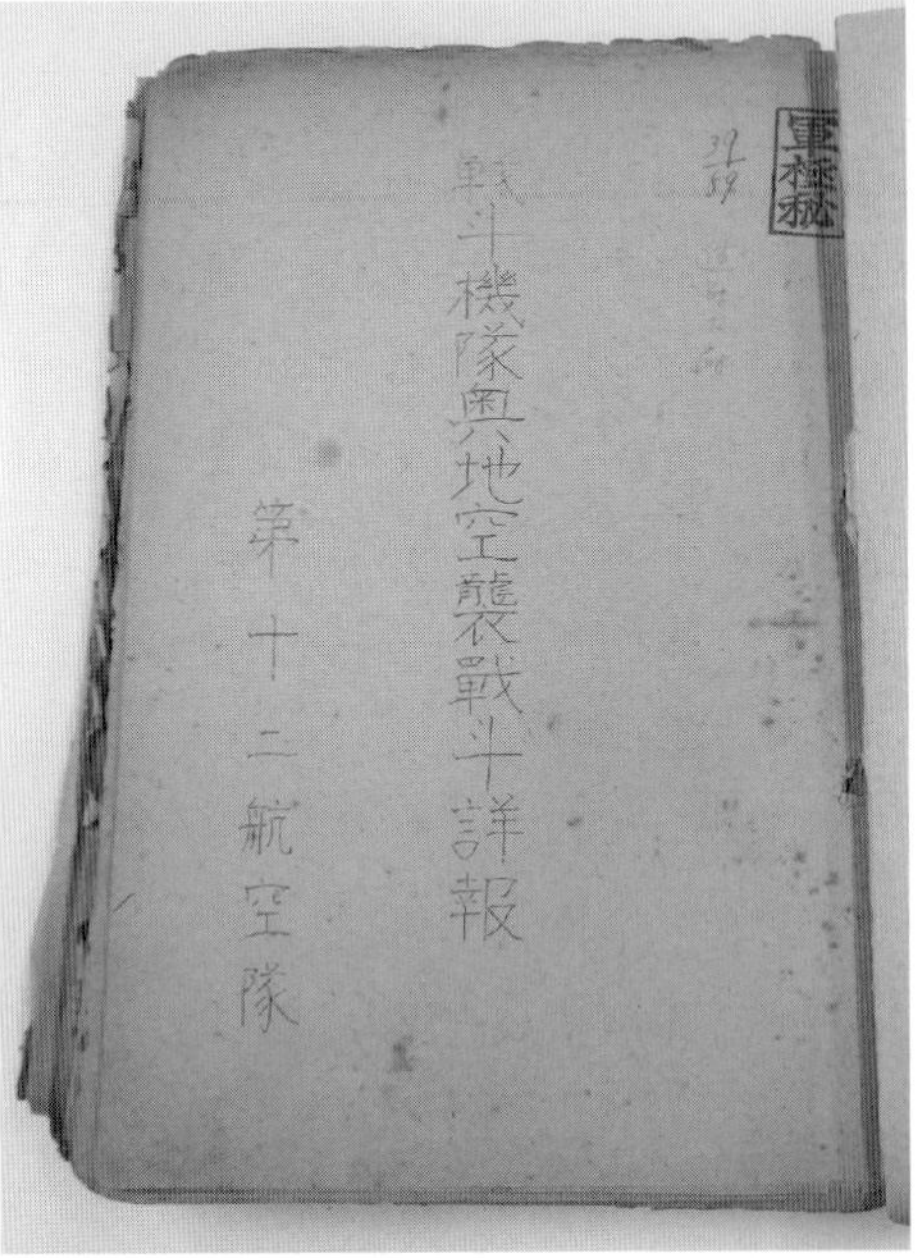

同じく進藤大尉が所蔵していた「重慶上空空中戦闘ニ依ル戦訓」の表紙。表題横に「用済後要焼却」の朱印が押してある

進藤大尉が戦後も保管していた「戦闘機隊奥地空襲戦闘詳報」。零戦初空戦の状況が記されている。右上に「軍極秘」の朱印がある

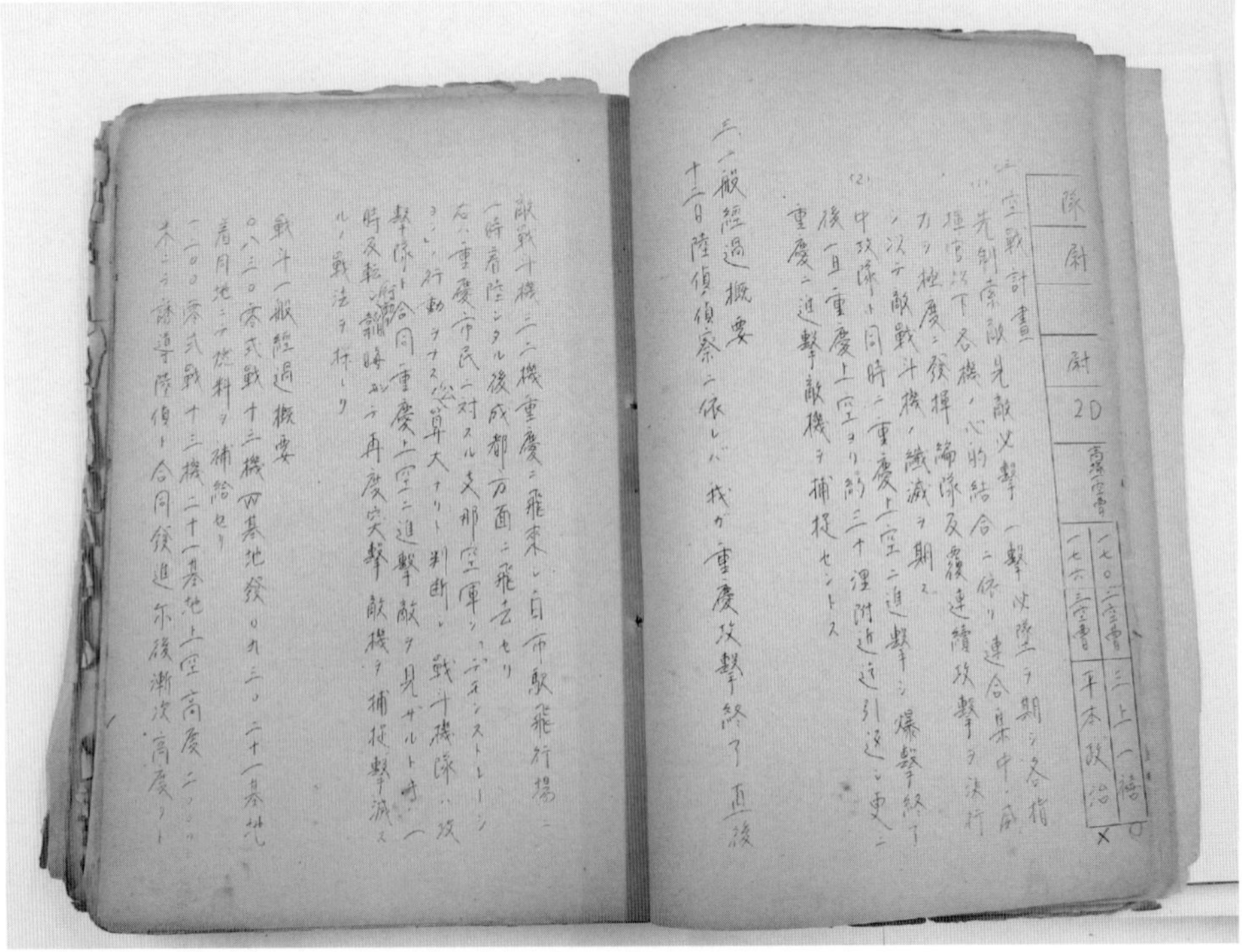

「戦闘詳報」の戦闘経過の概要が書かれたページ

序

昭和十五（一九四〇）年九月十三日金曜日――。

この日、中国大陸重慶《じゅうけい》上空において、日本海軍に制式採用されて間もない零式《れいしき》艦上戦闘機（零戦《れいせん》）十三機が中華民国空軍のソ連製戦闘機、ポリカルポフE-15、E-16（正しくはИ-15、И-16。И-15は改良型のИ-15b・i・s〔И-152〕だが、日本海軍、中国空軍両軍ともにこう呼んだ）、あわせて約三十機と交戦、うち二十七機を撃墜（日本側記録）、空戦による損失ゼロという一方的勝利をおさめた。

新鋭戦闘機にふさわしい、華々しいデビュー戦であった。

零戦はその後、中国大陸上空でつねに一方的な勝利をおさめ、さらに大東亜戦争（太平洋戦争）の緒戦期にも、航空先進国と自他ともに認めていたアメリカ、イギリスをはじめとする連合軍機を圧倒、「ゼロ・ファイター」の名は、敵パイロットに神秘的な響きさえもって怖れられることになる。その「無敵零戦」神話の始まりこそが、この重慶上空の初空戦だった。

この「零戦初空戦」のニュースは、当時新聞各紙で大々的に報道されたが、大筋では間違っていないものの、搭乗員個々の戦果など、公式な記録との食い違いが散見される。戦後さまざまな書籍で取り上げられてきた記述を見ても、空戦時の新聞発表を鵜呑みにしたものが目立ち、また、中国の政情を考えるとやむを得ないことではあるが、中華民国空軍側に直接、取材したものもほとんど見当たらない。

零戦については、機体そのものにせよ、戦歴にせよ、こんにちまでさまざまな研究がなされているにも関わらず、その戦歴の端緒である初空戦の記録は、必ずしも正しく伝わってこなかった。

この空戦に参加した日本側、第十二航空隊（十二空）所属の十三名の零戦搭乗員のうち、九名がその後、戦死または殉職し、一名は平成三年に病没。私が元零戦搭乗員の取材を始めた平成七（一九九五）年現在、指揮官進藤《しんどう》三郎《さぶろう》大尉（のち少佐）、岩井《いわい》勉《つとむ》二空曹（のち中尉）、そして三上《みかみ》一禧《かつよし》二空曹（のち少尉）の三名が健在だった。

私は、この三名にインタビューを重ね、また、河北新報社の野村哲郎氏を通じ、惜しくも病没した藤原喜《ふじわらき》平《へい》二空曹（のち少尉）のご遺族より航空記録の提供を受けた。さらに初空戦と同じ時期、十二空に所属していた羽切《はきり》松雄《まつお》一空曹（のち中尉）、角田《つのだ》和男《かずお》一空曹（同）、時期は異なるものの同じ十二空で零戦に乗り戦った鈴木《すずき》實《みのる》大尉（のち中佐）、坂井三郎一空曹（のち中尉）からも詳細な証言を得、海軍航空技術廠飛行実験部の技術者として零戦の実用化に尽力した高山捷一《しょういち》造兵大尉、松平精《ただし》技師からも、取材を通じて多くのことを学んだ。また、縁あって知遇を得た、十二空先任分隊長横山保大尉令嬢松井方子《まさこ》さんからも、亡き父上に関する知られざるエピソードを伺うことができた。

さらに、中華民国空軍第四大隊の一員としてE－15を駆って空戦に参加した徐吉驤《じょきちじょう》中尉（のち徐華江《かこう》と改名、空軍少将）には、平成十年（一九九八）の来日時と、翌平成十一年、三上一禧氏とともに台湾を訪ねた際の二度にわたってインタビューし、台湾・高雄市の岡山基地にある空軍軍官学校（空軍士官学校）、嘉義《かぎ》基地の空軍第四聯隊《れんたい》（第四大隊の後身。現・第四戦術戦闘航空団）にも同行、それぞれの軍史館、隊史館の見学を許され、貴重な談話と資料を提供いただいた。

零戦の初空戦を指揮した進藤三郎大尉は、戦後も長命を保ったが、自らの過去については沈黙を守り、心を許した一部の相手をのぞいては戦争の話をするのを最後まで好まなかった。進藤氏は、初空戦の重慶空襲の戦闘詳報、研究会記事をはじめ、続いて行われた成都空襲ほかの戦闘詳報を保管していたが、「軍極秘」の朱印の押されたそれらの書類は、一部の関係者にはコピーが渡ったものの、原本については長らく門外不出のままだった。平成十二年（二〇〇〇）二月に進藤氏が亡くなった後、夫人に託されて私が保管してきたこれらの一次資料は、防衛省防衛研究所図書館にも原本がなく、ここに書かれていることがそのままの形で世に出る機会はこれまでなかった。

私が、零戦初空戦の記録を一冊の本にまとめ、残された資料とともに世に出す決心をしたのは、昨年（平成二十九年）五月、参加搭乗員のうち唯一存命である三上一禧氏が、海軍戦闘機隊搭乗員として、これまで誰も到達できなかった満百歳の誕生日を迎え、さらにその年は零戦の制式採用から七十七年、零戦の前身である「十二試艦上戦闘機」の開発が始まって八十年、つまり、「喜寿、百寿、傘寿」と三つの節目が重なることに気づいたことが大きい。

諸般の事情で、「節目の年」のうちの完成は叶わなかったが、平成の終わりに、七十八年も前の空戦を、百一歳となった存命の当事者とともに振り返ることができる幸運を思いつつ、「零戦神話」の起こりをこれから説き起こしていこうと思う。

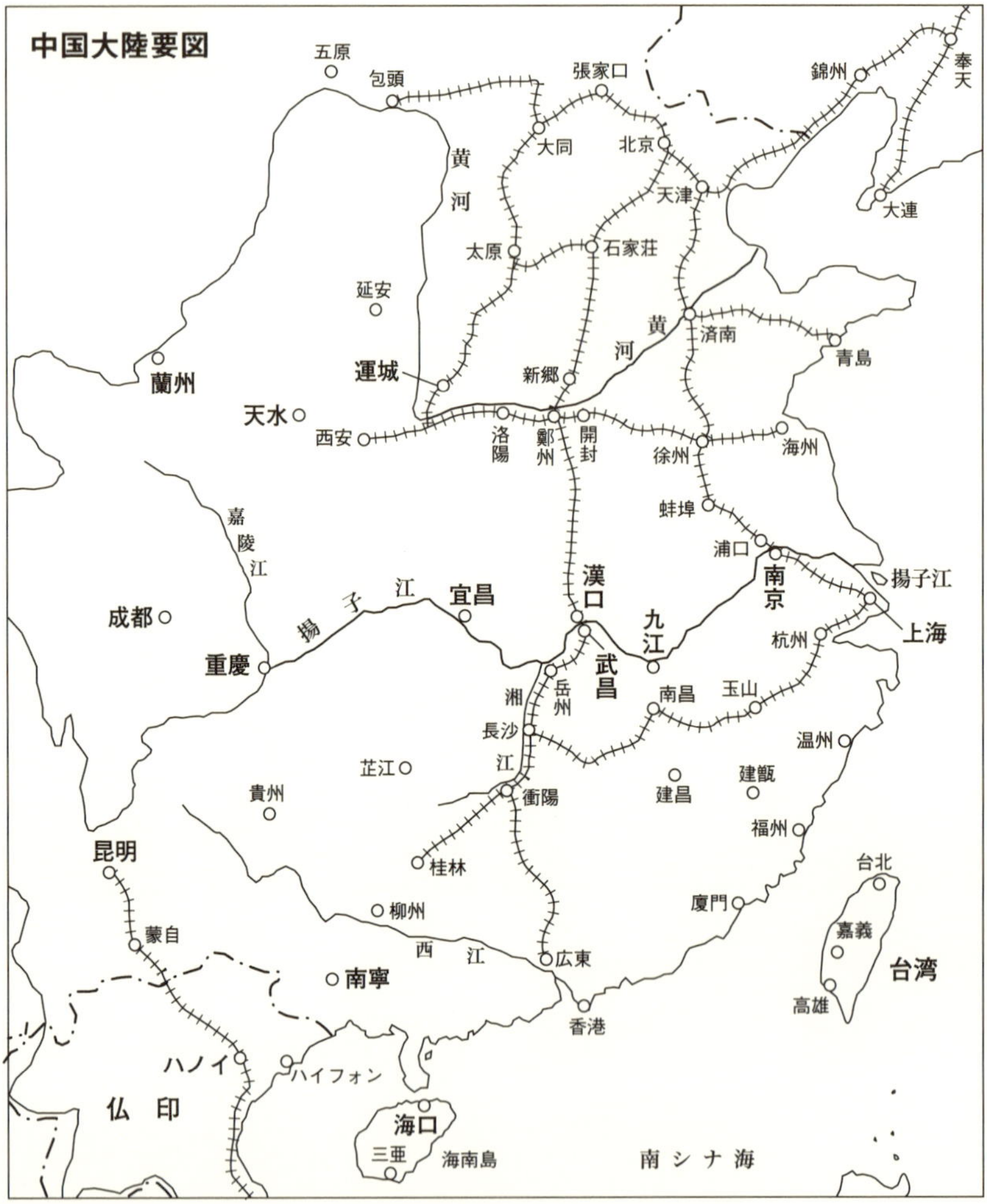
中国大陸要図
五原
包頭
張家口
錦州
奉天
大同
北京
黄
河
天津
大連
太原
石家荘
延安
黄
河
済南
青島
蘭州
運城
新郷
天水
西安
洛陽
鄭州
開封
徐州
海州
嘉
陵
江
蚌埠
浦口
南京
揚子江
成都
揚子江
宜昌
漢口
九江
上海
重慶
武昌
杭州
湘
岳州
南昌
玉山
長沙
温州
芷江
江
建昌
建甌
貴州
衡陽
福州
昆明
桂林
台北
柳州
厦門
嘉義
蒙自
西
江
広東
台湾
南寧
高雄
香港
ハノイ
ハイフォン
仏印
海口
三亜
海南島
南シナ海

零戦隊、発進！——目次

零戦隊、発進!

「無敵零戦」神話の始まり

序　章　「無敵零戦」神話の始まり

日中搭乗員の奇跡の再会

平成八（一九九六）年六月、元中華民国空軍パイロット・徐華江《じょかこう》は、東京で開かれた「特空会《とっくうかい》」の慰霊祭に列席した。特空会は、旧日本海軍航空隊の、元下士官兵出身者で組織する集まりで、毎年、旧海軍記念日（五月二十七日）に近い休日に全国から会員が集い、靖国神社に参拝している。この会には、台湾出身の元日本海軍軍人も名をつらねていて、徐はその縁で招待されたのだ。

徐華江は、原名・吉驤《きちじょう》。一九一七（民国六年－大正六年）年一月二十三日、現在の中国東北部、黒龍江省富錦市に生まれた。父・徐鎮（春菴）は清朝の官僚を経て、中華民国成立後は学者として活動、多くの新聞に記事や詩を寄稿していた文化人だったという。

一九三一年九月十八日に勃発した満州事変で、日本軍に故郷を追われたことが徐の愛国心に火をつけ、一九三四年、黄埔（広東省広州市）の中央陸軍軍官学校（陸軍士官学校）に第十一期生として入校。さらに空軍への転科を志願し、一九三六年三月、浙江省杭州市の中央航空学校（空軍士官学校）に七期生として入校する。一九三七年七月七日、北京郊外の盧溝橋《ろこうきょう》で日中両軍が激突（盧溝橋事件）、支那事変《しなじへん》が始まると、訓練中の身でありながらアメリカ製カーチス・ホークⅡ（固定脚の旧式機で「老霍克」と呼ばれていた）戦闘機で実戦に参加。一九三八年、百五十三名の同期生とともに航空学校を卒業、中国空軍の名門である第四大隊（志航《しこう》大隊）に配属され、一九三九年二月、日本軍による蘭州空襲のさいには、ソ連製戦闘機ポリカルポフE－15を駆って、本人の回想によると、部隊協同で十五機の日本機を撃墜、中国側の損失ゼロの完全勝利をおさめたという。

一九四〇（民国二十九年－昭和十五年）年九月十三日、日本海軍の零式艦上戦闘機（零戦）のデビュー戦となった重慶上空の空戦でも、E－15を操縦して戦ったが、奮闘むなしく撃墜された。

徐はその後、第三大隊に転属、船便で運ばれ英領カラチ（現・パキスタン）で組み立てられたアメリカ製戦闘機・バルディP－66の空輸任務などについたのち、「中美（「美」はアメリカの略）空軍混合団」に所属、カーチスP－40やノースアメリカンP－51を駆って戦い、終戦までに五・五機の日本機を撃墜したとされている（うち二機は記録員不在のため公式記録に残らず、端数は協同撃墜）。

日本との戦争が終わると、こんどはジェット戦闘機・ノースアメリカンF－86Fに乗って中国共産党軍と戦い、超音速戦闘機・ノースアメリカンF－100戦闘機での実戦配備にもついた。複葉のプロペラ機から超音速ジェット機まで、連続した実戦経験を持つ戦闘機パイロットは、世界でも稀であろう。空軍第四大隊長、第四聯隊長、司令部参謀長など軍の要職を歴任、一九七三年（民国六十二年－昭和四十八年）、空軍少将で退役したのちも、国会議員にあたる国民大会代表などを務めた。

特空会の慰霊祭で靖国神社に詣でた徐は、九段下のホテルグランドパレスで開かれた懇親会に臨んだ。中国空軍の撃墜王を自任していた徐にとって、自分を撃墜した零戦の搭乗員を探し出すのは長年の悲願だった。話を聞いて、

「坂井三郎さんに聞けば、何かわかるかもしれない」

と、誰かが知恵を出した。徐は、台湾出身で日本海軍の整備兵だった陳亮谷《ちんりょうこく》に案内されて、東京・巣鴨の坂井三郎宅を訪ねた。坂井自身は、この空戦のときは内地勤務で十二空にいなかったが、参加した十三人の搭乗員のことはよく知っている。徐の話を聞いて、坂井は、旧知の戦闘機搭乗員・三上一禧（当時二空曹。のち少尉）から以前聞いた話と符合するのに気づいた。坂井はその場で、岩手県陸前高田市に暮らす三上に電話をかけた。三上は、教材販売会社を経営している。

「あなたが撃墜した中国空軍のパイロットが、いま、私の家にいる」

三上は耳を疑った。電話口に徐が出たが、もちろん言葉は通じない。二人はその後、手紙のやり取りを通じて、互いの記憶の糸を手繰り始めた。徐機の墜落の状況が、三上の記憶、日本側に残された記録とほぼピッタリ重なった。

零戦初空戦から五十八年が経った平成十（一九九八）年八月十五日。東京、霞が関ビルで、かつて重慶の空で雌雄を決した日中二人の搭乗員は、奇跡的な「再会」を果たした。

「やっとお会いできましたね」

「よかった、ほんとうによかった」

あとは、言葉にならなかった。同年生まれの、ともに八十一歳の二人の老紳士は、目に涙を浮かべてガッチリと抱き合った。

「三上さんは、重慶上空で戦火を交えたときは敵でした。しかしいまや、私たちは素晴らしい友人になれたのです」

という徐に、三上も思いを同じくして語る。

「半世紀以上、生き別れになっていた兄弟と再会したような気持ちです。個人的に何の恨みもない者同士が殺し合う、こんな愚かなことはありません。この愚行を二度と繰り返してはならない、ほんとうにそう思いますよ」

再会に際して、徐は三上に一幅の書を贈った。「共維和平」――ともに手を携え、平和のために尽くしましょう、という意味である。

中国空軍パイロットの目に焼き付いた「新型戦闘機」

中国・四川省の重慶上空《じゅうけい》は雲もなく、抜けるような青空が広がっていた。

昭和十五（一九四〇）年九月十三日。中華民国空軍第四大隊に所属する戦闘機パイロット・徐吉驤中尉は、空襲に飛来した日本機を邀撃《ようげき》するため、他の戦闘機三十数機とともに、重慶と成都《せいと》の中間に位置する遂寧《すいねい》の飛行場を発進していた。

中国空軍の編隊は、いずれもソ連製戦闘機で、空軍第四大隊長・鄭少愚少校（少佐）が複葉固定脚のE－15十九機、第二十四中隊長楊夢清上尉（大尉）が低翼単葉引込脚のE－16九機を指揮、さらに第三大隊第二十八中隊長の雷炎均上尉が率いるE－15六機が加わっていた。うち一機は離陸早々、機体の故障で引き返している。徐中尉は第四大隊第二十三中隊第二分隊の二号機、愛機は、E－15（機番号2310）だった。最高速度時速三百六十八キロ、武装は七・六二ミリ機銃四挺。最高速度時速四百五十キロを出すE－16と比べれば前時代の遺物のような外見だが、運動性はきわめてよく、徐はこの戦闘機で、空襲に飛来する日本軍爆撃機と幾度も戦火をまじえ、空中戦闘には絶対の自信を持っていた。

日本軍航空部隊が拠点を構える湖北省の漢口から、蔣介石率いる中国国民政府が首都を置く重慶までは、片道四百三十浬《カイリ》（約八百キロ）もあり、双発の爆撃機ならともかく、一般的に航続距離の短い単座戦闘機が護衛についてくるなどとは常識では考えられない。爆撃機だけが相手なら、旧式の戦闘機でも十分だ。空戦は速度の速い飛行機どうしの三次元の機動だから、出撃しても敵機と遭遇できないこともしばしばある。しかし、日本機と遭えば必ず撃墜できる。――これは、一緒に離陸した中国空軍パイロットに共通した認識であった。

だが、この日午前十一時四十二分（日本時間午後一時四十二分）、徐中尉たちが重慶上空に到着したときにはすでに日本機による爆撃が終わり、機影ははるか彼方へと遠ざかりつつあるところだった。遠すぎてよくわからないが、爆撃機のまわりに、明らかに小さい飛行機とおぼしき光の点々が見える。徐は不思議に思ったが、それが日本海軍の新型戦闘機だとはまだ気づいていない。

そのまま約二十分にわたって重慶上空を哨戒飛行を続け、十二時（日本時間午後二時）、地上指揮所から無線（このときの中国空軍機には受信機のみ装備されていたという）で、

〈奉節県付近で敵機九機が西に向かう。ただちに遂寧に戻れ〉

と命ぜられた。そして遂寧に向かおうとしたそのとき――。

「突然、日本の戦闘機がわれわれの編隊の上方から襲いかかってきた。一機は上空から射撃をしてきて、別の一機は私の飛行機の後下方《こうかほう》、距離千メートルから急接近して腹の下の死角から突き上げてきたと思うと、さらに高速で前方に飛び去った。あまりのスピードの速さに、反撃のチャンスもなかった」

と、徐は回想する。見たことのない低翼単葉引込脚の戦闘機で、これまで中国空軍が相手にしてきた、主脚が出たままの海軍の九六式艦上戦闘機や、陸軍の九七式戦闘機とは全く違うスマートな姿が、目に焼きついた。

「日本機のほうがはるかにスピードが速く、われわれは編隊の外側から包囲され、どうすることもできない。みんな左旋回で逃げようとするが、敵は簡単についてくる。私たちにはなすすべもない。私は空戦中、五、六回反撃のチャンスがあったが、発射レバーが固くて思うように機銃を発射できなかった。悲しくて悔しくて、そのときの気持ちは表現のしようがない。すぐにでも着陸して、整備員を殺してやりたい気分だった。

日本機の攻撃はなおも続く。われわれは必死で逃げまわった。日本機はわが方の飛行機よりスピードは倍も

速く、火力も強力だった」

　味方の中国軍機が次々と撃墜されていくのを目の端に捉えながら、徐は必死に日本機の攻撃から逃れようとした。唯一の望みは、ここが中国空軍のホームグラウンド上空であることだった。日本機は、やがて燃料を使い果たせば基地に帰ろうとするだろう。そこで反撃に転じれば、有利に戦えるかも知れない。これは「以《い》逸《いつ》待《たい》労《ろう》」（逸を以て労を待つ。敵が疲れたところで攻勢に転じる）と呼ばれ、中国の「兵法三十六計」で古くから伝えられる戦法である。だが、日本機の攻撃は一向にやむ気配はなかった。

「最初の十分間で五、六回攻撃され、潤滑油タンクにも穴を開けられた。漏れたオイルでガラスが汚れ、前が見えなくなった。仕方なく、横から顔を出して見ながら応戦した。まもなく油で飛行眼鏡も見えなくなり、眼鏡をかなぐり捨てて戦い続けた。上下の主翼の張線が、音を立てて次々と切れはじめた。背後の防弾板が撃たれ、機体は大きく振動した。私は、弾片で頭と両足に傷を負った。さらに十分後、排気管から黒煙が出て焦げ臭い臭いが鼻をついた。空中に味方機を探したがもはや一、二機しか残っておらず、頭上を飛ぶのはすべて日本機だった」

　戦場を離脱しようと試みたがもう遅かった。日本機が二機、追尾しながら撃ってくる。徐はふたたび戦う決心で戻ろうとしたが、被弾のため、すでにエンジンに力が残っていなかった。眼下に、高い山の頂上が見える。まだ相当高度はある。降下しながら西の方へ飛んで、猛烈な回避運動をする。次第に高度は低くなった。前方にはまだ山が一つ、その下に小川がある。川を越えると平らな地面がなかった。最後の力をふり絞ってもう一度、機首を引き起こし、かろうじて平地に回り込むと、徐は、眼下に見えた水田に、不時着状態で突っ込んだ。飛行機は潰れたような形に壊れたが、徐は奇跡的に助かった。

　上空を一機の日本機が、勝ち誇ったように旋回していた。徐はしばらく壊れた飛行機の陰で様子をうかがっていたが、その日本機は近くの土手に機銃弾を浴びせると、東の空へ飛び去った。ふつう、燃料の都合もあり空戦の勝敗は数分で決するが、徐が時計を見ると、空戦時間は三十分を超えていた。日本機がいなくな

ったのを確かめて、徐は持っていたカメラ（ドイツ製レチナ）で、愛機の残骸を撮影した。（口絵写真）

――この日、中国空軍の戦闘機を翻弄し、一方的な空戦を繰り広げたのが、日本海軍に制式採用されたばかりの零式艦上戦闘機（略称・零戦）である。

昭和15年夏、中国大陸上空を飛ぶ零式一号艦上戦闘機。操縦しているのは三上一禧二空曹。3-163号機は、8月19日、初出撃のさいには大石英男二空曹、9月13日の初空戦では岩井勉二空曹が搭乗した

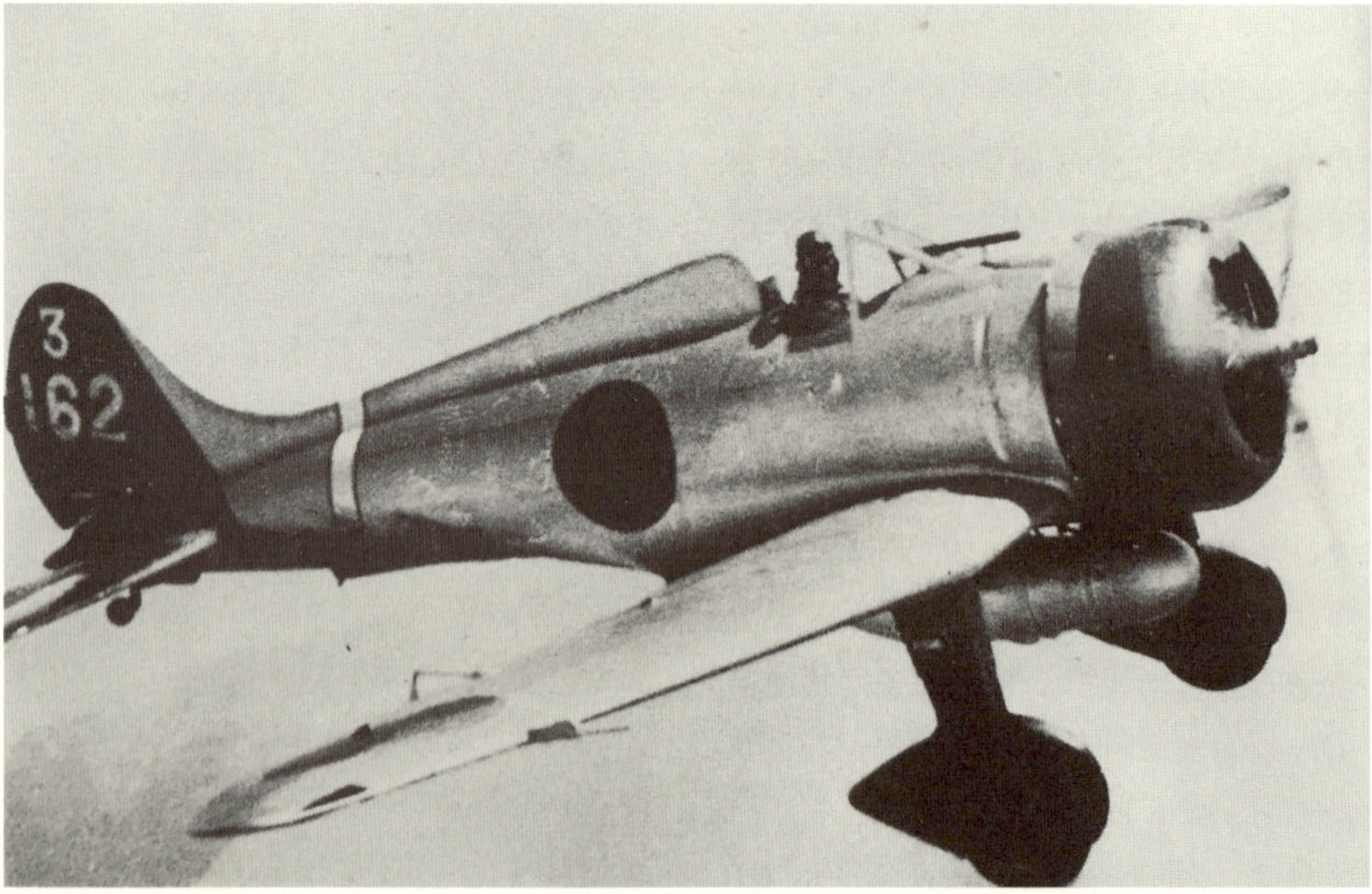

零戦以前に十二空の主力戦闘機だった九六式四号艦上戦闘機。操縦しているのは角田和男一空曹。すぐれた運動性能をもつ機体だったが、航続力不足のため陸攻隊の奥地空襲に随伴できなかった

第一章　「零戦」誕生

十二試艦上戦闘機計画

零戦は、昭和十一年に制式採用された九六《きゅうろく》式艦上戦闘機（九六戦）の後継機として計画され、昭和十二年五月、海軍が、当時日本有数の航空機メーカーだった三菱重工業、中島飛行機に「十二試艦上戦闘機（十二試艦戦）」の計画要求書案を示したときから開発が始まった。「艦上戦闘機」とは、航空母艦での運用を前提とした戦闘機を意味する。

計画要求書を両社が検討中の同年七月七日、北京郊外の盧溝橋で日本陸軍と中国国民党軍が衝突。この「盧溝橋事件」に端を発する「北支《ほくし》事変」の戦火は、八月九日、居留民保護のため進駐していた日本海軍陸戦隊の大山勇夫《いさお》中尉、斎藤與《よ》蔵《ぞう》一等水兵が中国兵に殺害されたことから上海にも飛び火し（第二次上海事変）、次第に日中両軍の全面戦争の様相を呈していった。九月二日、それぞれの事変を合わせて、「支那事変」と呼称することが閣議で決まった。

実質的な「戦争」であることから、現代では「日中戦争」と呼ばれることが多いが、昭和十六年十二月九日、蔣介石《しょうかいせき》が国民党総裁として実権を握る中国国民政府が日本に宣戦布告をするまでは、日中双方ともに、最後通牒や宣戦布告を行なわず、「事変」という体裁をとった。これには、国際間の紛争の解決手段としての戦争を放棄することを謳い、昭和三年に締結された「パリ不戦条約」に署名していた日本が国際的孤立を避けたかったことや、「戦争」となると、第三国には戦時国際法上の中立義務が生じ、外国の援助なしには戦闘継続ができない蒋介石政権にとっても不利となるなどの事情がからんでいる。

日本海軍は双発の九六式陸上攻撃機をもって中国本土を爆撃、さらに空母部隊を上海沖に派遣し、中国軍拠点を空襲する。だが、アメリカ、ソ連から援助を受けた中国空軍の戦闘機は意外に手ごわく、実戦での戦訓を受けて、海軍の十二試艦戦に対する要望はさらに追加された。

十二試艦戦に対する海軍からの要求を要約、抜粋すると、

一・目的　攻撃機の阻止撃攘を主とし、なお観測機の掃蕩に適する艦上戦闘機を得るにあり〈昭和十三年一月の官民合同研究会のさい、〈敵戦闘機との空戦に於て、優越せる艦上戦闘機なるを要す〉と補足指示された〉
二・最高速力　高度四千メートルにて二百七十ノット〈約五百キロ〉以上
三・上昇力　三千メートルまで三分二十秒以内
四・航続力　正規状態三千メートル公称馬力で一・二乃至一・五時間。過荷重状態で、巡航六時間以上
五・離陸滑走距離　風速毎秒十二メートルの時七十メートル以下
六・着陸速度　五十八ノット以下
七・空戦性能　九六式二号艦戦一型に劣らぬこと
八・機銃　九九式二十ミリ固定機銃　二挺、九七式七・七ミリ機銃　二挺
九・爆弾　六十キロまたは三十キロ爆弾　二個
十・無線機　九六式空一号無線電話機　一組、ク式空三号無線帰投方位測定機　一組

などとあり、これらは、次世代の戦闘機に求められる性能として妥当な範囲ではあるものの、いかなる点でも当時の世界最高水準を求めるものであった。なかでも、長い航続力に伴って必要になる無線帰投装置の装備は、戦闘機としては世界初の試みで、二十ミリ機銃も、海外では実験的に装備した例があっただけだったのを要求に盛り込んだ。

　中島はその後、試作を辞退したが、九六戦を世に出した堀越二郎《ほりこしじろう》技師を設計主務者とする三菱の開発陣は、海軍の要求を超える高性能な戦闘機を開発する。

　主翼の前後二本の主桁を貫通式にして、その材料に住友金属製作所で試作の段階だったＥＳＤ（超々ジュラルミン）を、世界で初めて採用。工数増加にあえて目をつぶって各部材に肉抜き穴を設けるなどして徹底的な軽量化を図り、日本の戦闘機としては初めて、油圧による引込脚を採用、密閉式風防を取り入れた。さらに、鋲の頭が出っ張らない沈頭鋲《ちんとうびょう》、翼端失速で操縦が不安定になるのを防ぐための主翼の捻り下げなど、堀越が九六戦で取り入れた独創的なアイディアを踏襲した。油圧による恒速プロペラ（可変ピッチプロペラ）も装備している。この機構は、プロペラの角度（ピッチ）を自動的に動かすもので、さらに操縦席のプロペラピッチレバーでのピッチ変更も可能である。これにより、空戦や離着陸の際は馬力を最大限に生かし、巡航時にはエンジン出力のロスを最小限に抑え、燃費を向上することにもつながった。エンジンは、試作一、二号機は三菱の「瑞星《ずいせい》」一三型（離昇出力七百八十馬力）が装備されたが、試作三号機以降は中島の「栄《さかえ》」一二型（同九百四十馬力）に変更されている。

　十二試艦戦の試作第一号機は、三菱が計画説明書を海軍に提出してからわずか十一ヵ月で完成し、昭和十四（一九三九）年四月一日、初飛行に成功。同年九月、海軍が領収し、以後、昭和十五年三月十一日、急降下時のプロペラの過回転状況を調査中、二号機が空中分解事故を起こし、操縦していた海軍航空技術廠（空《くう》技廠《ぎしょう》）飛行実験部の奥山益美職手（昭和七年に海軍に入り、戦闘機搭乗員。空母「鳳翔」乗組を経て十三空、十二空戦闘機隊。南昌空襲で敵機を撃墜するなど歴戦ののち二空曹で除隊。殉職後、工手）が殉職するなど、さまざまなトラブルを解決しながら、空技廠飛行実験部と横須賀海軍航空隊（横空《よこくう》）で、テスト飛行を続けていた。

首都・重慶空襲作戦

支那事変は泥沼化し、四年めを迎えようとしていた。日本軍に南京を追われた中国国民政府は、四川省の重慶に首都を移し、なおも根強い抵抗を続けていた。

なかでも、昭和十四年十月三日、中国空軍のソ連製双発爆撃機・SB《エスベー》八機が、日本海軍航空隊の第一聯合《れんごう》航空隊（一聯空《いちれんくう》。木更津海軍航空隊、鹿屋海軍航空隊。木更津空は昭和十五年一月、高雄海軍航空隊と交代）、第二聯合航空隊（二聯空。第十二航空隊、第十三航空隊）が拠点とする漢口《かんこう》基地を爆撃、爆弾一発が指揮所付近で炸裂し、一聯空司令官塚原二四三《にしぞう》少将が左腕切断の重傷を負い、主要幹部をふくむ五十名が死傷する損害を受けたことは、日本側に大きな打撃を与えた。十月十四日には、二十機のSBがふたたび漢口基地を奇襲、地上にあった少なくとも四十機の陸海軍機に損害を与え、滑走路造成工事中の施設部苦力《クーリー》（中国人作業員）数十名を死傷させている。

重傷を負った塚原少将の後任には、二聯空司令官・桑原虎雄少将が横すべりで着任（昭和十五年一月十五日、山口多聞《たもん》少将に交代）、第二聯合航空隊司令官として、海軍航空本部教育部長だった大西瀧治郎《たきじろう》大佐（十一月十五日少将）が十月十九日付で発令され、漢口基地に着任する。一聯空、二聯空は十一月四日、九六式陸上攻撃機（九六陸攻―中攻）の全力六十数機をもってSB爆撃機の拠点と目されていた成都・太平寺飛行場を報復爆撃したが、敵戦闘機E-16の邀撃を受け、総指揮官として出撃した十三空司令奥田喜久司大佐の搭乗機が撃墜された。

昭和十五年五月、日本海軍は、一聯空、二聯空からなる聯合空襲部隊の全力をもって、陸軍航空部隊とも協力し、重慶を大規模かつ継続的に爆撃する「百一号作戦」を発動（支那方面艦隊電令作第六十二號《ごう》）した。これは、重慶、成都の中国空軍撃滅を図るとともに、中国側軍事施設、政治機関の撃破を目的とするものだった。

作戦に参加するのは、当初、海軍が一聯空麾下《きか》の高雄空、鹿屋空（各陸攻十八機、補用六機）、二聯空麾下の十三空、十五空（各陸攻二十七機、補用十五機）、十二空（艦戦常用二十七機、補用九機、貸与六機。艦上爆撃機常用九機、補用三機。艦上攻撃機九機、補用三機）、第十四航空隊中支派遣隊（基地防空。艦戦常用九機、補用三機）。陸軍は第三飛行集団麾下の飛行第六十戦隊（重爆撃機常用三十六機、補用十八機）、独立飛行第十六中隊（司令部偵察機常用六機、補用二機）、飛行第四十四戦隊第一中隊（司令部偵察機五機、補用二機）、独立飛行第十中隊（戦闘機常用九機、補用三機）だったと記録されている。

各隊が展開するのは、海軍部隊の大部分と陸軍第四十四戦隊第一中隊が「W基地」と呼ばれる漢口基地で、十五空、十四空中支派遣隊は漢口の北西に位置する「十四基地」（孝感《こうかん》基地）、その他の陸軍航空部隊は、さらに北西方、西安にもほど近い「十五基地」（運城《うんじょう》基地）である。

いっぽう、重慶、成都に配備されている中国空軍の第一線機の戦力は、日本側の分析によると、爆撃機七十五機、戦闘機約八十機にのぼっていた。

百一号作戦にもとづく重慶、成都への空襲は昭和十五年五月十八日を皮切りに九六陸攻を主力として繰り返されたが、片道四百三十浬《カイリ》（約八百キロ）近い長距離飛行となるため、片道二百浬（約三百七十キロ）ほどが進出距離の限度であった当時の海軍の主力戦闘機・九六戦では航続力が足りず、陸攻隊の護衛に同行することができなかった。九六戦での最長進出記録は、昭和十二年十二月九日、広徳《こうとく》基地より南昌《なんしょう》空襲に出撃したさいの二百二十浬（約四百七キロ）である。

中国空軍の戦意は旺盛で、護衛戦闘機をもたない陸攻隊の犠牲は大きかった。五月から八月の間に、海軍だけで九六陸攻八機を失い、機上戦死をふくむ戦死者七十名、戦傷者二十九名という損害を出している（同時期の陸軍の損害は、爆撃機五機、偵察機三機、戦死四十一名、戦傷二十名）。

海軍の仮想敵はあくまでも太平洋をはさんだアメリカ艦隊であり、九六陸攻はそのために開発された攻撃機である。中国大陸で陸軍の始めた「事変」のために犠牲を出すのは本意ではない。そもそも、百一号作戦の実施にあたっては、併行して作戦が進行中の宜昌《ぎしょう》攻略が完了したら、漢口よりも重慶に近い宜昌の飛行場を利用して、

〈艦戰（艦上戦闘機）ヲ以《もっ》テ奥地ニ進攻シテ之《これ》（敵戦闘機）ガ撃滅ヲ企圖ス〉

と計画されている。ただ、宜昌から重慶までの距離は二百九十浬（約五百三十七キロ）、成都まで三百八十浬（約七百四キロ）あって、いずれにせよ、九六戦では無理がある。もとよりこれは、まだ見ぬ新型戦闘機の投入をあてにした計画だった。

敵戦闘機による陸攻の被害を防ぐため、長距離進攻に同行可能な航続力の長い新型戦闘機の、一刻も早い投入が待ち望まれていたのだ。

六月十日、聯合空襲部隊は、

〈至急十二試艦上戰闘機少クトモ十二機程度第十二航空隊ニ貸與《たいよ》方取計《とりはからい》ヲ乞フ〉（聯合空襲部隊第一三〇番電）

と、航空本部に要請。さらに六月十七日には、陸軍による宜昌確保に伴い、

〈十二試艦戰ヲ成可《なるべ》ク速《すみやか》ニ該方面ニ進出セシメ一〇一號作戦ニ參加セシメ度《たく》取敢ズ六機其ノ他ハ整備完了次第當隊《とうたい》ニ貸與《たいよ》方取計ヲ得度〉

との督促とともに、進攻作戦期間中、搭乗員六名、整備員二十名、兵器員二名の増員を要請、その打ち合

わせのため、二聯空の航空参謀、整備長、十二空飛行隊長の中央への派遣を連絡する（聯合空襲部隊第一九一番電）。

航空本部の「発受セル重要令達報告通報等」によると、六月十九日にはいったん、

〈七月十五日以降成ル可ク速ニ六機七月末十二機進出シ得ル様急速整備ノコトニ下案打合決定〉

と、七月中に計十八機の派遣を目指すとしたものの、六月二十七日には、

〈空技廠ニ於テ審議ノ結果尚重要事項未解決ニ付キ更ニ實驗徹底促進ノ上七月八日兵器採用技術會議開催ノコトニ決定〉

と話が後退し、十二試艦戦の実用実験が難航していたことがうかがえる。

とんでもないじゃじゃ馬

横須賀海軍航空隊（横空）でも、各種テストと併行して、百一号作戦の投入に間に合わせようと、十二試艦戦の実戦配備に向けた準備が着々と進められていた。

十二試艦戦一号機、二号機はＡ６Ｍ１と呼ばれ、三菱「瑞星」一三型（離昇馬力七百八十馬力）発動機が装着されている。三号機以降はＡ６Ｍ２と呼ばれ、発動機は中島「栄」一二型（離昇馬力九百四十馬力）に換装されている。実戦に投入されるのはＡ６Ｍ２であった（略号の意味は、Ａは艦上戦闘機、６はその６番目に開発された飛行機、Ｍはメーカーの三菱、末尾の数字は機体の改造順を示す）。

横空は、各種飛行実験や航空戦技の研究を担当する海軍航空隊の総本山で、十二試艦戦のテストを担当したのは分隊長下川万兵衛《まんべえ》大尉（海兵五十八期）以下、当時の海軍航空隊のなかでも選りすぐりの、優秀な搭乗員たちだった。その一人、羽切《はきり》松雄一空曹（一等航空兵曹。のち中尉）の回想——。

「振動は少々気になりましたが、上昇力は抜群で、これは速いなあ、と思った。上下や左右の運動には安定

性があり、座席もこれまでの戦闘機に比べると広く、風防を被るので中は静かで風圧もなく、乗り心地は最高でした」

三上一禧《かつよし》二空曹（のち少尉）は、

「一目見たとき、すごい美人の前に出たときに萎縮してしまうような、そんな感じを受けました。これはすごい、美しいと。一目惚れですね」

と、目を細める。ただ、当初はトラブルも多かった。三上は続ける。

「ところが、この美人がとんでもないじゃじゃ馬で……。まず、高度四千メートル付近まで上昇すると、突然エンジンがストップしてしまう。それで、東山市郎空曹長が海上に不時着水したこともあります。私も、エンジンが止まってしまい、なんとか飛行場にすべり込んだことが三、四回ありました。調査の結果、それは、燃料タンクからエンジンにガソリンを送るパイプの問題であることがわかりました。それから、恒速プロペラの軸からオイルが漏れて風防が真っ黒に汚れる。エンジンの筒温《とうおん》過昇、二十ミリ機銃の膅内《とうない》爆発（銃身内爆発）、フラッター（翼が羽ばたくような振動）、引込脚の不具合……数え上げたらきりがないぐらいです。問題を一つ一つ解決していって、あとは格闘戦や航続力のテスト、無線電話のテストなど。高高度実験や最高速実験もやりました」

最高速実験は、その飛行機が出せる極限のスピードを出し、機体はもちろん、搭乗員の身体がどういう状態になるのかを確かめるのが目的である。ふたたび三上の回想。

「操縦桿を突っ込んで、降下しながらスロットルを全開にし、スピードを上げていくと、ジュラルミンでできた主翼がフラッターを起こして、表面に皺が寄って大きく波打つんですよ。それでスピードを緩めると、サーッと波が引くように元に戻る。空中分解したら助からないし、あれは覚悟が要りましたね」

一万メートルの高高度実験はまだ未知の分野だった。それまで、こんな高度まで上昇できる戦闘機が日本海軍にはなかったためである。

「低温が機体に与える影響などを見るんです。高高度実験は昭和十五年の七月中旬でしたが、この日は実にいい天気で、高度一万九百メートルまで上がりました。そこまで行くと、機首が上を向いてもそれより上がっていかない。ほんとうの上昇限度です。空気が希薄だから、ちょっと操縦ミスがあるとストーンと高度が下がってしまう。

高空に上がると人間の能力も低下して、持っていった小学生の算数の問題も解けません。上を見ても下を見ても同じような青色で、後ろを振り返ると、まるで白煙が渦を巻いているかのような飛行機雲を曳いている。はるか眼下に、三浦半島が小さく箱庭みたいに見える。ちょうど七月十二日に噴火した三宅島から、噴煙が上がっているのが見えました。目を北に転じれば日本海まで見渡せ、その向こうには朝鮮半島が見える。日本は狭いな、と思いました。一人で高空を漂っていると、自分が生きているのか死んでいるのかもわからないような、妙な気分でしたよ。

気温は氷点下四十度ぐらいでしょうか、操縦装置も凍ってきて、操作も意のままにならなくなってくる。吐く息で飛行服の胸元まで凍りつき、意識も朦朧としてきます。それで、一応目的も達したので降下に移りましたが、ときどき水平飛行に戻して冷えたエンジンを暖めてやらないと止まってしまうので、上昇よりもずっと時間がかかりました。

それで、着陸しようとすると、飛行場に『着陸待テ』の信号が出ていて驚きました。見ると、消防車や救急車が駆けつけてくる。なにか、操縦席からは見えない機体の損傷があるのかと思い、『着陸セヨ』の合図を待って着陸したら、そのまま救急車で横須賀海軍病院に運ばれ、三日間にわたって精密検査を受けさせられました。身体に異常はありませんでしたが、高度一万メートルを超える環境が人体におよぼす影響は医学的にほとんど未知の分野で、いわば実験台にされたんですね。

消防車は、万一の凍結による機体の損傷に備えたものとあとで聞かされました。このときは、そんな危険な実験なら、なぜ先に言ってくれないのかと腹が立ちました……」

当時、横空で十二試艦戦のテストにあたった搭乗員の一人、藤原喜平二空曹（のち少尉）の航空記録が現存しているが、それによると、昭和十四年十二月一日、試作一号機（機番コ－AM－1）の操縦訓練を二十分にわたり行なったのを皮切りに、同月四回（すべてコ－AM－1）、昭和十五年一月三回（十二試1号機×二回、十二試2号機×一回）、二月一回（十二試1号機）、しばらく間を置いて六月三回（すべてコ－AM－4）、七月四回（十二試11号機×二回、同9号機、12号機各一回）、計八時間二十分の十二試艦戦での飛行記録が残っている（機番号はすべて航空記録の記載による）。その間、十五年一月二十日に試作二号機で水上偵察機を相手に空戦訓練を行ない、七月十六日には十一号機で高高度での機銃試射を行なっているのが目を引くが、九六戦に搭乗して十二試艦戦相手の空戦訓練も、四月二日、七月十八日、十九日と実施されている。

制式採用

昭和十五年七月になると、人員の配置も着々と進められるようになった。十二空に送り込む十二試艦戦の指揮官として、大村海軍航空隊分隊長横山保大尉（海兵五十九期）が、六月二十八日付で「臨時横須賀海軍航空隊附」を命ぜられ、着任する。横山大尉の手記によると、

〈とうじ航空技術廠と横須賀航空隊で実験テスト飛行中であった『十二試艦上戦闘機』（のちの零戦）をもって一コ分隊（常用機九機補用機三機）を編成し、できるだけ早い時期に、中支戦線の漢口基地へ進出せよとの命令であった。〉

という。横山大尉は明治四十二（一九〇九）年八月十一日生まれで、このとき満三十歳。支那事変初期の昭和十二年九月、第十三航空隊分隊長として初陣を飾り、同年十二月から二年間、空母「蒼龍《そうりゅう》」分隊長として、陸軍部隊の上空支援や来襲する敵機の邀撃など、幾多の実戦経験を重ねている。小柄ながらも華のある

人で、個性の強い部下たちの心をガッチリとつかむ、海軍戦闘機隊屈指の指揮官の一人であった。

さらに、十二試艦戦が配属される十二空からは、七月上旬、分隊長進藤《しんどう》三郎大尉（海兵六十期）が「新型艦上戦闘機受領」のため出張してきた。出張の日付については、本人の記憶になく、また、軍歴を記した「奉職履歴」にも、戦地から内地への出張については記載がないため判然としない。

進藤大尉は、海軍兵学校では横山大尉の一期後輩だが、飛行学生は同期（二十六期）で、古くから気心の知れた仲であった。

進藤大尉は、明治四十四（一九一一）年八月二十八日生まれの満二十八歳。昭和十二年八月、第二次上海事変が勃発すると、空母「加賀」乗組の戦闘機分隊士（分隊長の補佐）として上海沖に派遣され、八月十六日、複葉の九〇式艦戦で出撃。上海上空で敵偵察機一機を列機と協同で撃墜して初陣を飾った。「加賀」は数日後、佐世保に戻り、ここで新型の九六式艦上戦闘機六機を受領、ふたたび上海沖に赴く。進藤は、零戦以前に、九六戦の初出撃にも参加しているのだ。だが、制式採用から間もない九六戦にはトラブルが多く、進藤は、燃料コックの材質不良による切換不能と、エンジンプラグの点火不具合による故障で、二度も危うく未帰還になるような目に遭っている。

昭和十五年五月一日付で第十二航空隊分隊長。十二空は昭和十二年七月、支那事変の勃発を受けて急遽、大分県の佐伯基地で編成された特設航空隊（戦時に臨時に編成される航空隊）で、中国大陸ですでに三年におよぶ実戦経験があり、搭乗員も一騎当千のつわものたちが揃っていた。そのことは敵である中国空軍もよく認識していて、日本陸海軍の航空部隊のなかでも、十二空のみを「正規空軍」と呼び、その他の部隊を「雑軍」と呼び習わしていたほどであった。司令は六月二十一日付で古瀬貴季大佐から長谷川喜一大佐に交代し、副長は小田操中佐、飛行長は五月二十一日付で岡村基春中佐から時永縫之介《ぬいのすけ》少佐に代わっている。飛行隊長は、箕輪三九馬《さくま》少佐である。同じ二聯空に属する第十三航空隊は、十二空と同時に長崎県の大村基地で編成、戦地に投入された部隊で、当初は戦闘機隊が付属したが、昭和十五年夏時点では九六陸攻と偵察機の部隊になっていた。

「新型戦闘機」の受領のため、横空に出張した進藤大尉は、エプロンに引き出された十二試艦戦を見て、思わず目を瞠ったという。

「銀色に輝く大きなスピンナー、密閉式の風防、スマートな機体。エンジンのカウリングは黒く塗られ、それ以外の部分は明るい灰色に輝いている。いままで乗ってきたどの戦闘機にも似ていない、美しい姿でした。下川大尉から、性能と操縦上の注意事項の説明を受けて乗ってみると、素直な操縦感覚に『これはいい飛行機だ！』といっぺんに気に入った。前方視界がよく、地上滑走の安定性がいいから離着陸が楽で、密閉式の風防で風圧がかからないし、エンジンの爆音も静かに感じる。舵のバランスをテストしてみると、高速時のエルロンの効きが少々重く感じたものの、九六戦と比べても違和感なく、満点の乗り心地でした」

横空では、すでに横山大尉率いる搭乗員たちが、十二試艦戦のテスト飛行を始めている。進藤大尉は、横空の下川大尉や横山大尉と打ち合わせを重ねながら漢口進出の準備を進めた。横空戦闘機隊二十数名のうち、約半数にあたる十二名が選抜されて十二試艦戦とともに十二空に進出することになり、機体のさらなるトラブルに備えて、航空技術廠から、飛行機部の高山捷一《しょういち》造兵大尉（機体担当）、発動機部の永野治造兵大尉（エンジン担当）、兵器部の卯西《うにし》外次技師（二十ミリ機銃整備担当）らの同行が決まった。

七月二十四日、十二試艦戦は晴れて海軍に制式採用され、この年、昭和十五年が神武紀元二千六百年であったことから、末尾の０をとって零式一号艦上戦闘機一型の名が通達された。略称は、はじめ「零式（レイシキ）」とも呼ばれたが、すぐに「零戦（レイセン）」が一般的になる。「ゼロセン」とも呼ばれだしたのは、のちに大東亜戦争（太平洋戦争）が始まり、傍受した敵軍の電文に、「Ｚｅｒｏ Ｆｉｇｈｔｅｒ」の文字が見られるようになってからである。大戦末期には、部隊によっては「ゼロセン」と呼んだところもあり、戦後、生き残りの元搭乗員の間でさえ、当時、「レイセン」と呼んだか「ゼロセン」と呼んだか、しばしば議論になったが、主流はあくまで「レイセン」である。

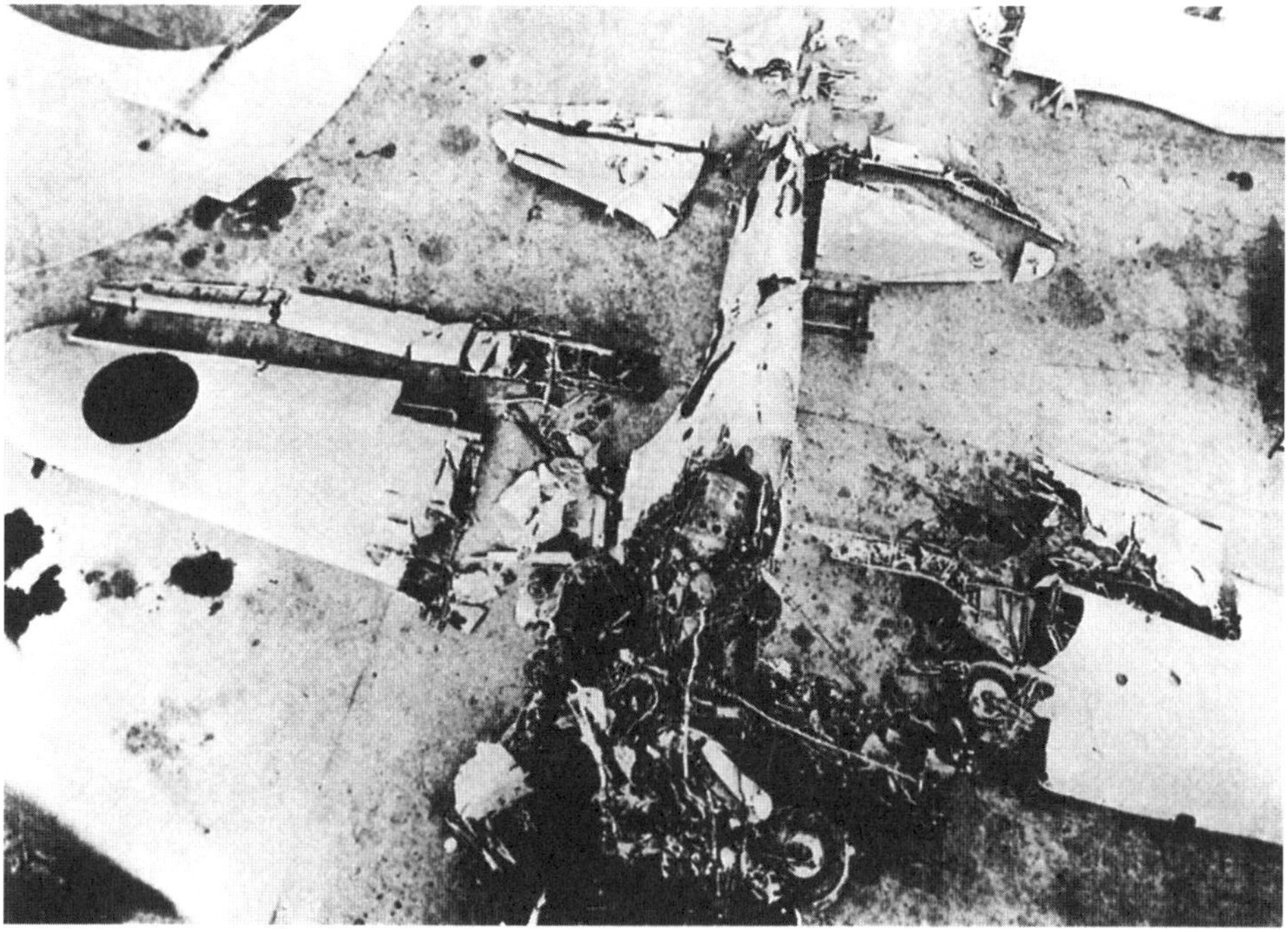

昭和15年3月11日、空技廠の奥山益美職手が急降下時のプロペラの過回転状況を調査中、空中分解した十二試艦戦二号機。バラバラになった部品のほとんどが回収され、原因究明が行なわれた

フラッターで波打つ零戦の主翼を操縦席から見る。この写真は下川万兵衛大尉が自ら撮影したもので、進藤三郎大尉のアルバムに遺されていた。主翼表面に生じた皺の状況がよくわかる

横須賀海軍航空隊で十二試艦戦のテストを担当した分隊長下川万兵衛大尉。北海道出身。海軍兵学校58期。「零戦の育ての親」とも評されたが、昭和16年4月17日、零戦135号機でフラッター実験中に空中分解し、殉職した

進藤三郎大尉（のち少佐）。神奈川県で出生、広島県育ち。海軍兵学校60期。写真は、昭和15年11月17日付中国新聞に、〈感状に燦たり海の荒鷲　廣島っ子・進藤大尉〉の見出しで掲載されたもの

「ヒゲの羽切」で知られた羽切松雄一空曹（のち中尉）。静岡県出身。昭和7年、機関兵として横須賀海兵団に入り、部内選抜の操縦練習生（28期）を経て搭乗員となった。腕と度胸と緻密な頭脳をもって知られた海軍の名物パイロットだった。昭和15年10月4日には成都・大平寺の敵飛行場に強行着陸を敢行する

支那事変当時、日本海軍の主力攻撃機だった九六式陸上攻撃機。60キロ爆弾12発または250キロ爆弾2発、あるいは500キロまたは800キロ爆弾1発、雷撃時には800キロ魚雷1本が搭載できた。すぐれた攻撃機だったが中国空軍戦闘機の邀撃による損害も少なくなかった

三上一禧二空曹（のち少尉）。青森県出身。昭和9年、水兵として横須賀海兵団に入り、操縦練習生（37期）を経て戦闘機搭乗員となる。写真は昭和13年、21歳の頃の飛行服姿

第二章　中国大陸進出

十二試艦戦進出日の混乱

ここから、十二試艦戦の漢口進出の日付や機数、空輸した搭乗員について、残された公文書と、関係者の手記や記憶との間にはいくつかのズレがあり、私が書いたものも含め、関連書籍の記述にも混乱が見られる。これまでも拙著について的確なサゼスチョンをいただいてきた防衛省防衛研究所主任研究官・柴田武彦氏に問い合わせたところ、

「こちらとしては、公文書に残っている範囲で判断せざるを得ないが、記録が残っておらず、よくわからない部分がある。搭乗員一人一人の動きについては把握していない。ただ、二通りの説や証言がある場合、その両方が正しかったという例もあり、どれが正しい、どれが間違い、と決めつけてしまうのは危険」

とのことだった。公文書の記述は後にゆずるとして、当事者の手記や回想を、まずはかいつまんで紹介する。

横山保大尉は、著書『あゝ零戦一代』（光人社）で、

〈昭和十五年七月十五日、私以下の六機が、大村基地、上海経由で漢口に進出した。上海までは誘導機によ

って誘導されたが、上海以後は、戦闘機単独の地文航法（地上の目標を確認して飛ぶ）でゆくことになった。〉と記し、防衛庁防衛研修所戦史室（現・防衛省防衛研究所戦史部）編纂の公刊戦史『戦史叢書　79　中国方面海軍作戦〈2〉昭和十三年四月以降』（朝雲新聞社）にも、〈横山中佐（零戦隊長——当時大尉）戦後の回想〉との註釈のもと、

〈百一号作戦たけなわの七月十五日、新鋭零式艦上戦闘機六機が横山保大尉指揮のもと漢口基地に進出してきた。（中略）七月末制式兵器となった。同時に進藤大尉の指揮する七機が漢口に到着し、W基地には零戦一三機が勢ぞろいした。〉

と書かれている。

羽切松雄一空曹は、私のインタビューに、

「第一陣は横山大尉の指揮で、七月十五日早朝、六機が飛び立った。私は第二陣、下川大尉以下六機の第二小隊長として、八月十二日、途中、大村基地で燃料補給し、その日の夕方、漢口基地に着いた。私の二番機は有田位紀三空曹、三番機は平本政治三空曹だった」

と答えている。羽切の軍歴を記した携帯履歴には、八月十二日付で「第十二航空隊附ヲ命ス」とあるから、羽切一空曹の漢口着はこの日で間違いなかろう。

また、三上一禧二空曹は、

「七月に横山大尉率いる第一陣六機が進出して、私が行ったのは八月十三日だったと思います。空輸指揮官は下川大尉で、横空を朝九時に出発、大村基地で燃料補給の上、漢口基地に到着したのは午後六時頃でした。中国大陸の、無限にひとしいとも思える大地の地平線に、いままさに真っ赤な太陽が沈む直前でした。そのあまりの美しさに、一瞬、戦場であることも忘れてしまうほどで、ただあるのは呆然たる感動のみでした」

と語っていて、同じ第二陣でも、羽切の回想とは一日のズレがある。

さらに、昭和十五年一月から十二空にいて、漢口基地で出迎えた岩井勉二空曹は、

「七月上旬、横山大尉の率いる六機が進出してきた。彼らが着陸するや基地では歓声が湧き、われわれは飽きずにその機体を眺めました。旬日を経ずして、進藤大尉の率いる九機も到着、十五機が揃いました」

と語っているし、昭和十五年二月から十二空にいた角田和男一空曹も、

「七月上旬、私が『蒼龍』乗組のときの分隊長横山大尉が新式戦闘機六機を率いて横空から転勤してきた。数日して、佐伯海軍航空隊、大村海軍航空隊で顔見知りだった進藤大尉が率いる九機も到着したと記憶しています」

と言う。角田は戦時中の日記を保管していたが、あいにく昭和十五年夏から十六年にかけての日記帳は、戦後、家の雨漏りのため失われてしまっていた。

進藤三郎大尉は、

「横山大尉の六機を見送って数日後、私が七機を率いて漢口に向かった。下川大尉と一緒だった記憶はない。ただ、なにぶん古い話なので、正確な日付は憶えていません」

と言っている。

巻末に付した十二空の『戦斗機《せんとうき》隊奥地空襲戦斗詳報』も、はじめの二頁では、

〈零式戦斗機ノ十二空配給ヲ極力促進セラレツツアリシガ七月中旬ヨリ漸く之ガ實現ヲ見宜昌飛行場ノ完備スルト共ニ零式戦斗機十二機ヲ揃ヘ概ネ八月中旬戦斗機隊重慶空襲準備完成スルニ至レリ〉

とあるのに、後半の総括部分（新兵器ノ用法）では、

〈漢口基地ヘ空輸セラレタルハ第一回七月二十六日六機第二回八月十三日七機ニシテ〉（同）

と、同じ書類なのに、前後で若干食い違うことが書かれている。

また、もっとも信頼のおける零戦戦史の一つで、元零戦搭乗員で組織していた「零戦搭乗員会」（現・N

ＰＯ法人零戦の会）編『海軍戦闘機隊史』（原書房・昭和六十二年）には、
〈七月二十一日に漢口の十二空に十五機が進出している。〉
と記され、主要な旧海軍航空関係者の集いであった「海空会」が昭和三十二年八月に纏めた『海軍航空史年表』にも、
〈十五・七・二十一零戦漢口に進出　七・二十四兵器採用　零式一号艦戦一型（十二試艦戦）〉
と、同様の記述がみられる。『海軍航空史年表』の編纂には、日本海軍航空隊草創期からのパイロットである桑原虎雄中将、海軍空技廠長や航空本部長を歴任した和田操《みさお》中将をはじめ、海軍航空の錚々たる重鎮たちが携わっていて、編纂から六十余年が経ったいまも一級の史料として通用する。『海軍戦闘機隊史』にしても、十二試艦戦の海軍側官試乗を担当した真木成一《まきしげかず》中佐が編集委員長を務め、往時を直接知る関係者が執筆にあたっていたから、根も葉もないことを書くとは考えにくい。
ちなみに、さらに前、昭和二十七年十二月に発刊された、零戦の設計主務者堀越二郎技師と、大本営参謀だった奥宮正武中佐の共著『零戦』（日本出版協同）には、
〈そこでわが海軍は前例のない英断をもって、実用実験中の十二試艦上戦闘機を、試作機のままで第一線に送った。これに備えて横空で少し前から本機の操縦訓練中であった横山保、進藤三郎両大尉の指揮する新編成戦闘機二個中隊十五機は、昭和十五年七月二十一日、九六式陸攻に誘導されて勇躍故国を後に、西の方中国大陸の空をさして飛び立って行った。〉とある。
出版の時系列からみると、十二試艦戦の進出日に関しては、海空会、零戦搭乗員会のいずれもが、この堀越・奥宮本の記述を元にしているのかもしれない。そして、「七月二十一日説」の根拠をたずねてみると、二十ミリ機銃整備のため漢口に派遣された卯西外次技師の手記に、
〈昭和十五年七月二十一日羽田出発、同九月二十六日横須賀帰着〉
とあり、高山捷一技術大尉も私のインタビューに「七月二十一日」と答えていたことから、この日付は空

技廠から派遣された技術士官、技師たちが漢口に向け出発した日を指すものとも思われる。

——当事者の回想にも、関係部署の中枢にいたはずの人たちが編纂した書籍の記述にも、肝心の第一線に配備された日付にこれほどのバラつきが見られるのは不思議な気がするが、これが歴史を語り伝えることの難しさなのだろう。

実際にはいつ、誰が?

では、十二試艦戦の漢口進出は、じっさいにはいつ、誰によって、どのように行なわれたのか。

このことを解き明かす上で重要な情報が、防衛省防衛研究所所収の資料に丹念にあたると浮かび上がってくる。

まず、第十二航空隊の『支那事変　戰時日誌　飛行科ノ部』に、

〈(七月)二六(金)曇　零式艦上戦闘機六機横空ヨリ空輸(第三分隊長海軍大尉横山保着任)〉

とあるから、横山大尉の率いる第一陣六機の漢口到着は、横山大尉の手記ほかに記された七月十五日でも二十一日でもなく、七月二十六日で間違いなかろう。横山大尉手記や、それを基にした戦史叢書の「七月十五日」説は、横山大尉の十二空への転勤辞令が七月十五日付で出ているためだと思われる。なお、横山大尉の十二空分隊長発令と同日、それまで十二空分隊長を務めていた中島正大尉が、交代する形で大村空に転出している。

横空から横山大尉とともに十二空に転勤した零戦搭乗員は、北畑三郎一空曹(操練二十一期)、中瀬正幸一空曹(乙飛五期)、大木芳男二空曹(操練三十七期)、藤原喜平二空曹(操練二十八期)、大石英男二空曹(操練二十六期)、野澤三郎一空(一等航空兵・操練四十五期)の六名で、ほぼ間違いない。横山大尉を合わせると搭乗員は七名となり、零戦の機数より一名多いが、長距離の空輸となるため、一名は誘導機の九六陸攻に便

乗したものと考えられる（同様の例は他部隊の戦地への進出の際にもみられる）。

藤原喜平二空曹の航空記録によると、七月二十三日、「０式艦戦」11号機で横空から大村基地へ飛び（飛行時間三時間三十分）、二十五日、同機で大村から上海へ（飛行時間三時間十五分）。ここでおそらく搭乗員が交代、藤原二空曹は九六陸攻に乗り換えて上海から九江《きゅうきゃん》基地へ（飛行時間四時間）。そして二十六日、陸攻で九江から漢口に到着した（飛行時間一時間十分）。

十二試艦戦が海軍に制式採用され、零式艦上戦闘機となったのは七月二十四日だから、二十三日の横空出発時はまだ十二試艦戦だったわけだが、航空記録の記載はこの日から「０式艦戦」となっている。

このとき、漢口に進出した六機には、３‐１６１から３‐１６７までの機番号（１６４は欠番）が付された。最初の「３」は、十二空の部隊記号である。

十二空ではさっそく、六機の零戦を使い、実戦に向けての試飛行や、搭乗員の慣熟飛行を始めた。

第二陣が続けて来ることは決まっていたから、もとより十二空にいた搭乗員のうち十一名が、零戦の第一期講習員に選ばれ、操縦訓練を受けることになった。その顔ぶれは、伊藤俊隆大尉（海兵六十期）、白根斐夫中尉（海兵六十四期）、山下小四郎空曹長（操練十七期）、高塚寅一一空曹（操練二十二期）、角田《つのだ》和男一空曹（乙飛五期）、杉尾茂雄一空曹（同）、光増《みつます》政之一空曹（同）、小林勉一空曹（同）、末田利行二空曹（操練三十二期）、岩井勉二空曹（乙飛六期）、山谷《やまや》初政三空曹（操練四十期）である。

ちなみに、「海兵」は海軍兵学校を卒業した正規将校で、飛行学生を経て搭乗員になる。伊藤大尉は、横山大尉、進藤大尉とともに、飛行学生を昭和十年七月に卒業している。白根中尉の飛行学生卒業は昭和十四年三月である。「操練《そうれん》」は操縦練習生の略で、一般の下士官兵から部内選抜で搭乗員になった者。メンバーのなかでもっとも古い山下空曹長は昭和七年三月に操練を卒業し、もっとも若い山谷三飛曹の操練卒業は昭和十三年二月である。「乙飛《おつひ》」は乙種飛行予科練習生、いわゆる予科練で、高等小学校修業程度以上の少年から航空兵として募集した者。乙飛五期の飛行練習生卒業は昭和十三年三月で、乙飛六期は昭和十三年八月だった。ほかに当時、中学四年一学期修了以上を対象とする「甲飛《こうひ》」（甲種飛行予科練習生）一期生が二空曹となって一線部隊に配備されていた（飛行練習生卒業は昭和十四年六月）。海兵を別とすれば、歴史の長さは操練―乙飛―甲飛の順だが、進級のスピードは甲飛―乙飛―操練の順となる。そのため、下士官兵搭乗員の操縦歴や技倆は、必ずしも階級とは比例しない。

角田和男一空曹によると、このとき、十二空に十名いた甲飛一期出身の搭乗員は、零戦の第一期講習員からは外されていたという。

トラブル続く

制式採用されたとはいうものの、零戦にはなおも未解決の問題が山積していた。振動が大きい、エンジンの筒温過昇、引込脚がG（重力）をかけると飛び出してしまうなどの不具合、二十ミリ機銃の弾丸が出ない、増槽が落ちない、などなど、どれも実戦で使うには見過ごせないトラブルだった。

漢口は、中国大陸の「三大火炉」（重慶、武漢、南京）とよばれた武漢の一部にあたる酷暑の地である。その暑さは、「電線の上で、雀が熱くて足踏みをしていた」との実見談から、「電線にとまっていた雀が焼けて落ち、それを食べた犬が口に火傷をした」といった法螺《ほら》話までとりまぜて、当時、漢口にいたことのある将兵の間で語り草になっていたほどで、「落雀《らくじゃく》の候」という時候の挨拶まで使われていた。

酷暑は、飛行場で待機している飛行機も容赦なく襲った。強い日差しに、零戦の両翼に装備される二十ミリ機銃弾倉取付部の温度が六十度を超え、暴発の危険があることから、十二空では漢口の軍需部を通し、零戦十二機分の〈取外シ簡便ナル日覆〉の材料として、幅一・八メートル、長さ百四十四メートル程度の帆布を航空便で送るよう、八月八日、佐世保軍需部に要請している。

八月九日には、射撃訓練中に二十ミリ機銃弾が腔内爆発（銃身内爆発）を起こした。

〈機銃取付部翼ヲ大破シ機体振動ヲ生ジ操縦中正ヲ失シタルモ安全ニ飛行場ニ着陸〉（二聯空機密第六七六番電）したが、その後しばらく、空技廠と現地部隊との間で対策を協議する電報が行き交っている。暴発したのは、通常弾（炸裂力大、着火力小）、曳痕通常弾（炸裂力中、着火力中）、焼夷通常弾（炸裂力小、着火力大）と、三種類が交互に装填されている二十ミリ機銃弾のうち、爆発力がもっとも強い通常弾であった。

エンジンの筒温過昇については、ＡＭＣ（オートミクスチュアコントロール・気化器高度弁自動装置）の装備が間に合わなかったことによるもので、差しあたっての対策として、空気を取り入れる整流板の改造と、エンジンカウリングの七ミリ七機銃口前方を約七十ミリ四方切りとり、さらに燃料の気化器を調整、混合比を若干濃くするなどの対策がとられた。また、空戦中のエンジン回転数を二千四百回転に制限（本来は離昇二千七百回転）する暫定措置がとられた。

零戦のトラブル対策のため空技廠から同行していた高山捷一造兵大尉は、

「確かに問題は多かったけど、なかには搭乗員の不慣れによるものもあったと思う。筒温過昇についても、エンジンの回転数やカウルフラップを適切に使うなど、搭乗員の慣熟度で問題の程度に差があったし、機体の振動については、致命的なフラッターではなかったので、ほとんど対策を施さなかったにもかかわらず、そのうち苦情が出なくなりました」

と語っているし、卯西外次技師の回想記にも、

〈参加の初期には弾丸が出ないといってプンプン怒りながら飛行機から降りてくる士官もありました。点検すると管制装置の圧搾空気のコックを閉じたままにしてあるのです。当時空気漏洩に対し徹底的な防止ができないので、操縦者に発射準備の折に開くように頼んであったのですが、興奮しているときは失念してしまうと見えます。〉

とあるから、部隊や搭乗員側も、機体の操作やクセに不慣れな上に、ややナーバスになっていた部分があるのかもしれない。

横空の下川大尉を空輸指揮官として、第二陣となる零戦七機が、漢口に進出したのは八月十二日のことである。

「海軍航空本部支那事変日誌」の「発受セル重要ノ令達報告通報等」(以下、「電報綴」と表記)によると、この日、朝六時四十分に誘導機の九六陸攻一機、七時四十分に零戦七機が横須賀基地を離陸、十一時五分、大村基地に到着して燃料補給の上、途中着陸した上海基地で一機に故障が見つかったものの、残る六機はその日の午後七時四十五分、漢口基地に到着した。上海に残った一機も遅れて漢口に到着し、十二空零戦隊は十三機となった。第二陣七機の垂直尾翼には、3-168から175(174は欠番)の機番号が記された。このとき、下川大尉に率いられ漢口に進出した搭乗員は、東山市郎空曹長(乙飛二期)、羽切松雄一空曹(操練二十八期)、三上一禧二空曹(操練三十七期)、上平啓州二空曹(甲飛一期)、平本政治三空曹(操練三十八期)、有田位紀三空曹(操練四十一期)の六名だった。

だが、ここで一つの疑問が残る。先に述べたように、十二空から横空に出張していた進藤大尉は、「第二陣七機を率いて漢口に進出した」と回想していて、「そのとき下川大尉と一緒だった記憶はない」とも言うのだが、第二陣の空輸指揮官は、航空本部の電報綴からも下川大尉で間違いない。同じ大尉でも、下川大尉は進藤大尉より海軍兵学校は二期上の先任者だから、下川大尉の下に進藤大尉がついてもおかしくはない。しかし、最晩年まで頭脳のシャープだった進藤の記憶から、このとき下川大尉がいたことが抜けているのは、直接インタビューを重ねた者としてどうも腑に落ちないのだ。

進藤大尉がこの日より遅れて進出したことは、のちの出撃状況から考えられないし、もしかすると、横山大尉指揮の第一陣とともに九六陸攻に便乗して進出したか、あるいは第二陣以前に、別便の輸送機で漢口に戻っていたのかもしれない。技術士官たちと同じく七月二十一日という可能性もある。進藤の以下の回想からは、八月十二日に漢口に着いた第二陣よりも早くから、漢口にいたことがうかがえるからだ。

「私は九六戦の初期不良でえらい目に遭ってますから。エンジンや機体のトラブルで搭乗員が命を落とすようなことになったらもったいない、申し訳ない、そう思って、横山大尉と一緒に約一ヵ月、じっくりと故障の対策をやりました。しかし、一日も早い実戦投入を願う司令部からは、早く出撃しろ、と矢の催促でしたね。

横山大尉も私も、第一聯合航空隊（木更津空、鹿屋空）司令官山口多聞少将、第二聯合航空隊（十二空、十三空）司令官大西瀧治郎少将から個別に呼ばれ、叱責に近い調子で出撃を要請されました。横山大尉は大西少将から、『貴様は命が惜しいのか！』とまで言われたそうです。それでも、初《しょ》っ端《ぱな》からつまづいては元も子もなくなりますから、黙ってテストと対策を続けました」

射撃訓練

トラブルに対処するためのテスト飛行と並行して、実戦に即した空戦、射撃訓練も行なわれた。射撃訓練では、弾丸を惜しんでのちには訓練項目から省略された、二十ミリ機銃の実射訓練も行なわれている。機銃の発射把柄は、左手のスロットルレバー前側に、自転車のブレーキのような形で取り付けられており、それを握ることで機銃弾が発射される。スロットル先端のスイッチの操作で、二十ミリ単独、七ミリ七単独、二十ミリ、七ミリ七両方の切り替えができた。

従来の九六戦にも装備されていた七ミリ七機銃の、豆を炒るような軽快な発射音とちがって、ドッドッドッドッと腹に響くような反動をともなう二十ミリ機銃の発射音は、初めて撃つ搭乗員を驚かせた。

「発射の衝撃で、主翼がどうにかなるんじゃないかと思った」とか、「反動でスピードが落ちるような錯覚さえ覚えた」と回想する古参搭乗員は、私が話を聞いた範囲だけでもかなりの数にのぼる。

ただ、吹流しを標的としての射撃訓練は、吹流しを曳く曳的機の機体に機銃弾が命中する事故がしばしば起きる。二十ミリ機銃は威力が強すぎ、危険で使えないので、七ミリ七だけで行なった。

新しく採用されたOPLと呼ばれる照準器は、従来のものが、風防から突き出た形の望遠鏡式であったのに対し、光像式のコンパクトなタイプである。その原理は、ランプで下から照明された照準環の光枠の虚像を、コリメーターレンズを通して遠方につくり、四十五度の角度に取り付けられたガラス板（ハーフミラーの役割をする）に反射させ、同じガラスを通して見える敵機と重ねる。現代でも作られている、ライカなどのレンジファインダー式カメラのブライトフレームと、原理としては同じものだ。

この形式の利点は、照準器がすべて風防内に収まり、空気抵抗がないこと、遠方の標的と照準環がピッタリ張り付いたように見え、目を少しぐらい動かしても照準が外れないことで、逆に、搭乗員の立場からは、取り付け方法が一点支持なので狂いやすい、ランプのフィラメント切れの心配がつきまとう、などの苦情が出された。

光像式照準器を最初に開発したのはフランスのOPL社で、この会社はのちに、「フォカ」というユニークなカメラを開発している。そしてドイツのシュタインハイル社が開発した「レビ」照準器各型が、メッサーシュミット、フォッケウルフなどのドイツ空軍戦闘機に採用され、それがまたたく間に各国に広まった。

日本海軍では、OPL、レビ両方を輸入したが、レビのほうが優れているということで、レビ2b型照準器をモデルに国産化したのが、零戦に装備された九八式射爆照準器である。レビをモデルにしたにもかかわらず、最初に輸入したOPLの呼び名が、光像式照準器の通称として定着してしまっていた。

富岡光学（のち京セラオプテック。平成三十年、京セラ株式会社に吸収合併）と千代田光学精工（現・コニカミノルタ株式会社）が製造を託された九八式射爆照準器は、零戦の開発当初は生産が間に合わず、ドイツから十二機も購入しながら機体の性能不足で実戦に使えなかったハインケルHe112戦闘機から取り外したり、単体で輸入したレビ2b、3a照準器を改修し、それを装着して急場をしのいだりもした。

搭乗員の数だけあった「ひねり込み」の流儀

空戦訓練は、二機で離陸し、あらかじめ決められた空域に到着すると、一番機の合図で二機は二手に分かれる。西部劇の決闘のように、背中合わせに同じ距離を飛んで、両機は反転して反航する。互いに「翼を切る」（すれ違う）瞬間が空戦開始で、この時点からの操作は自由になる。

単座戦闘機の機銃は通常、前方にのみ向いて取り付けられているから、相手機の後ろに早くついたほうが勝ちである。互いの機体をほぼ真横に傾けての垂直旋回から、左斜め宙返りに持ち込む。この宙返りの頂点での操縦操作に、おのおのの搭乗員の工夫による、「秘伝」ともいえる工夫が隠されていた。

単機空戦の奥義、当時はこれを「ひねり込み」と呼んだ。「ひねり込み」は、日本のアクロバット飛行チームの草分けである「源田サーカス」、「岡村サーカス」両方で腕を磨いた望月（旧姓・伊藤）勇一空曹が発案したとされ、その後、腕に覚えのある搭乗員がめいめいに工夫し、応用を重ねて、搭乗員の数だけ「ひねり込み」の流儀が生まれる。

望月一空曹が考案した「望月流」と呼ばれる方法は、宙返りの頂点、背面になる直前に、左足のフットバーをゆるめ、逆に一瞬、右フットバーを蹴る。同時に、腹に引き付けていた操縦桿を右に倒すと、右翼が地上から見て上がり、機体はコマのようにひねりながら、左に小さく回転する。

半田亘理一空曹が発案した、「半田流」と呼ばれる型は、ふつうはスロットル全開で宙返りに入るところを、やや絞り気味に入って、頂点近くでそれまでいっぱいに引いていた操縦桿をゆるめ、余力を残しておいたスロットルをもう一押しする。エンジンを吹かして少しの間、背面水平飛行をすることで、先に力尽きて（失速して）降下に移った相手機の後ろに、かえって大回りをしながらつくものであった。

そして零戦になると、引込脚のため、固定脚が安定板の役割を果たしていた従来の戦闘機とは少しちがった動きが編み出されるようになる。

零戦は、プロペラトルクの関係もあり、右旋回よりも左旋回の性能の方がいい。フットバーをやや左に踏み込みながら操縦桿をいっぱいに引き、相手を左斜め宙返りに引き込む。宙返りの頂点、背面になる直前に操縦桿を右に倒し、右フットバーを蹴る。この方法は、「望月流」と同じ操作だが、零戦の場合、「ひねり」と同時に、引込脚ならではの微妙な横すべりが加わる。これが、零戦の秘技「左ひねり込み」の概略である。

宙返りの頂点近くで、左フットバーを蹴り、操縦桿を左に倒す、「小林巳代治流」というやり方もあれば、右フットバーを蹴り、操縦桿を左に倒す考案者不詳であるがポピュラーな方法も伝えられている。また、宙返りに入れば操縦桿を思い切り引いて腹から離さず、頂点付近にきたとき操縦桿を腹につけたまま左に倒してひねり込む、やや強引な「羽切松雄流」のやり方もある。いずれにしても、宙返りの途中で軌道を不規則に変えることにより、相手の後ろにつくことができる操縦方法であった。

以上は、私が何人もの古参の元零戦搭乗員から聞きとったものだが、こうやって言葉にしたところで、自らやってみない限りほんとうには理解できまい。舵の利かせ方やそのタイミングに、搭乗員それぞれの個性があり、彼らは、めったなことでは自分の技を他人に教えなかった。切磋琢磨の中から、昔の剣豪のような、音に聞こえた単機空戦の達人たちが生まれた。なかでも三上一禧二空曹は、最初に配属された実戦部隊である十四空、さらに横空、十二空を通じて、単機空戦の訓練ではほとんど無敗を誇ったという。

「一つはっきりと言えるのは、空を飛ぶことの基本は誰でも身につけることができる。しかし、勘は一様には備わっていない。これは天性のものですね。飛行機の操縦は、年数や飛行時間じゃないんです」

と、三上は語っている。

昭和10年、第26期飛行学生戦闘機専修の面々。霞ケ浦海軍航空隊で。前列左から鈴木實、進藤三郎、伊藤俊隆、2列め左から横山保、1人おいて飛行隊長小田原俊彦少佐、1人おいて山下政雄。後列左から2人め兼子正、3人め岡本晴年。横山のみが海兵59期で、2列めの中3名の隊長、教官をのぞきあとは全員海兵60期の出身である

〔左〕零戦で新たに採用された九八式射爆照準器。45度の角度に取り付けられたガラス板がわかる。〔上〕九八式射爆照準器のガラス板に投影された照準環（撮影：中村泰三）

第三章　零戦初出撃

A班とB班の先陣争い

第二陣の零戦七機が漢口に到着すると、横空から転勤してきた十二名の搭乗員を中心にA班、もとから十二空にいた搭乗員で零戦の錬成員を中心に選抜したB班を、分隊とは別に編成し、その二班を横山大尉、進藤大尉、伊藤俊隆大尉の三名の分隊長が指揮することとなった。

両班の搭乗員の編成について残された確たる資料はないが、出撃記録などから、A班の顔ぶれは、東山市郎空曹長、羽切松雄一空曹、中瀬正幸一空曹、大石英男二空曹、藤原喜平二空曹、三上一禧二空曹、上平啓州二空曹、平本政治三空曹、有田位紀三空曹、野澤三郎一空の十名で、B班は、白根斐夫中尉、山下小四郎空曹長、高塚寅一一空曹、北畑三郎一空曹、杉尾茂雄一空曹、角田和男一空曹、光増政之一空曹、小林勉一空曹、岩井勉二空曹、大木芳男二空曹、末田利行二空曹、山谷初政三空曹の十二名であると思われる。横空からの転勤組のうち、北畑一空曹、大木二空曹の二名は、その後、第一回の出撃からほぼ毎回、横山大尉ではなく進藤大尉とともに飛んでいるからだ。

A班の多くは、横空で十二試艦戦試作一号機からテストを手がけているという誇りから、ぜひ一番槍は自分たちの手で、と意気込んでいた。B班はB班で、戦地経験ではわれわれに一日の長があると思っている。

機体のトラブル解消に向けた指揮官の焦燥とは別に、A班、B班による先陣争いのライバル心は静かに燃えていた。

ただ、この時期十二空にいながらB班の選にもれ、零戦に乗る機会を得られなかった搭乗員も約三十名にのぼった。九六戦で行なう基地の上空哨戒や陸戦協力なども、十二空の大切な任務であったのだ。零戦要員に選ばれたA班、B班の搭乗員にしても、その後、十月いっぱいまでの出撃状況を見ると、零戦よりも九六戦で飛ぶ機会のほうがむしろ多かった。八月十八日には、宜昌《ぎしょう》基地上空に来襲した敵双発爆撃機（SB）九機を、光増政之一空曹（B班）、松田二郎二空曹、廣瀬良雄一空の九六戦三機が邀撃、撃墜確実三機、不確実二機の戦果を報告している。

最初の出撃

八月十九日、零戦初出撃の日はやってきた。この日の任務は「重慶空襲中攻《ちゅうこう》隊掩護敵機撃破」と記録されている。横山大尉率いるA班七機、進藤大尉率いるB班主体の六機からなる、二個中隊十三機の零戦は、午前九時五分、漢口基地を出撃した。

この日の編成は、

第一中隊　中隊長・横山保大尉

第一小隊　横山保大尉（3－161）、羽切松雄一空曹（3－162）、大石英男二空曹（3－163）、藤原喜平二空曹（3－168）

第二小隊　東山市郎空曹長（3－171）、中瀬正幸一空曹（3－172）、上平啓州二空曹（3－173）

第二中隊　中隊長・進藤三郎大尉

第一小隊　進藤三郎大尉（3－165）、北畑三郎一空曹（3－166）、大木芳男二空曹（3－167）

第二小隊　白根斐夫中尉（3－175）、杉尾茂雄一空曹（3－169）、有田位紀三空曹（3－170）だった（カッコ内は機番号）。

十時十分、中継基地として整備されたばかりの宜昌飛行場に燃料補給のため着陸したところ、藤原喜平二空曹の操縦する一機（3－168）が着陸に失敗、転覆した。事故原因は、「引込脚の出し忘れ」と、当時の十二空隊員の間では伝えられている。藤原二空曹は横空以来十二試艦戦に搭乗し、この時点で飛行時間千時間を超える中堅搭乗員だったから、もしもそれが事実なら、にわかに信じがたい初歩的なミスではあるが、固定脚の九六戦では起りえない、新型機ならではの事故だった。

残る十二機は十二時四十分、宜昌を飛び立ち、九六陸攻五十三機を護衛して重慶上空へ。しかし、中国空軍はこの日、新型戦闘機の登場を察知したのか、一機も飛び上がってこなかった。零戦隊は午後二時十分から五十分にわたって重慶上空の哨戒飛行を続けたが、敵機を見ることなく、むなしく引き返した。羽切一空曹は、

「この日、偵察機の敵情報告によると、重慶方面に敵機三十～四十機がいることが確認されていて、敵機は当然、わが中攻（陸攻）隊に攻撃をかけてくるものと思っていた。それをこの零戦で叩き墜とす、そんなつもりで心躍らせて行ったのに敵機が上がってこず、まさに切歯扼腕でした。残念で仕方なかったですね」

と語っている。

第一中隊は漢口基地に直航し、第二中隊は宜昌基地で燃料補給ののち、遅れて漢口基地に帰還している。零戦各機の飛行時間は、五時間五十分に達していた。

この日、午前の藤原二空曹機の着陸事故を受け、漢口基地から空技廠の高山捷一造兵大尉が宜昌基地に急行した。高山は、機体の破損状況を点検し、「修理可能」と判断。3－168号は修理の上、九月中旬から訓練用として使用された。

二度目の出撃

初出撃の翌八月二十日にも、伊藤俊隆大尉の率いるB班主体の十二機が重慶へ向け出撃した。この日の任務も、「重慶空襲中攻隊掩護敵機撃破」だが、戦闘計画によれば、空中に敵機がおらず、地上に爆撃で破壊しきれなかった敵機がいた場合は、零戦による地上銃撃を敢行することになっていた。この日の編成――。

第一中隊　中隊長・伊藤俊隆大尉

第一小隊　伊藤俊隆大尉（3－175）、小林勉一空曹（3－169）、三上一禧二空曹（3－170）

第二小隊　高塚寅一一空曹（3－171）、末田利行二空曹（3－172）、平本政治三空曹（3－173）

第二中隊　中隊長・山下小四郎空曹長

第一小隊　山下小四郎空曹長（3－165）、角田和男一空曹（3－166）、野澤三郎一空（3－167）

第二小隊　光増政之一空曹（3－161）、岩井勉二空曹（3－163）、山谷初政三空曹（3－162）

零戦隊は午前九時十分、漢口基地を離陸、十時二十五分、宜昌基地に着陸して燃料補給を行なう。十二時三十五分、宜昌を離陸したが、この日は陸攻隊との合流がうまくいかず、山下小隊は、陸攻を待たずに誘導の九八式陸上偵察機（二人乗り）一機に先導され、重慶上空に進撃。残る九機も、もう一機の陸上偵察機に誘導され、途中、陸攻隊と合流して重慶上空に達した。

岩井勉二空曹はこのとき、四川省の山岳地帯から、奥地へ、奥地へと、次々と煙が立ち上るのを見ている。これは、重慶へ空襲を知らせる中国軍の狼煙であった。岩井はまた、初めて護衛につくスピードの遅い陸攻隊に合わせて飛ぶのに苦労した、とも回想している。零戦隊は、巡航速度の遅い陸攻に随伴するため、その編隊上空を蛇行して飛んだ。

この日、先行した山下小隊二番機として出撃した角田一空曹は、

「敵戦闘機十七機離陸、との情報を得ていましたが、上空に敵機の姿はなかった」

と回想している。

「重慶上空を一時間四十分制圧、遅れて到着した陸攻隊の爆撃を見届けて帰途についたんですが……。陸攻の大編隊（この日、出撃した九六陸攻は、十三空二十六機、高雄空十八機、鹿屋空十八機、十五空二十六機の計八十八機）が爆弾を投下すると、すさまじい爆煙と土埃が上がり、それがおさまると地上にはなにも残っていませんでした」（角田一空曹）

零戦による第二回めの出撃の指揮をとった伊藤大尉は、長距離進攻にあまり積極的ではなかった。前年の昭和十四年秋、横空で行なわれた編隊空戦の研究飛行訓練に参加した伊藤大尉は、空技廠飛行実験部員（テストパイロット）真木成一大尉から十二試艦戦の性能について説明を受けたさい、ほかの搭乗員が一様に目を輝かせるなか、ひとり、

「こんな足の長い（航続力のある）戦闘機ができると、司令部は大喜びで飛ばすと思うが、飛ばされる身になって考えてくれ」

と、苦情を漏らしたという。結局、伊藤大尉は、最初の零戦隊分隊長の一人に選ばれながら、十二空で零戦での出撃はこれ一度きりで、九月十四日付で筑波海軍航空隊分隊長に発令され、内地に帰還することになる。

連日の空振りのあと、零戦隊の出撃はしばらく休みになる。二度にわたる全力出撃で、零戦に整備が必要だったことと、単座（一人乗り）戦闘機にはきびしい悪天候が続いたことがその理由だった。その間も陸攻隊による重慶爆撃は続けられたが、敵戦闘機による邀撃はなかった。聯合空襲部隊では、このことを、

〈我《わが》零式艦戦ノ出現ニ依リ敵ニ與《あた》ヘタル精神的効果ハ甚大ニシテ〉

と、分析している。工場地帯や倉庫群をあらかた破壊し尽した陸攻隊は、八月三十一日、九月三日、四日と目標を市街地に変更して爆撃、ここに百一号作戦は一応の終結をみた。

徐々にではあるが、零戦の補充も続けられている。八月二十三日、横空の帆足工《ほあしたくみ》中尉が率いる第三次空輸の零戦四機が漢口基地に到着、十二空が受領した零戦は延べ十七機となった。新たに到着した機体には、3ー176から179の機番号が割り当てられたはずだが、3ー177の機番号は昭和十五年いっぱいの出撃記録には一度も記載がなく、3ー179が登場するのは十月二十六日の成都空襲が最初である。

九月七日、二聯空参謀から航空本部総務部長に宛てた「軍極秘」の電報によると、

〈既供給ノ第十二航空隊用十七機中二機ハ大破使用不能（中一機ハ修理可能ニシテ訓練用トシテ九月末頃完成ノ見込）〉

とある。使用可能で修理中のものは八月十九日、宜昌基地での着陸事故で破損した3ー168号機だから、3ー177の番号を付された機体が、漢口到着後に使用不能となるほどの破損をしたとも考えられるが、残念ながらこのことについて、明確に記された記録は見当たらなかった。

藤原喜平二空曹の航空記録には、八月二十七日、新機材の176号機で三時間三十分の長距離飛行試験、二十八日、同じく176号機で四十分間の試飛行、さらに九月二日（176号機）、十一日（173号機）と、零戦二個中隊による大隊訓練を行なったと記されている。

三度目の出撃

整備、訓練を終え、重慶の天候も回復して、零戦隊がようやく三度目の出撃をしたのは九月十二日のこと。この日の任務は「第三十三回重慶空襲」で、陸攻隊の爆撃目標は「重慶E區《く》李家蔣介石住宅」。零戦隊は、敵戦闘機を捕捉、殲滅することとされた。

横山保大尉率いるA班主体の十二機は、午前十時二十五分、漢口基地を発進。編成は、

第一中隊　中隊長・横山保大尉
　第一小隊　横山保大尉（3－161）、羽切松雄一空曹（3－162）、大石英男二空曹（3－163）
　第二小隊　東山市郎空曹長（3－171）、中瀬正幸一空曹（3－172）、藤原喜平二空曹（3－173）
第二中隊　中隊長・白根斐夫中尉
　第一小隊　白根斐夫中尉（3－175）、北畑三郎一空曹（3－166）、有田位紀三空曹（3－169）
　第二小隊　山下小四郎空曹長（3－165）、角田和男一空曹（3－170）、野澤三郎一空（3－167）
である。
角田一空曹の回想によると、この日は情報漏れを防ぐため、零戦隊は敵地に近い宜昌での燃料補給はせず、漢口から重慶上空に直行した。十二空の戦闘報告には記載がないが、山下空曹長機が離陸直後にエンジン故障で引き返し、角田一空曹が第二中隊第二小隊を率いたという。陸攻隊の十三空戦闘詳報には、味方偵察機から得た途中経過の情報として、
〈fc（注：艦上戦闘機）十一機宜恩通過異状ナシ〉
とあるから、この日、山下機が引返し、攻撃に参加した零戦は十一機となったことは間違いなかろう。
零戦隊は午後零時五十分、十三空陸攻隊二十六機に先行して重慶上空に到達。しかし、この日も空中に敵戦闘機の姿はなく、零戦隊は低空に舞い降りて石馬州飛行場の指揮所を銃撃した。羽切一空曹の回想——。
「高度約百メートルまで降下したが、飛行場には一目でわかる囮機が五機並んでいるだけで、建物を銃撃、炎上させた。零戦による地上銃撃はこれが初めてで、二十ミリ機銃の威力は予想以上だと驚きました」
角田一空曹は、
「見るべき目標がなかったので、飛行場の囮機にも一撃を加えた。超低空で相当無理な操作をしましたが、列機の野澤一空が最後までピッタリとついてきてくれて、横空仕込みはやはり違うな、と感心しました。ただ、重慶市街は、数十回におよぶ空襲で完全に廃墟と化していて、率直に言って、戦争とはいえ、これはや

りすぎじゃないかと思いましたね……」

と語っている。

零戦隊は、午後一時三十五分まで重慶上空にとどまり、陸攻隊は、午後一時五十分、爆撃を終了した。

〈零式艦戰ノ先行制圧下ニ悠々爆撃ヲ實施シ所命目標ニ對《たい》シ極メテ有効ナル弾着ヲ得タリ〉

と、十三空戦闘詳報には記されている。爆撃の成果は挙がったものの、零戦隊は三たび敵機に遭遇することなく、帰途、宜昌基地で燃料補給の上、漢口基地に引き返した。

しかしほどなく、敵地上空にとどまって監視していた九八式陸上偵察機（操縦・下田辰一三空曹、偵察・国分豊美空曹長）より、

〈重慶空中敵戰斗機三十二機　監視ス　一四一〇（注：午後二時十分）〉

続いて、

〈着陸開始　第三目標（注：白市駅《はくしえき》飛行場）一四四五（午後二時四十五分）〉

〈第三目標ヲ離陸ス　一五〇五（午後三時五分）〉

〈敵戰斗機三十二機三〇〇度方向（注：西北西）ニ逃避ス　一五一〇（午後三時十分）〉

との報告が入る。

零戦隊が引き揚げるのを見届けたかのように、重慶上空に敵戦闘機三十二機が飛来、白市駅飛行場に一時着陸したのち、成都方面に飛び去ったというのだ。

敵は交戦を避け、零戦がいなくなってから、あたかも日本機を撃退したかのように、デモンストレーション飛行をしていると考えられた。たび重なる空振りに沈滞気味だった戦闘機隊の空気が、この報せを受けて一変したという。

明日はその逆を衝けばよい。翌日の指揮官に決まっていた進藤大尉は、司令部で綿密な作戦の打合せを行なった。十二空の、「戰斗機隊奥地空襲戰斗詳報」中の「空戰計画」によると、

〈中攻隊ト同時ニ重慶上空ニ進撃シ爆撃終了後一旦重慶ヨリ約三十浬附近迄引返シ更ニ重慶上空ニ進撃敵機ヲ捕捉セントス〉

とある。一旦、引き返したと見せかけて、敵戦闘機が重慶上空に戻ってきたところを叩くという作戦で、これは進藤大尉の発案によるものだった。

零戦は単座戦闘機なので、操縦も空戦も航法も搭乗員一人でやらなければならない。機位を失して帰れなくなる機が出るのに備えて、九七式艦上攻撃機（水平爆撃、雷撃兼用・三人乗り）六機からなる収容隊を、帰途に配置することとした。揚子江沿いにある中継基地の宜昌は、長さ八百五十メートルの滑走路があるだけの急造の飛行場である。川を隔てた向こう岸に敵の陣地があり、日本機が離着陸するさい、しばしば砲撃を受けるので、九七艦攻二機による爆撃と、九六戦六機による銃撃で、敵野砲陣地を制圧する。

また、零戦隊と陸攻隊からなる第一攻撃隊とは別に、第二攻撃隊として、難波正三郎予備中尉の率いる九九式艦上爆撃機（急降下爆撃機・二人乗り）八機が、陸攻隊と時を同じくして、江南セメント工場を爆撃する。日本機が爆撃機だけの編隊とみると強気に出てくる中国軍戦闘機の習性を逆手にとって、二段におびき出す計画だ。さらに、敵情偵察に二機、重慶上空の天候偵察、零戦隊の誘導に各一機、計四機の九八陸偵を配している。まさに至れり尽くせりの作戦であった。

九月十二日午後九時、以上の作戦が、「中支信令作第十二號」として発令された。

なお、九月十二日の夜間、午後九時四十一分から十時二十五分にかけ、二聯空では、昼間の空襲に続けて中国軍への心理的な効果を狙い、軍事施設を目標に、十三空の九六陸攻三機による「第三十四回重慶空襲」を実施している。したがって、十三日の空襲は、「第三十五回重慶空襲」となった。

昭和15年8月19日、零戦初の出撃を前に漢口基地に整列した搭乗員たち。左端は見送りに来た支那方面艦隊司令長官嶋田繁太郎中将。飛行服の搭乗員は、左端が横山保大尉(中隊長は列外に立っている)、以下この日の編成順に並ぶ。最前列、横山大尉に続いて羽切松雄一空曹、東山市郎空曹長、進藤三郎大尉、北畑三郎一空曹、白根斐夫中尉。

昭和15年9月12日、零戦3度目の出撃前の整列。漢口基地にて。8月のときと見送る人たちの服装が違っている。飛行服の搭乗員左端が横山保大尉。以下、最前列に羽切松雄一空曹、東山市郎空曹長、白根斐夫中尉、北畑三郎一空曹、山下小四郎空曹長が並ぶ。右端の人物の足元にじゃれている犬は、子犬の頃から十二空で飼われていた「蒋介石」。隊員たちのマスコット的存在だった

第四章　初空戦の日

出撃搭乗員十三名の過半数は事実上初陣

九月十三日。今日こそは敵機と遭遇するであろう予感が、出撃搭乗員の胸をときめかせた。この日は金曜日で、「十三日の金曜日」は縁起が悪いと、西洋の迷信を気にする搭乗員もいたが、

「なに、縁起の悪い日は敵にとっても縁起が悪いだろうさ」

と進藤大尉は意に介さなかった。戦闘が始まろうとするとき、部下たちは指揮官の顔色を敏感に感じとる。いかに優秀な搭乗員が揃っていても、指揮官の態度いかんでは、苦戦の予感に士気を挫かれたりすることもある。飄々として楽観的な進藤の態度は、部下たちの気分をほぐれさせた。

「進藤大尉は、感情を表に出すタイプの横山大尉とはちがって、口数は多くないし、けっして派手な人じゃありませんが、胆の据わった、頼りになる指揮官でした。腕もいいし、空の指揮官として第一級の人でしたよ」

とは、三上一禧二空曹の進藤大尉評である。

午前八時三十分、進藤大尉率いる零戦十三機は、支那方面艦隊司令長官嶋田《しまだ》繁太郎《しげたろう》中将じきじきの見送りを受け、漢口基地を飛び立った。出発に先立って、嶋田中将は搭乗員一人一人の名前を書いた紙片を手に、

激励した。岩井勉二空曹は、「君が岩井二空曹かね。しっかり頼むぞ」と長官に手を握られたとき、「ああ、これで俺はいつ死んでも悔いはない」と感激したと回想する。

零戦隊のこの日の編成。

第一中隊　中隊長・進藤三郎大尉

第一小隊　進藤三郎大尉（3－161）、北畑三郎一空曹（3－166）、大木芳男二空曹（3－167）、藤原喜平二空曹（3－169）

第二小隊　山下小四郎空曹長（3－171）、末田利行二空曹（3－165）、山谷初政三空曹（3－173）

第二中隊　中隊長・白根斐夫中尉

第一小隊　白根斐夫中尉（3－175）、光増政之一空曹（3－162）、岩井勉二空曹（3－163）

第二小隊　高塚寅一一空曹（3－178）、三上一禧二空曹（3－170）、平本政治三空曹（3－176）

白根中尉、山下空曹長、北畑一空曹、藤原二空曹の四名は、前日に続いての出撃である。この日の編成は、いずれも腕に覚えのある、一騎当千を自認する搭乗員が揃っているものの、空戦経験があるのは進藤大尉（協同撃墜一機）、藤原二空曹、山下空曹長（単独撃墜一機、協同撃墜一機）、末田二空曹（単独撃墜三機）、光増一空曹（単独撃墜一機、協同撃墜四機、うち二機は不確実）の五名。ほか、北畑一空曹が、支那事変初頭以来、上海の上空哨戒や陸戦支援、南昌、漢口、広東攻略作戦に幾度も参加しているが、残る七名は、上空哨戒や陸戦協力の経験があるのみで、事実上、初陣と言えた。

九時三十分、中継基地の宜昌に着陸。燃料補給と昼食をここですませ、十二時に宜昌を発進、高度二千メートルで誘導機の九八式陸上偵察機（操縦・新谷國男一空曹、偵察・千早猛彦大尉）と合流した。空には一点の雲もなく晴れわたり、快適な飛行であった。

午後一時十分、敵地にほど近い浯州上空で、鈴木正一少佐の率いる陸攻隊二十七機と合流する。八月十九日の第一回出撃以来、毎回のように陸攻との合同方法が変わっているのは、戦闘機による長距離進攻の掩護方法がまだ手探りの状態であったことをうかがわせる。ここで、誘導機は零戦隊からいったん離れた。偵察機は、敵戦闘機に対してはほぼ無力だから、空戦に巻き込まれるのを避けるためである。

陸攻隊指揮官の鈴木少佐は東京都出身、海兵五十二期。同期には戦闘機の源田實《みのる》、柴田武雄らがいる。昭和六年、日本初の空中給油実験、八年、空母「鳳翔《ほうしょう》」で日本初の夜間着艦を成功させたなどの逸話を持つベテランの飛行将校で、支那事変勃発後は木更津空、十三空で陸攻隊を率いた歴戦の指揮官だった。終戦間近には桜花《おうか》特攻の七二一空、七二五空司令を務め、戦後は伊藤忠商事に勤務している。陸攻には各機七名ないし九名、通常八名が搭乗し、二十七機の搭乗員はあわせて二百十六名にのぼった。その搭乗割を見てみると、鈴木少佐が搭乗する指揮官機の機長兼第一小隊長として、五年後の昭和二十年八月、フィリピンへ飛ぶ日本降伏の軍使を乗せた一式陸上輸送機（緑十字機）の機長を務めることになる須藤傳空曹長や、第三中隊第三小隊長として、五十八年後の平成十年、この日の空戦で戦った零戦の三上一禧二空曹と中国空軍徐華江中尉が東京で奇跡の再会を果たした際に立会人をつとめた稲田正二一空曹らの名前が見える。稲田一空曹は、三上二空曹が操縦練習生時代に指導を受けた教員でもあった。

陸攻隊は、八十番（八百キロ）陸用爆弾九発、二十五番（二百五十キロ）陸用爆弾三十六発、六番（六十キロ）陸用爆弾七十二発、全部で二十トンを超える爆弾を機体の腹に抱いている。爆撃目標は、「重慶D區北西部　敵要人住宅」とされていた。

岩井二空曹の回想――。

「敵地に近づくと、座席の高さを再確認し、プロペラピッチを『低』にする。照準器のスイッチを入れる。

目の前の四角いガラスに、照準環の光像が浮かび上がる。計器板上端の左右にむき出しになっている、七ミリ七機銃のレバーを、ガチャ、ガチャと手前に引く操作をして、弾丸を全装塡、二十ミリ機銃のスイッチを入れる。スロットルレバー先端の切替スイッチで七ミリ七だけが発射するようにしておいて、試射を行なう。

　昨日の偵察機の報告では、敵機は高度六千メートルあたりで旋回していたというので、それより高度を上げないとあきません。われわれは、陸攻隊の後上方を掩護しつつ、高度七千五百メートルで重慶上空に進撃しました。

　爆撃中は、ものすごい対空砲火の弾幕でした。高角砲なんか、そんなに簡単に当たるもんやない、とは思っていても、気持ちのええもんではない。そんなとき、二番機の光増政之一空曹が、風防のなかでニコッと笑いよったのが印象に残っています」

　岩井二空曹は大正八年、京都府出身。乙種予科練六期を卒業、昭和十五年二月から十二空にいて、上空哨戒などにはしばしば出撃しているものの、空戦経験はまだない。

　陸攻隊の爆撃が終了すると、零戦隊は計画通り、引き返したと見せかけるため一旦反転、敵機の出現を待った。重慶上空では、陸攻隊による攻撃開始の一時間前から、操縦・上別府義則三空曹、偵察・松本彦一二空曹の九八陸偵がひそかに敵戦闘機の動きを監視している。

　約十六分後、待ちに待った偵察機からの無線電信（モールス信号）が、レシーバーを通して進藤大尉の耳に届いた。

〈B区高サ五〇〇〇米《メートル》戦闘機三〇機　左廻リ　一三五〇〉

　十三空の「第三十五回重慶攻撃偵察戦闘詳報」には、零戦隊から分離していた千早大尉の誘導機からも、無線電話（音声）で、松本二空曹機による敵機発見の報を中継したと記されている。十二空戦闘詳報にも、〈此ノ間誘導陸偵ヨリ敵機出現ノ電話ヲ受聴セリ〉と書かれているが、進藤大尉は、電話ではなく、松本機からの電信を直接受信した、と私のインタビューに答えている。

「この頃の戦闘機の無線電話は雑音が多く、電信の方が確実だったから、モールスで受けたと記憶しています。それに、この日は会敵すると確信していましたから、報告が入ったから反転したというより、そろそろ反転しようかと思った矢先でした」

当時、海軍兵学校や予科練出身の搭乗員は、一分あたり八十五～九十字以上のモールス信号を聴きとる訓練を受けている（操縦練習生出身者は教育カリキュラム上、モールス信号に弱い例が多い）。誘導機の千早大尉が、確実を期して電話で敵機発見の報を中継したのは行き届いた気配りと言えるし、進藤大尉が、雑音が多く近距離でしか使えなかった電話ではなく、電信で受信することを選んだのも、当然の安全策ではあろう。

ともあれ、進藤大尉は陸攻隊指揮官鈴木少佐に敬礼すると、零戦隊を反転させ、ふたたび重慶上空に取って返した。零戦隊の高度は、第一中隊が六千五百メートル、第二中隊はその左後上方、高度七千メートルの位置についている。

空戦始まる

午後二時ちょうど、進藤大尉の三番機・大木芳男二空曹が、重慶西南約十五浬（約二十八キロ）の空域で、高度五千メートル、山岳地帯を背景に反航してくる約三十機の敵編隊を左下方に発見、ただちにバンク（翼を左右に傾けて振ること）と七ミリ七機銃発射で進藤機に知らせた。敵機との距離は三千五百メートル。進藤大尉は第一中隊七機を率いて、ただちに接敵行動を開始する。敵機は、低翼単葉引込脚のポリカルポフE－16と複葉のE－15の混成であった。進藤大尉は、太陽を背にして、敵機を眼下に見ながら編隊を誘導、バンクの合図で「突撃」を下令し、燃料コックを「増槽」（落下式燃料タンク）から「胴」（操縦席前方の胴体タンク）に切り替えると、空気抵抗を減らすために増槽を捨て、まずは高度の高いE－16編隊に狙いを定めて突進した。

「機影が見えた時は、しめた！と思いました。しかし、私が空中で敵機とまみえるのは三年ぶりで、ひさびさの空戦であわてていたのかどうか。こちらのスピードが速いのがわかっていても、早く近づきたい一心でつい増速してしまい、先頭のE－16を狙った第一撃は、角度が深すぎ、スピードがつきすぎて射撃になりませんでした」（進藤大尉）

進藤大尉が撃ちもらしたE－16の指揮官機（楊夢清上尉＝大尉）は、左急旋回で射弾を回避したが、続いて攻撃に入った大木二空曹機が後上方からの一撃で撃墜。ほぼ同時に、進藤小隊二番機の北畑三郎一空曹機が、編隊最右翼のE－16を、これも距離百五十メートルからの一撃で空中分解させている。北畑一空曹はさらに、もう一機のE－16にも射弾を浴びせ、両翼後縁と胴体右側に命中した二十ミリ機銃弾でそれぞれ五十センチもの穴が開くのを確認している。この敵機は、いったん機首を上げた後、垂直降下に入り、機体をやや立て直したかと思うとまた垂直降下で墜ちていった（撃墜不確実）。

一撃めを失敗した進藤大尉は、次に別のE－15に狙いを定めた。

「こんどは落ち着いてスピードを絞って一撃、効果がなかったので引き起こしてもう一撃。すると、左翼と操縦席付近に二十ミリ機銃弾が命中して破片が飛び散るのが見え、E－15はそのままぐっと機首を持ち上げると、錐揉みになって墜ちていきました。搭乗員が脱出するのは見ていません。身体に弾丸が当たると、反射的に操縦桿が引かれて機首が上がり、失速して墜ちていくんですが、まさにそんな感じの墜落でした。

途中まで二番機がついてきてたけど、いつの間にか離れてしまいましたね。みなそれぞれの目標をとらえて、混戦になりました。それからは、敵の援軍を警戒せにゃならんし、味方で不利になったのがいたら助けてやらんといかんから、上空で監視しておったんです。これは指揮官として当然やるべきことですがね」（進藤大尉）

進藤小隊四番機の藤原喜平二空曹は、優位（高度が高い）から急降下、急上昇を繰り返して一機のE－15に二撃を加えた。敵機は燃料タンクから火を噴き、墜落。さらに、向かってくるE－16と正面から撃ち合ったが、命中弾は得られなかった。

戦闘開始早々に、大木二空曹、北畑一空曹がそれぞれE－16を撃墜した頃、山下小四郎空曹長もE－16に一撃をかけたが、進藤機と同様、スピードがつきすぎて敵機にダメージを与えるに至らず、続いて攻撃に入った山下小隊二番機の末田利行二空曹機も、やはり過速で射撃ができなかった。山下空曹長は二撃めで、一機のE－16を撃墜、敵パイロットは落下傘で脱出。末田二空曹が落下傘降下してゆく敵パイロットを目撃している。三番機山谷初政三空曹は、増槽を投下しようとしたところ、燃料コックが固くて操作に手間どり、もたつく間に編隊から離れてしまった。したがって、中国機編隊に第一撃をかけた零戦は、進藤大尉の第一中隊七機のうち六機ということになる。

十二空の戦闘詳報では、〈一中隊ハ前部編隊群へ二中隊ハ後部編隊群ニ順次突撃セリ〉とあるが、中華民国空軍徐吉驤（華江）中尉の記録では、九機、九機、六機の三つの編隊からなるE－15が高度四千五百メートルを飛び、E－16九機の編隊はその後上方、高度六千メートルを飛行していたというから、進藤大尉以下の第一撃がE－16であったことと合わせると、敵編隊の前後関係が逆になっている。このあたり、突き詰めて再現することはもはや不可能だろう。また、十二空の戦闘詳報では、敵戦闘機発見、空戦開始の時刻は〈一四〇〇〉（午後二時）になっているが、十三空の「偵察戦闘詳報」には、敵戦闘機発見を報じた松本二空曹の偵察機から、〈一三五八　空戰開始擊墜機二落下傘一ヲ認ム〉と、二分早い時刻に打電した報告が記録されている。

いっぽう、第一中隊の左後方を飛んでいた白根斐夫中尉率いる第二中隊も、少し遅れて敵戦闘機群に突入した。白根中尉の三番機だった岩井勉二空曹の回想。

「われわれ第二中隊は第一中隊の左後方、かなり離れたところを飛んでいて、第一中隊の動きが見分けにくかったんですが、それでも敵機が現われたことはわかった。機数は約三十機。それで私は、白根中尉機の横に出て、『敵機発見』を伝えました。白根中尉もすぐに了解したらしく、ニッコリ笑うと増槽を落とし、第一中隊に続いて空戦場に突入しました」

岩井二空曹は、一機のE－15に狙いを定めて攻撃に入ろうとするが、その敵機は別の零戦が一瞬で撃墜してしまう。仕方なく、墜ちる敵機から飛び出した落下傘に一撃をかけると、別の敵機を求めて空戦圏に戻った。これは、中国側の記録と突き合わせると、第二十三中隊第二分隊長王廣英中尉（のち少将）の落下傘だったと思われる。時系列的には、進藤大尉が撃墜したE－15である可能性が高いが、進藤大尉は、

「撃墜した敵機の搭乗員が脱出できたとは思えない」

と言っている。

白根中尉は、降下して逃げようとするE－15を捉えて一撃をかけ、二十ミリ機銃弾が敵機の胴体をはさんで主翼後縁付近に集中するのを確認したが、過速と発射角度が深すぎたため、そのまま敵機の下に避退。急激に機体を引き起こした際にかかった強いG（重力）で、脳に血流が十分に行き渡らなくなり、一時的に視界が暗くなるグレイアウトの症状が出て、先ほどの敵機を見失ってしまう。さらに別のE－15を狙って後上方から攻撃をかけようとするが、またも過速に陥り、同時に攻撃しようとする味方機と交錯したため射撃ができなかった。そして、もう一機のE－15をめがけて射撃したさい、二十ミリ機銃弾を撃ち尽くし、さらに七ミリ七機銃が故障を起こして弾丸が出なくなったため、上空に離脱、そのまま空戦状況を監視することになる。

白根小隊二番機の光増政之一空曹は、白根中尉とともにE－15に一撃をかけたが、いったん避退したところで白根機を見失い、また増槽を落とし忘れていたことに気づいて空戦圏を離脱、増槽を投下してふたたび戦場に突入した。

第二中隊第二小隊長高塚寅一一空曹は、Ｅ－15一機を後上方からの一撃で空中分解させたが、機体を引き上げたはずみに右主脚が飛び出してしまった。〈整備不良ノ為〉と記録されている。高塚小隊二番機の三上一禧二空曹は、別のＥ－15に二十ミリ機銃弾を命中させた。そのＥ－15は、右下翼のエルロン（補助翼）付近に直径一メートルほどの大きな穴が開き、錐もみ状態となって墜ちてゆく（撃墜不確実）。三番機平本政治三空曹は、高塚一空曹機に続いて突入したものの、第一撃は敵機との高度差がありすぎて照準できず、スロットルを絞って速度を落とし、こんどはＥ－15に五十メートルの至近距離まで肉薄して射弾を浴びせた。この敵機はたちまち黒煙に包まれ、火を噴いて墜落していった。

――ここまでの流れを見ると、戦いはじめの数分間の一～二撃で撃墜したのは、日本側の記録でＥ－15五機（うち一機不確実）、Ｅ－16四機（うち一機不確実）ということになる。この時点で、なおも二十機以上の敵機が空中に残っていた。

「まさか日本の戦闘機が戻ってくるとは思わなかったんでしょう。奇襲を受けて、驚いている様子がありありと伝わってきました」

と、進藤大尉は回想する。

さらに、大木二空曹が、逃げようとする編隊末尾付近にいたＥ－15を捕捉し、後上側方から攻撃、敵機は主翼がバラバラに四散した。藤原二空曹に撃たれたＥ－15は、操縦席前方から火を噴き、左に傾きながら墜ちてゆく。山下空曹長は、一機のＥ－15を後上方から攻撃、敵機は火災を起こして墜落。高塚一空曹は、反撃してきたＥ－15が上昇反転に移ったところを狙い撃ち、胴体両側から燃料を噴き出すのを確認している。

落下傘に一撃かけたあと、別のＥ－15を捕捉、撃墜した岩井二空曹は、敵機を追いながら、空戦の悲壮美に酔いしれていたと言う。

「なんときれいな、と思いました。その頃はカラーなんとか、という言葉はないから、総天然色です。零戦が明るい灰色で、Ｅ15は濃紺、Ｅ16は緑色と、それぞれ色がちがう。機銃弾には四発に一発、曳痕弾が入っていますが、それがバァーッ、バァーッとまるで紙テープを投げたように大空を飛び交う。この日は風がなく、それが何秒か空に残りよるんです。真白い落下傘、火を噴いて墜ちる敵機、爆発する敵機。なんとまあ、空中戦というのはきれいなもんだわい、と見とれてしまいました」

ところが、中国空軍戦闘機隊は、ここで、手強くしたたかな一面を見せた。三上二空曹の回想。

「一撃めは奇襲になったから、私の見たところでも全部で七機ぐらいは墜とせたと思うんですが、敵はすぐに編隊を立て直し、きちっと編隊を組んでしまったんです。それがぐるぐる左旋回しながら、容易に崩せる態勢じゃないんですよ。一機を攻撃すると、すぐさま別の敵機が反撃してくる。

それで敵は回りながら、どんどん奥地の方へとわれわれを誘い込もうとする。こちらは手を出しきれないままそれについて行かされる。見事なチームワークでした。飛行機の性能こそこちらが圧倒的にまさっていましたが、搭乗員の実戦的レベルは中国軍の方が優れていたんじゃないでしょうか」

味方は、と三上が見渡すと、増槽の投下を忘れている者、増槽を投下したのはいいが、燃料コックの切り替えを忘れ、ガソリンを噴きながら飛んでいる者などさまざまだった。

先に述べたように、この日の日本側の搭乗員は、腕に覚えはあるものの、空戦経験のない者が過半数を占めている。数少ない経験者も、ひさびさの空戦、しかも慣れない新型機ということもあって、最低限の戦闘準備動作も忘れがちだったのだ。

空戦中に使える無線電話はないので、零戦同士の意思の疎通はバンクか手信号によるしかない。三上は、燃料を噴いている高塚一空曹機に近づくと、バンクを振って注意を引き、自分の口を指さす動作で燃料関係のトラブルを知らせた。

最後まで増槽を落とさずに空戦していたことが確認できるのは北畑一空曹機だが、これは、宜昌基地を発進から一時間二十分後、すでに敵地も近いタイミングで、主翼の燃料タンク（主槽）を使用していることに気づき、大事をとって空戦中も増槽を落とさずにいたものだった。

三上は、続ける。

「こんなことをしていたら、燃料がなくなって帰れなくなってしまう。敵は、こちらが帰ろうとするところを狙って攻撃してくるに違いない——そう思って私は、意を決して敵機の輪の中に飛び込んで、暴れまわって編隊をかき回したんです。するとようやく、敵の隊形が崩れて、味方機が攻勢に転じることができました」

概ね、零戦は各機とも最初の二〜三撃で二十ミリ機銃弾を撃ち尽くし、あとは機首の七ミリ七機銃だけで戦うことになる。例外は山下小四郎空曹長で、二十ミリ機銃を一発も撃たなかった。故障か、切換操作のミスか、それとも敵戦闘機に対しては七ミリ七で十分との信念があったのか、「戦闘詳報」には〈故障状況　両銃共発射弾ナシ　原因　不明〉とあって、それ以上の記録は残っていない。

二十ミリ機銃弾は片銃五十五発（弾倉には六十発入るが、弾丸詰まりを防ぐため五十五発となっていた）で計百十発。スペック上の発射速度は毎秒九発弱だから、六〜七秒で撃ち尽くしてしまう。七ミリ七機銃は片銃六百五十発で計千三百発、発射速度毎秒十六発弱で、四十秒近くは撃てる。ただ、この七ミリ七機銃に、弾丸詰まりやプロペラ射貫などの故障が多かった。

二十ミリ機銃弾を撃ち尽くした大木二空曹は、避退しようと降下したE－16を追尾、上昇に転じたところで連続射撃を浴びせると、敵機は火を噴き、搭乗員が脱出、落下傘が開く。続いてE－15を至近距離より攻撃、弾丸が敵パイロットを貫いたらしく、のけぞるのが見えた。ここでたまたま、別の味方機に追尾されて逃げてきたE－15に撃たれ、右主翼に被弾。主翼付け根近く、斜め前下方から命中した敵弾は、胴体燃料タンク下の燃料パイプと車輪を撃ち抜いた。吹き出るガスが操縦席に充満し、肺が焼けるように熱い。意識が朦朧とし、換気しようと風防を開けるが、そうすると漏れ出たガソリンを頭からかぶってしまう。大木二空曹はふたたび風防を閉め、座席前方の換気口を全開にして、かろうじて意識を保ちながら戦い続け、さらに一機のＥ－15に命中弾を与えた。

藤原二空曹は、二機を撃墜したあと、他の味方機とともに、左旋回で敵機編隊を包囲しながら、優位（高度が高い）からズーム・アンド・ダイブ（急上昇急降下）で戦い続けた。二十ミリ機銃弾は撃ち尽くしたので、七ミリ七機銃で攻撃を続けるが、突然、左側の銃が発射不能になった。七ミリ七機銃は、徹甲弾、曳痕弾、焼夷弾が二：一：一の割合で交互に装填されているが、これは焼夷弾が自爆を起こし、次の弾丸を銃内に送れなくなったためだった。それでも片銃のみで、エンジンから白煙を吐く一機のＥ－15を上空から攻撃。だが低速のＥ－15に対し過速に陥り、敵機の前方を飛び抜けた際に、果敢に反撃してきたその敵機から左翼に三発の機銃弾を浴びてしまった。

山下空曹長は、敵機とのスピード差がありすぎて機銃弾がなかなか命中しないことに悩みながらも、七ミリ七機銃だけで二機のＥ－15に火を吹かせ、さらに二番機の末田二空曹と協同でＥ－15二機を林のなかと水田に激突させた。さらに白市駅飛行場に二機のＥ－15がいるのを発見、地上銃撃を敢行している。

一撃めを過速でミスした末田二空曹は、高度二千五百メートル付近を固まって飛ぶＥ－16、Ｅ－15の編隊を発見、小隊長の山下機から独断で離れ、単機でこれを攻撃。一機のＥ－15に機銃弾を浴びせると、敵搭乗員が落下傘で脱出。さらに下方、高度千三百メートル付近の敵編隊を味方機とともに攻撃、Ｅ－15一機は左翼が飛散して地上に墜落、火焔を上げ、もう一機のＥ－15は民家の横に墜落し、火を発するのを確認している。すでに高度は六百メートルまで下がっていた。末田二空曹はここで山下空曹長機と合流し、さらに二機を地上に激突させ、続いて白市駅飛行場の地上銃撃をしている。

燃料コックの切り替えに手間どった山谷三空曹は、山を越えて逃げようとするＥ－15三機を追尾し、うち二機を撃墜。その後は乱戦に巻き込まれたが、一機のＥ－15を攻撃、敵搭乗員が脱出するのを目撃している。さらに、一機の零戦が超低空でＥ－15を追尾するのを見てこれに合流。零戦はさらにもう一機増え、三機に追われた敵機は、やがて地上に激突し炎を上げた。

増槽を落とし忘れて出遅れた光増一空曹は、混戦模様の空戦の輪に飛び込んで、ズーム・アンド・ダイブで敵機を攻撃。四撃めでようやくE－15を撃墜した。さらに左旋回で敵機編隊を包囲しながら別のE－15に一撃をかけると、弾丸は搭乗員に命中したらしく、機首をいったんぐっと上げ、そのまま失速して墜ちてゆく。さらに超低空を逃げるE－15を追尾、合流してきた零戦二機とともに反復攻撃を加え、畑のなかに激突させている。

飛行機の性能差は一目瞭然で、十三機の零戦が、三十数機もの敵戦闘機を次々と追い詰め、撃墜していった。岩井二空曹の回想。

「敵がぐるぐる左旋回しながら逃げるので、こちらも以心伝心で、左旋回しながらの反復攻撃です。逆に回ったらぶつかりますからな。

私は、二機のE－15に命中弾を与えましたが撃墜にいたらず、空戦圏から逃げようとするE－15を追尾してこいつには火を噴かせました。ところが、とどめの一撃と思ったら、七ミリ七の機銃弾が詰まって出なくなり、いったん上空に避退して、レバーをガチャン、ガチャンと引いて薬莢をはじき出してみたものの、やはり弾丸が出ない。しようがなしに、以後は戦場の警戒にあたりました。

空戦してると高度が下がるのが常なんですが、どんどん高度が下がっていって、はじめ五千メートルあった高度が、しまいには五百メートルまで下がってしまいました」

この空戦で、大木二空曹とともに苦戦を強いられたのが高塚一空曹である。第一撃でE－15を空中分解させたが、ここで右主脚が飛び出してしまい、約四十五度、出たままの状態で戦いを続けざるを得なかったのだ。二機めのE－15に命中弾を与えたところまでは先に述べたが、さらに七ミリ七機銃が焼夷弾の自爆で二度にわたり発射できなくなり、詰まった薬莢をはじき出して復旧後、E－15、E－16各一機に命中弾を与えたものの、自機も二発の敵弾を右主翼前縁に受けた。

平本三空曹は、最初に一機を撃墜したのちは混戦に巻き込まれ、一機を地上すれすれまで追尾してようやく水田に激突、炎上させた。敵影がほとんど見えなくなり、帰途につこうとしたところで、光増機が一機のE－15を追尾、煙を吐かせるのを目撃し、さらに山谷機と交戦中のE－15を発見。山谷機に合流して最後の一撃を加えると、敵機は畑に突っ込んだ。

――その間、指揮官・進藤大尉は、部下たちの戦いぶりを上空から監視している。空戦状況の把握に加えて、敵の援軍を警戒し、帰りの燃料を計算して無事に部下を帰投させる。これは、指揮官機としての役目だった。進藤は、

「上から見ていて、ほとんど不安は感じなかったですね。E－16なんかと零戦の大きさが違う（零戦の全幅十二メートル、E－16は九メートル）からよくわかるんですが、みんな敵機の後ろについているし、敵の落下傘が二つ三つ、開くのも見えました。零戦がやられそうな場面は、全然見なかったですからね」

全機帰投、小躍りする隊長

敵味方が高速で飛び交う空戦は、搭乗員にとっても短距離走のような無酸素運動であると言われ、長くても数分で終わるのがふつうである。ところが、この日の空戦は三十分以上にわたって続いた。零戦が二十ミリ機銃弾を早々に撃ち尽くし、中盤以降は威力の小さな七ミリ七での戦いになってなかなか敵機が墜ちなかったということもあるが、それだけ、中国空軍も死力を尽くして戦ったのだ。事実、日本側の被弾機は空戦後半に集中している。

敵編隊を攪乱した三上二空曹は、E－15一機に射弾を浴びせて地上に激突させ、さらに一機のE－16が墜落するまで追躡《ついじょう》射撃した。

敵影もまばらになった頃、三上は前下方を単機で飛ぶE－15を発見した。高速で追尾して至近距離から一撃を浴びせると、敵機は白い煙を吐いて降下していった。三上は語る。

「もう大丈夫、と思ったら、そいつが機首を持ち上げてこちらに向かってきました。距離は二百五十メートル。この距離で撃たれても当たるもんかとタカをくくっていたら、それが、カンカーンというすごい音とともに、操縦席をはさんで左右の主翼に二発ずつ、命中したんです。ゾッとしましたよ。見事な射撃の腕前でした」

両翼にある燃料タンクを射抜かれていたなら、帰投はおぼつかない。三上はとっさに自爆を決意したが、不思議なことに風防に母の顔がちらつき、よし、飛べるところまで飛ぼうと思い直した。

下方を見ると、いまの敵機が、力尽きたように降下するのが見えた。ふたたび追尾して地面すれすれで銃撃を加えると、敵機は黒煙を吐いて水田に突っ込んだ。

三上は撃墜した敵機の上を二、三回旋回したが、この恐るべき腕前のパイロットに、とどめの銃撃を加える気にはならなかった。三上は、七ミリ七の機銃弾を、狙いをわざと外して敵機の近くの土手に打ち込むと、そのまま単機で帰途についた。記録には、岩井機が三上機と合流、帰途についたとあるが、両名とも、私のインタビューには「一緒に帰った記憶はない」と語っている。ふたたび三上の回想。

「被弾していたから、不安でしたよ。いまにも燃料がなくなってエンジンが止まるんじゃないか、と。後で調べてみたら、二本ある燃料パイプの間に命中していたんです。それで幸い、燃料漏れもなく、中継基地の宜昌に帰り着き、超低空で飛行場上空に進入して、そのまま一回宙返りしてから着陸しました。

ほんとうに疲れた。しばらく操縦席でぼんやりしていたら、基地の人たちが心配して、搭乗員どうした？と駆け寄ってくる。こりゃいかんと思い、気を取り直して飛行機から降りました。三時四十五分、私の他にはまだ誰も還ってきていませんでした」

零戦はあるいは単機、あるいは数機で、三時四十五分から四時二十分までの間に、中継基地の宜昌に帰投した。途中、単座の零戦が機位を失した場合に備えて収容隊の九七艦攻六機が配置されていたが、各機とも収容隊の力を借りることなく宜昌基地に還ってきている。収容隊は各機六発の六十キロ爆弾を搭載し、行きがけの駄賃に、宜昌と重慶の間にある巴東の敵軍事施設を爆撃している。

三上二空曹機に続いて岩井二空曹機、白根中尉機が着陸し、午後四時には進藤大尉機が、空戦終了後に合流した光増一空曹、山谷二空曹、平本三空曹を引き連れ帰投。続いて藤原二空曹機、大木二空曹機、高塚一空曹機も帰着した。これら三機はいずれも被弾し、大木機は両車輪がパンクしていたものの巧みに着陸。しかし、右主脚が空戦中に飛び出した高塚機は、着陸時に機体が転覆、大破してしまった。藤原機に大きな損傷はなかった。

午後四時五分、宜昌基地から最初の報告が打電されている。

〈發《はっ》二十一基地（注：宜昌基地）　戰斗機《せんとうき》隊ハ空戰ヲ實施逐次歸投シツツアリ　現在八機着　多数撃墜セルモ味方被彈機アリ　一六〇五〉

続いて午後四時十五分、山下空曹長機と末田二空曹機が着陸。ここで二通目の報告打電。

〈發二十一基地　敵戰斗機隊ヲ撃滅セリ　一六一五〉

最後の一機、北畑一空曹機が着陸したのは午後四時二十分のことだった。

「私が着陸したあとに、次々と深追いした連中が還ってきました。それを数えててね、最後の一機が還ってきたときはほんとうに嬉しかったですねえ。敵と遭いさえすれば戦果はある程度挙がると予期していたから、それよりも全機還ってきてくれたことのほうが嬉しかった。十三機めの機影が見えたとき、『やった！』って飛び上がった覚えがありますよ」

と、進藤大尉は回想する。全機帰還に進藤が小躍りするさまは、三上二空曹、岩井二空曹もよく憶えている。

燃料補給の間に十三名の搭乗員を集め、戦果を集計すると、報告された撃墜機数は、遭遇した敵機の機数よりも多い撃墜確実三十機、不確実八機にのぼった。零戦隊の損害は被弾四機、また、先述のように高塚一空曹機が着陸したさい転覆、機体が大破したのみである。（別表参照）

進藤大尉はとりまとめた戦果に、自身が上空から見た結果を加味し、空戦でありがちな戦果の重複も考慮に入れて、二十七機撃墜確実と判断、早速司令部に報告の無電が打たれた。

〈二十一基地機密第二三七番電　十三日　一六四〇（注：十六時四十分）
確実撃墜機数二十七機　零式艦戦一脚破損　残十二機飛行可能〉

〈中支空襲部隊機密第二八番電　十三日　一七三〇
本日重慶第三十五回攻撃ニ於テ我ガ戦斗機隊（零戦十三機）ハ敵戦斗機隊（二十七機）ヲ敵首都上空ニ捕捉其ノ全機ヲ確實ニ撃墜セリ　我全機無事歸還〉

新聞発表などによる撃隊数	被害	出身	消息
1	ナシ	海兵60期	平成12歿
2	ナシ	操練21期	昭18.1.23戦死 （隼鷹　ウエワク）
4	被弾 1	操練37期	昭18.6.16戦死 （二五一空　ルンガ沖）
1	被弾 3	操練28期	平成 3 歿
5	ナシ	操練17期	昭19.3.30戦死 （二〇一空　ペリリュー）
1	ナシ	操練32期	昭18.10.6戦死 （二五二空　ウエーク）
2	ナシ	操練40期	昭17.2.3戦死 （三空　スラバヤ）
1	ナシ	海兵64期	昭19.11.24戦死 （S701　フィリピン）
2	ナシ	乙 5 期	昭16.11.8殉職 （三空）
2	ナシ	乙 6 期	平成16歿
3	被弾 2 右脚不良のため着陸時大破	操練22期	昭17.9.13戦死 （台南空　ガダルカナル）
2	被弾 4	操練37期	生存
1	ナシ	操練38期	昭18.7.17戦死 （龍鳳　ブイン）

昭和15年９月13日、零戦初空戦時の編成および戦果

指揮官	中隊	小隊	機番号	階級	氏名	発射弾数	戦闘詳報による戦果
進藤大尉	１S（進藤大尉）	１D（進藤大尉）	161	大尉	進藤三郎	20×110 7.7×550	E15×１（確実）
			166	一空曹	北畑三郎	20×110 7.7×948	E16×１（確実） E16×１（不確実） E15×１（地上掃射）
			167	二空曹	大木芳男	20×110 7.7×965	E16×２（確実） E15×２（確実） E15×１（不確実）
			169	二空曹	藤原喜平	20×110 7.7×1164	E15×２（確実）
		２D（山下空曹長）	171	空曹長	山下小四郎	7.7×1300	E15×２（確実） E16×１（確実） E15×２（２番機と協同） E15×２（地上掃射）
			165	二空曹	末田利行	20×110 7.7×1300	E15×３（確実） E15×２（１番機と協同） E15×２（地上掃射）
			173	三空曹	山谷初政	20×110 7.7×960	E15×３（確実） E15×１（３機協同）
	２S（白根中尉）	１D（白根中尉）	175	中尉	白根斐夫	20×110 7.7×100 （故障）	ナシ
			162	一空曹	光増政之	20×110 7.7×663	E15×２（確実） E15×１（３機協同）
			163	二空曹	岩井　勉	20×110 7.7×1074	E15×２（確実） E15×２（不確実）
		２D（高塚一空曹）	178	一空曹	高塚寅一	20×110 7.7×1150	E15×１（確実） E15×２（不確実） E16×１（不確実）
			170	二空曹	三上一禧	20×110 7.7×1012	E15×２（確実） E16×１（確実） E15×１（不確実）
			176	三空曹	平本政治	20×110 7.7×1050	E15×２（確実） E15×１（３機協同）

漢口基地での祝杯と「大戦果」の報道

初空戦での華々しい戦果を土産に、事故で一機欠けた十二機の零戦隊は、意気揚々と漢口基地に引き揚げてきた。高塚一空曹は、他機の胴体に同乗して還ってきた（零戦の操縦席は前に倒せるようになっていて、そこから人が入れるほどの空間がある）。嶋田司令長官、大西、山口両司令官、長谷川十二空司令をはじめ、基地のほとんど総員が出迎えた。

そして搭乗員が指揮所前に整列し、進藤大尉が長官に報告する。大戦果に基地は湧き立った。搭乗員の胴上げが始まる。仮設テントに用意された冷酒で祝杯を上げる。十二空で子犬の頃から飼っていてマスコットのようになっている「蒋介石」と名付られけた二歳半の雑種犬と、「ジロー」と名付けられたシェパードが、隊員たちの周りを駆け回る。三上二空曹は、このとき、漢口基地の夕焼けが美しかったと記憶している。

出迎えの輪の中にいた、空技廠の卯西外次技師は、

〈九月十三日初めて目的を達した時の将兵の興奮は凄いものでした。一発で敵戦闘機が空中分解する状況説明等々、二十ミリ様々の礼賛でした。われわれも戦果を挙げるまで出発延期を要請されていたので、残っていた甲斐があったと喜んだものです。〉

と手記に記し、高山捷一造兵大尉は、筆者のインタビューに、

「搭乗員の顔には疲労の色が濃く、むくんだように見えた」

と答えているが、この日、基地は夜になっても興奮さめやらず、祝宴は一晩中続いたという。

零戦隊の漢口基地への帰還を待って、午後七時、支那方面艦隊より報道発表がなされた。

〈中支《ちゅうし》艦隊報道部〇〇基地九月十三日午後七時發表《はっぴょう》

海軍航空部隊は本日前日に引續き重慶第卅五《さんじゅうご》次晝間《ちゅうかん》攻撃を實施域内要人宅を爆撃せり、この日我が戦

闘機隊は敵戰闘機廿七《にじゅうなな》機を捕捉敵首都上空に於て之を殲滅《せんめつ》せり、我方全機歸還《きかん》せり〉
　この空戦のことは、内地の新聞でも、
〈重慶上空でデモ中の敵機廿七を悉《ことごと》く撃墜——海鷲の三十五次爆撃〉
〈帰ったゾ偉勲の海鷲　機體《きたい》諸共胴上げ・敵機廿七撃墜基地に歓聲《かんせい》〉（昭和十五年九月十四日付朝日新聞西部本社版）
〈重慶で大空中戦廿七機全機撃墜　きのふも爆撃海鷲の大戰果〉（九月十五日付大阪毎日新聞）
〈重慶上空で示威飛行中の敵機廿七機を撃墜　海の荒鷲　逆手攻撃の妙を發揮〉（九月十五日鹿児島朝日新聞）
〈世界戰史に前例のない敵廿七機完全撃墜　わが海鷲不滅の戰果〉（九月十七日付中国新聞）
などと、いずれも軒並みトップ記事の扱いで大きく伝えられた。この空戦の「大戦果」を、もっとも早く報じたのは、空戦の翌九月十四日付の朝日新聞で、他紙は概ね十五日以降の報道になっている。
　最初に報じた朝日新聞一面記事には、
〈進藤大尉、白根中尉の率ゐる精鋭部隊が猛突入を行ひ久しぶりの空中戦を展開遂に敵全機二十七機を撃墜、わが方は被彈はあつたが全機凱歌を擧げて27—0の記録とともに重慶附近の敵機を殲滅せしめたのである。
　晴の進藤大尉は南郷少佐（注：南郷茂章少佐、支那事変初期の海軍戦闘機隊名指揮官として知られる。昭和十三年七月十八日戦死）時代からの歴戦の士で父君は海軍大佐、また白根中尉は初陣の若武者で白根元書記官長の令息である〉
　とあり、ここは淡々とした記述だが、後面では、
〈○○基地ではこの戦果の報が入るや荒鷲達の間からワツとばかり歓聲《かんせい》が沸き上がり親鷲《おやわし》はじめ地上勤務員は斜陽に輝く飛行場に集まり武勲に輝く兩部隊の歸還《きかん》を待つ、この時西の空に銀翼が一點《てん》また一點、鵬翼に武勲のせた荒鷲が堂々編隊を組んで爆音勇ましく歸つて來た、まづ進藤指揮官が悠々と着陸するや整備員は

「それツ」とばかり駆け寄り万雷のやうな拍手の中を進藤部隊長をのせたまま機體の胴上げだ〉

と、記者も興奮のあまり筆が滑ったか、機体の胴上げという荒唐無稽な描写がある。だが、同じ記事の中で、

〈進藤、白根兩部隊長はじめ機上から降りる荒鷲はたつた今華々しい大空中戦をやつて来た人とも思はれぬほど落着き拂《はら》ひ戦友が拍手で迎へるのに大陸灼けした赭顔《あからがお》をニツとほころばせて應《こた》へるだけだ。記者はこの海鷲の謙譲な態度に頭が下がつた〉

とあるのは状況を忠実に描写したものであろう。

この記事のなかで目を引くのが、「進藤、白根兩部隊長」が交々語ったとされる

〈敵機撃墜の筆頭は山下航空兵曹長の五機、みんな二、三機を相手に戦つたので必づ○機位は確實に落してゐる〉

との記述だが、これは、搭乗員が報告し、十二空の戦闘詳報に取りまとめられた山下空曹長の戦果と、協同撃墜を合わせれば合致するものの、協同や不確実を入れるなら大木芳男二空曹、末田利行二空曹も五機を撃墜したことになっているから、この話がどのようないきさつで出てきたものか、いまとなってはわからない。

戦後も長く、さまざまな本で取り上げられたこの日の参加搭乗員各人の撃墜戦果は、山下空曹長の五機を筆頭に、大木二空曹四機、高塚一空曹三機、北畑三郎一空曹、光増政之一空曹、三上一禧二空曹、岩井勉二空曹、山谷初政三空曹が各二機、進藤三郎大尉、藤原喜平二空曹、末田利行二空曹、白根斐夫中尉、平本政治三空曹が各一機（計二十七機）となっていて、戦闘詳報とはまったく一致しないし、指揮官進藤大尉も、

「部隊全体として二十七機撃墜確実、と判断したのであって、それを個人に割りふって報告したり、記者に話した記憶はありません。支那方面艦隊から発表された時点で作られた数字が一人歩きしたんじゃないですかね」

と、私に語っている。

確かに、たとえば白根中尉は二十ミリ機銃弾を早々に撃ち尽くしたあと、七ミリ七機銃の故障で単独での「戦果ナシ」というのが戦闘詳報の記録だが、たとえば九月十五日付朝日新聞、〈倅《せがれ》 萬歳《ばんざい》・兄さん萬歳　重慶戦闘機群撃滅の花白根中尉〉との見出しのついた続報記事では、

〈殊勲に輝く白根中尉は貴族院議員白根竹介氏の三男だ、凱歌湧きあがる○○基地の荒鷲の胸中を偲びながら十三日夜東京澁谷區代々木初台町五七〇の白根氏宅を奇襲した、ちやうど歸宅したばかりの父君白根さん、背廣《せびろ》を着替へる暇もなく本社林田特派員の傳《つた》へる本紙記事に

ウーム、倅もどうやらお役に立ったか。よくやつてくれた、よくやつてくれた、

と花々しいその初陣つぷりを思ひつつ嬉しさにもう言葉も出ない〉

などとあって、内閣書記官長（現在の官房長官にあたる）を務めた大物政治家への「忖度」がなかったとは言い切れないだろう。この空戦の戦果は、個々に捉えれば戦闘詳報に記載された数字となるし、「二十七機」というのは、それらを取りまとめたうえで、進藤大尉が判断した部隊全体の戦果なのだ。

この九月十五日付朝日新聞には、白根竹介氏への直撃取材とともに、広島市の進藤大尉の実家を記者が訪ね、父・進藤登《と》三郎《さぶろう》退役海軍機関大佐と母親にインタビュー、

〈〝腕よりも飛行機だ〟我子の功を誇らぬ進藤大尉の兩親〉

との見出しで、

〈ほう、さうでしたか、實《じつ》はこの間よこした手紙に「素晴しい飛行機を貰つたのにこいつの偉力を示す機會《きかい》がなくて残念だ、ついこの間も重慶までお伴をしたが、卑怯な奴で相手は一機も出て來ず爆撃隊の活動を本當に高見の見物をしてきただけだつた、機會があつたら思ふ存分やつて見るつもりだ」なんかと暢氣《のんき》なことをいつてゐました、いや實にあれの腕がどうかうといふことはありませんよ、飛行機がよかつたのです、幸運児です〉

とのコメントを掲載している。

また、爆撃終了後いったん引き返したと見せかけ、敵機が現われたところを反転して襲った戦法については、朝日新聞の第一報にも触れられているし、十七日付鹿児島朝日新聞ではそれが見出しにもなっている。ただ、「零戦」について、新聞記事では大阪毎日新聞だけが「わが新鋭戰闘機」という書き方をしているものの、他紙は単に「戦闘機」または「精鋭部隊」という表現で、「零戦」の名称や性能については各紙ともまったく触れていない。

従軍記事には軍による検閲があり、零戦に限らず、兵器や任務についての軍事機密に触れる事柄は、発表を許されなかった。搭乗員が帰郷の折などに「零戦」の名を語ることはあっても、あくまで知る人ぞ知る、という状況が長く続く。「零式戦闘機」という名が初めて国民一般に公表されるのは、驚くべきことにこのときから四年以上が経ち、米軍の重爆撃機・ボーイングB－29による日本本土爆撃が始まった昭和十九年十一月二十二日付の新聞発表でのことである。

中国空軍パイロットの証言

では、この日、ほんとうに中国空軍の戦闘機は、零戦の登場を察知して逃げていたのか。

じっさいに空戦に参加し、敵の技倆をまのあたりにした三上一禧は、

「いや、あれは戦術としての空中退避でしょう。こっちが攻めていくときは出てこない、引くと攻撃してくる。まさに兵法の極意ですよ。しかも彼らはデモンストレーションをやって地域住民には宣伝効果を挙げているわけだから、こちらとしては歯がゆくて」

と言う。

中国空軍第四大隊のパイロットとしてこの空戦に参加し、撃墜されながらも生還した徐吉驤（戦後、徐華

江と改名）中尉は、私のインタビューに、

「零戦が現われたことを、中国側では全然知らなかった。戦闘機の航続力では重慶まで来られるはずがないと信じていました。日本機は、爆撃機と偵察機しか重慶に来ないと思っていたから、パイロットも油断していました。空戦の前日、九月十二日にも出撃したが、敵機と遭わなかった。十三日も、あくまで日本機と戦うために発進したから、それまで零戦と遭遇しなかったのは、空襲警報と出撃命令の連携がうまくいかなかったからだと思います」

と言い、日本側の見方を真っ向から否定している。

冒頭の文章と重複するが、ここで中華民国空軍側から見たこの空戦（中華民国空軍では「壁山空戰」と呼ぶ）の模様を、徐中尉の証言から振り返ってみる。（通訳・陳亮谷、徐中尉の手記およびメモ翻訳・南燕華）

「七・七事変（支那事変）後、中国空軍機は大部分がアメリカ製、その後はソ連製の旧式機で、日本軍の一線機と比べると劣っていました。数の上ではさらに劣り、その上、通信設備も貧弱でした。『弱きをもって強きをくじく』のが、われわれのモットーで、だから戦いは大変でしたが、死んでもなお戦う、という精神力は持ち続けていました。ただ、空軍には科学の力が必要だということを、『壁山空戦』では思い知らされた。犠牲が多かったのは戦い方ではなく、武器が旧式だったからだと思っています」

徐は、おだやかな口調のなかに強い誇りをにじませて、語り始めた。

「九月十二日、われわれは日本機を求めて離陸したが、時間が合わずに会敵しなかった。私の飛行機に故障がありましたが、幸い、無事に着陸しました。また、機銃の発射レバーの動きが固く、整備員に直させたが、逆に調整されてかえって固くなってしまいました。それで、十三日の空戦ではほんとうの力を発揮できなかったんですが……。

各機、白市駅飛行場で給油の上、戦闘機は成都付近に分散するよう命じられて温江飛行場に向かい、十三日、こんどは夜明けに遂寧飛行場に集合を命じられました。ここで給油を受けて間もない午前十時四十五分

（日本時間午後零時四十五分）、司令部より電話で全機発進の命令が届いて、重慶への日本機の空襲に備えて離陸したんです。

遂寧を発進したのは、空軍第四大隊長鄭少愚少校が率いるE－15十機と、第四大隊第二十三中隊長王玉琨上尉が率いるE－15九機、その後ろに第三大隊第二十八中隊長雷炎均上尉率いるE－15六機、第四大隊第二十四中隊長楊夢清上尉の率いるE－16九機（うち三機は何覺民中尉率いる第三大隊機）が続き、計三十四機です。私は、第二十三中隊第二分隊二号機で、鄭飛行隊長率いる先頭編隊の右後ろ、やや低い位置を飛んでいました。重慶に行く途中、二～三機が故障で引き返したと記憶しています」

徐は、当時書いた日記に記された中国空軍の編成を示しながら、話を続ける。

「われわれは十一時四十二分（日本時間午後一時四十二分）、重慶の空に到着しました。遠くに日本の爆撃機を発見、そのときは遠くてよくわからないが、戦闘機群のような小さく光る点々が見えた。日本機の編隊が重慶上空を二周ほど旋回するのが見えたが、そのとき、地上指揮所から、〈奉節県付近で敵機九機が西に向かう。ただちに遂寧に戻れ〉と命ぜられました。

そして遂寧に向かおうとした十二時頃、突然、敵戦闘機約三十機（注：実際には十三機）がわれわれに襲いかかってきた。引込脚の、見たこともない戦闘機です。われわれは、そんな戦闘機がいたことさえ知らなかった。ただ、なかには脚の出た戦闘機がいて、あれは九六戦か九七戦（陸軍の戦闘機）だったんでしょう（注：これはおそらく、空戦開始まで敵地上空に残った九八式陸上偵察機か、空戦中主脚の飛び出た高塚一空曹機を誤認したと思われる）。

このとき、E－15は高度四千五百メートルを飛び、E－16はその後上方、高度六千メートルを飛んでいました。敵機は、私たちの編隊のさらに上空から、まずE－16に襲いかかり、それからE－15に攻撃をかけてきた。最初にE－16の中隊長楊上尉機が爆発し、E－15の王廣英中尉機も主翼が折れ飛びました。ここで王中尉の編隊の三号機だった李膺中尉は、戦わずして逃げてしまった……」

逃亡した味方機がいたことが無念だったのだろう。徐は一瞬、顔をしかめた。

「一機は上空から射撃をしてきて、もう一機の敵機が、私の飛行機の後下方、距離千メートルぐらいから攻撃してきた。敵はそのまま急接近してきて、私の飛行機の腹の下の死角から撃ち上げてきた。そいつはさらに高速で前方に飛び去り、あっという間にこちらの弾丸の届かないところに行ってしまう。

日本機の方がはるかにスピードが速く、われわれは編隊の外側から包囲され、どうすることもできない。みんな左旋回で逃げようとするが、敵は簡単についてくる。有利な態勢から攻撃してくる。私たちにはなすすべもない。戦闘中、五、六回射撃のチャンスがありましたが、発射レバーが固くてタイミングが遅れてしまう。悲しくて悔しくて、そのときの気持ちは表現しようがない。すぐに着陸して、レバーを調整した整備員を殺してやりたいぐらいでした。

日本機はわが方の飛行機よりスピードは倍も速く、火力も強力だった。わが軍は敵の力を見誤っていました。

ただ、わが軍には『地の利』がある。一般的に、戦闘機の航続力は大きくない。空戦になるとエンジンの全力を出すから、なおさら燃料を消費する。私は、敵は燃料がなくなれば帰るはずだから、『以逸待労《いいつたいろう》』の戦術をとろうとしたが、甘かった。同じように考えた味方機が、なおも戦っているのが見えましたが、敵は一向に攻撃の手をゆるめない。目の前の現実に、自分の認識の遅れを感じざるを得ませんでした。

最初の十分間で五～六回攻撃され、潤滑油タンクに穴をあけられました。漏れ出したオイルでガラスが汚れ、前が見えなくなった。仕方なく、横から顔を出して応戦したが、まもなく油で飛行眼鏡も見えなくなり、眼鏡をかなぐり捨てて戦い続けました。

――突然、主翼の張線がバン、バンと音を立てて次々と切れ始めた。防弾板が撃たれ、機体は大きく振動した。私は、弾片で頭と両足に傷を負いました。さらに十分後、排気管から黒煙が出て、焦げ臭い匂いが鼻をついた。味方機を探したがもはや一、二機しか残っておらず――一機は佟明波中尉のE-16だったようです――頭上を飛ぶのはすべて日本機でした」

　徐中尉は、戦場を離脱しようと思ったがもう遅い。零戦が二機、追尾しながら撃ってくる。ふたたび戦う決心で戻ろうとしたが、もうエンジンに力が残っていなかった。眼下に、高い山の頂上が見える。まだ相当高度はある。降下しながら西の方へ飛んで、猛烈な回避運動をする。次第に高度は低くなった。前方にはまだ山が一つ、その下に小川がある。川を越えると平らな地面がなかった。もう一度引き起こして回り込み、水田に突っ込んだ。

　このとき、徐機を最後まで攻撃したのが三上一禧二空曹機で、二人はこのときから五十八年後、東京で再会を果たすことになるのだが、徐の記憶にあるように、追尾していた零戦が二機だとすると、もう一機は誰か。日本側記録を丹念に拾ってみると、午後二時三十五分、北方に避退するE－15を追尾、攻撃した北畑三郎一空曹機の可能性が高いと思われる。ただ、同時刻、山下小四郎一空曹機と末田利行二空曹機が、やはり北方に避退中のE－15を水田に激突させ、それとは別に山谷初政三空曹機、平本政治三空曹機がE－15一機を畑に激突させ、さらに光増政之一空曹機も、西方に逃走するE－15一機を味方機二機と合同して畑に激突させたと記録されているから、じっさいにはほとんど最後の一機となるまで戦った徐機を、何機もの零戦が代わる代わる攻撃した可能性も否定できない。三上二空曹は「単機で追尾した」と回想するけれど、徐の回想からみても相当数の攻撃をしのいでいることから、日本側では、徐機だけで数機分の撃墜戦果としてカウントされたのではないだろうか。

　徐は、続ける。

「私は水田に墜ちたので、味方の損害がどの程度か知らなかった。三日後、重慶白市駅飛行場に戻ると、隊には留守番が一人だけいて、第四大隊は成都に移ったとのことでした。私は治療のため黄山の空軍病院に移ったが、そこで聞かされた大勢の戦死者のニュースに驚き、悲しんだ。同僚たちの情報を聞いて、魂が抜けたような気持ちでした……」

中国側の損失

この日の中国側の損失は、残された記録によると、十三機が撃墜され、十一機が被弾損傷、パイロット十名が戦死、八名が負傷した。

中国側の戦死者は、

楊夢清上尉（原名春瑞。第四大隊第二十四中隊長。E－16、二十六歳。落下傘降下死亡。日本機二機撃墜の記録あり）

曹飛上尉（第三大隊第二十八中隊分隊長。E－15、二十六歳）

劉英役中尉（第四大隊第二十三中隊飛行員。E－15、二十四歳。身体に数発被弾、死亡。「曾撃落敵機」との記録あり）

何覺民中尉（第三大隊第三十二中隊分隊長。E－16、二十五歳。「参加空戦多大、撃落敵機・著有功勛」と記録あり）

張鴻藻中尉（第四大隊第二十二中隊飛行員。E－15、二十六歳。空戦中被弾、火災を起こし、身体にも被弾、落下傘降下するも死亡。「参加作戦多次・立有戦功」の記録あり）

司徒堅中尉（第四大隊第二十一中隊飛行員。E－15、二十二歳。右大腿部に被弾し切断、出血多量で死亡。「参加空戦多次」の記録あり）

余抜峯中尉（第四大隊第二十一中隊飛行員。E－15、二十三歳。「参加空戦多次」の記録あり）

黄棟權中尉（第四大隊第二十一中隊飛行員。E－15、二十三歳。「曾於空戦中撃落敵機・著有功績」の記録あり）

康寶忠少尉（第四大隊第二十三中隊飛行員。E－15、二十四歳）

雷庭技少尉（第三大隊第二十八中隊飛行員。Ｅ－15、二十三歳）

の十名で、負傷者は第四大隊長鄭少愚少校をはじめ、陳盛馨、王特謙、武振華、龔業悌、王廣英、韓文虎、徐吉驤（徐華江）の八名だった。もっとも重傷だったのは王廣英中尉で、負傷した脚のギプスがとれるまでに九ヵ月を要し、足首が動かなくなる後遺症が残ったが、二年後にふたたび戦闘飛行任務に復帰した。

日本側の「二十七機撃墜」と、中国空軍側の「被撃墜十三機、被弾損傷十一機」の差は、徐中尉機のように何度も攻撃され、黒煙を吐きながらも戦い続けた中国機が、攻撃した日本側搭乗員の報告で重複してカウントされたことと、ホームグラウンド上の空戦で、被弾してかろうじて飛行場にすべり込んだ中国機が相当数にのぼったことが原因と考えられ、空戦の戦果報告としては誤差が少ない方であると言える。山下空曹長、末田二空曹が白市駅飛行場に認めて銃撃した二機のＥ－15は、空戦を逃れ着陸したものであることにほぼ間違いない。遂寧飛行場にも、第三大隊第二十八中隊長で、中国空軍では歴戦の士として知られた雷炎均上尉以下、墜落をのがれたＥ－15、Ｅ－16が次々と着陸してきたものの、無傷の機体はほとんどなかったという。また、徐中尉が日本機の数を「三十機」と見ていたのは、機体のあまりの性能差に惑わされたためだと思われる。

漢口基地を発進する零戦。日付は不明だが、見送りの人物の服装から、8月19日か20日の出撃時に撮影されたものと思われる。零戦の離陸時は、のちに視界を確保するため座席を上げ風防を開けて滑走するようになったが、このときは風防を閉めた状態で離陸滑走を始めようとしているのがわかる

九八式陸上偵察機。陸軍の九七式司令部偵察機を海軍仕様に改めたもので、中国大陸では奥地の敵情、天候偵察や戦闘機の誘導などに活躍した。零戦隊の戦いを陰で支えた功労機である

岩井勉二空曹（のち中尉）。京都府出身、昭和10年、乙種予科練6期生として海軍に入り、戦闘機搭乗員となる。写真は昭和13年12月、大分海軍航空隊で。19歳の頃の飛行服姿

ソ連製戦闘機・ポリカルポフИ－16。低翼単葉引込脚で、最高速力は時速450キロ。当時の中国空軍戦闘機のなかでは高性能な機体だった。日本海軍、中国空軍ともに、当時はE－16と呼んだ。

第五章　戦訓研究会

参加搭乗員の意見

初空戦の興奮さめやらぬ翌九月十四日、十二空では、進藤大尉以下の出撃搭乗員と、飛行隊長箕輪三九馬少佐、横山保、伊藤俊隆両分隊長が集まって、十三日の戦訓研究会が行なわれた。

飛行隊長は、飛行機隊を統括するが、じっさいに空中で指揮をとる立場ではなく、この日は司会役である（飛行隊長に「兼分隊長」の辞令がつけば、分隊長として空中で指揮をとることになる）。先任分隊長である横山大尉は、十二空の空中総指揮官としての立場で出席。伊藤大尉は、この日をもって筑波海軍航空隊への転勤辞令が出ているが、じっさいに漢口を離れたのは九月二十六日のことである。

研究会の模様は「用済後要焼却」と朱印の押された「重慶上空空中戰斗ニ依ル戦訓」と題する参考資料に詳しいが、搭乗員一人一人の意見から、硝煙の匂いがまだ立ち上って来そうなピリピリした空気が伝わってくる（巻末に全文を掲載）。そのなかから印象的な部分を抜き出してみよう。

まず、進藤大尉。零戦対E－15、E－16の戦闘について、低翼単葉引込脚のE－16に対しては、速力、旋回圏などの性能面で類似しているため戦いやすかったが、複葉固定脚のE－15に対しては、速力差がありすぎる上に、相手の旋回半径がきわめて小さいので、零戦は、〈過速ニ陥入リ易ク且ツヒネリ込マレル虞《おそれ》多ク斜又ハ後下方ヨリ撃ツヨリ外射撃困難ナリ〉と言う。また、零戦のエンジンは絶対に信頼に値するものであること、二十ミリ機銃の威力も大きく、いま少し弾数が望まれることを述べている。

北畑三郎一空曹は、自ら失敗した経験を踏まえて、燃料コックの切換への注意が必要と述べた上で、高空より低空に急降下するとき、遮風板（前部風防）が曇って照準器が見えなくなり困ったと、密閉式風防ならではの不具合を指摘。後方視界が悪く、空戦中は硝煙と油で風防が汚れ、見張に支障をきたしたことも指摘している。大木芳男二空曹は、〈二十粍《ミリ》ニヨル攻撃ハ命中効果共ニ極メテ良好ナリ〉として、二十ミリ機銃弾を現在の二倍から三倍に増やしてほしいとの希望とともに、燃料パイプを撃ち抜かれた苦戦を語った。ここで、漏れ出たガスで呼吸困難になったことを訴える大木二空曹に、三上一禧二空曹が、そんなときは酸素マスクをつけたらどうだろう、と提案すると、大木二空曹が、低高度では酸素吸入器は作動せず、戦闘を中断して高高度まで上昇しマスクをつけるほど戦意を失っていない、とややムキになって反論している。大木、三上両二空曹は、海軍に入ったのは大木二空曹の方が一年早い（昭和八年）が、操縦練習生はともに三十七期の同期生だった。藤原喜平二空曹は、乱戦に陥ったこと、敵機に対し過速になってしまったことを反省している。

山下小四郎空曹長は、やはり低速でかつ小回りの利くE－15に対する戦いづらさと、乱戦での味方撃ちの危険性、空戦中、自機の機位を確認することの大切さを述べた。末田利行二空曹は、乱戦中の空中衝突の危険性や、空戦中に小隊長機を見失わないようにするのは至難であることなどを挙げ、混戦になれば小隊長と分離して戦ってもよいのではないかと意見を述べたが、箕輪飛行隊長と進藤大尉より、〈劣勢優勢如何ニ関ハラズ小隊ハ分離ス可《べ》カラズ〉〈分離ス可キニ非ズ〉とすかさずたしなめられ、さらに横山大尉にも、〈末田兵曹ノ如ク側下方ヨリノミ叩クハ一考ノ余地アリ〉と、注意されている。

山谷初政三空曹は、乱戦で高度の感覚を失ってしまう危険性を語り、白根斐夫中尉は、長距離進行では厚着のほうが高高度飛行の寒さによる疲労が少ないのではないか、また、無線電話が良好に使えれば精神的にも心強くなるなどと提案している。高度が千メートル上がるごとに、気温は概ね六度低くなる。地上が三十五度の灼熱でも、高度六千〜七千メートルの上空では氷点下の環境に身を置いての飛行となるので、防寒の備えは必須と言えた。白根中尉のこの意見には、山下空曹長も即座に賛同している。この意見に続けて、光増一空曹は、高高度飛行での酸素マスクの使い方についての認識を深めること、つねに機位を確認することの必要性を述べた。

三上一禧二空曹は、ＯＰＬ照準器が、身体と顔の位置により照準環の光像が見えなくなることを指摘した。平本政治三空曹は、当日は風邪気味で、高度六千メートル以上では視力の衰えを感じ、「航空錠」（ビタミン剤ともヒロポンともいわれるが、この日搭乗員が携行した錠剤については定かではない）を飲んで回復を図ったと明かしている。高塚寅一一空曹は、燃料コックの切換について、出発前に再三注意されたにもかかわらず、増槽を投下するとき切換を忘れたことを、〈全ク不注意ナリキ〉と反省し、主脚が飛び出たことで宜昌着陸時に機体を壊してしまったことを悔いている。

岩井二空曹は、落下傘降下する敵を射撃したことについて正否を質問し、横山大尉から、

「昨日の場合は、他にまだ目標があるので撃つべきではない。落下傘は距離速力の判定が困難であるから、あまり撃つことは感心できない」

と注意を受けた。落下傘降下中の敵兵を撃つこと自体はかまわない。だが、それに気をとられて別の敵機につけ入られる隙ができることを、横山大尉は心配したのだ。

全般に、零戦そのものへの不慣れから、操作の単純ミスが多い。また、従来の九六戦にくらべてスピードが速いため、攻撃時に過速に陥りやすく、舵が重く利きが少ないなど、操縦性の悪さを指摘する声も目立つ。これらについては零戦の問題というより、搭乗員の意識が未だ追いついていないように思われる。

「戦闘詳報」の記述

戦闘経過に研究会で出された意見を加味して作成された「戦闘詳報」の全文については巻末資料を参照いただきたいが、いくつか目についた点を順不同に挙げてみると、

※零戦の性能について。特に急上昇の性能は敵機よりはるかに優れ、急降下、急上昇をもってする反復攻撃で敵を圧倒することができた。また、二十ミリ機銃の威力はきわめて大であったと評価している。

※九六戦から零戦へ移行するための搭乗員の訓練期間を、これまでの経験上、古参搭乗員・二週間、新参搭乗員・一ヵ月としている。

※零戦の進出可能距離は、その決定要素として、「空戦時間は二十分。空戦開始二十分後、いずれかの燃料タンクを撃ち抜かれても帰投可能なこと。航法の目標があること。搭乗員の疲労が甚だしからざること」などを考慮しつつ、胴体燃料タンクを満載にした状態で、「三百九十浬（約七百二十二キロ）ナリ」と見積もっている。

燃料パイプを撃ち抜かれた大木機や燃料コック切換ミスのあった高塚機、北畑機が宜昌に着陸したさいの燃料残量が五十〜六十リットルに過ぎなかったことを鑑み、敵地上空で一時間、空戦に三十分を要した場合でも、概ね三百九十浬の進出は可能で、ただしその場合は、特に敵上空制圧時間と空戦時間を厳守する必要があると述べている。宜昌から重慶まで片道二百九十浬（約五百三十七キロ）の飛行は比較的容易だが、なおも考慮を要するとされた。重慶よりさらに先の成都までは、宜昌から三百八十浬（約七百四キロ）である。

なお、この点については、翌昭和十六年十二月八日、日米開戦の日に台湾の台南基地からフィリピンのクラーク・フィールド上空まで四百五十浬（約八百三十三キロ）を飛び、さらに昭和十七年八月には、ラバウルからガダルカナル島上空まで五百六十浬（約千三十七キロ）を飛んだことを思えば、空戦時間の制限はあるにしても、この時点ではかなり慎重に検討されていたことがわかる。

※零戦は九六戦に比べ、搭乗員の疲労はきわめて少ない、とした上で、概ね一時間半から二時間を経た頃より疲労を覚え、帰投時には〈眼球赤色ヲ呈シ眼縁赤膨レ疲労甚シキモノアリ〉という状況で、翌日直ちに戦闘に参加するのはむずかしい、単座機での五時間以上の飛行は相当の体力がないと大きな無理を伴う、と述べている。疲労を防ぐため、座席クッションの改善やリクライニングできるように、などの切実な要望が出されているが、これについては何ら改善されないまま、翌年以降、大東亜戦争でそれ以上の長距離進行を強いられることになる。

※離陸距離は小さいが、着陸距離が従来よりも長く必要で、宜昌基地の八百五十メートル滑走路では不安があった。増槽装着時など、着陸滑走路は九百メートルが必要である。

※風防が密閉式になったため、後方視界が悪いとの不満が出された。後方から奇襲を受ける恐れが大きいことを考慮して、座席後部に等身形の防弾板を〈装備スルコトヲ可トス〉、と、控えめな表現ながら要望している。

※心配された新兵器の二十ミリ機銃については、故障が少なく、その威力を賞賛する声が上がる一方で、信頼性が高かったはずの機首の七ミリ七機銃（弾丸は一挺あたり六百五十発）に故障が多発、じつに十三機中八

機でトラブルが発生した。原因は「焼夷弾の自爆」が多い。プロペラを撃ち抜かないよう同調装置がついているが、進藤機、高塚機ではプロペラ射貫の事故もあった。光増機、白根機は部品の故障、破損に起因するものである。片銃五十五発という二十ミリ機銃の携行弾数に関しては、少なすぎるとの声が寄せられ、片銃百五十発程度に増やしてほしいと述べている。

※無線電話はなお不良である。

※先述のように、敵戦闘機E－16については、性能的にそれほどの開きがないのでむしろ楽に戦えたが、複葉のE－15に対しては、スピード差がありすぎる上に敵の方が小回りが利くので、思った以上に手を焼いた。そこで、望ましい戦闘法として導き出されたのが、

〈（イ）急上昇急降下ノ戦法適切ナリ

（ロ）旋回圏大ナルヲ以テ劣性能ノ機種ニ対シ之ニ捲《ま》キ込マレザル様戒心ヲ要ス〉

――つまり、零戦は旋回半径が敵機と比べて大きいから、小回りのきく敵機に対しては格闘戦に巻き込まれるのを避け、「急上昇急降下」（ズーム・アンド・ダイブ）による一撃離脱の戦法で戦え、と言っているのである。また、編隊協同空戦、相互支援の必要性についても繰り返し述べられている。

そう、これらは二年後に、零戦の軽快な運動性、旋回性能に手を焼いた米軍が、零戦に対抗する手段として打ち出した戦法と同じである。このことは、戦闘機の性能というものは、相手とする敵機との相対的な関係で評価されるという好例と言えるだろう。

この日、発射した機銃弾は、全機で七ミリ七が一万二千二百三十八発、二十ミリ千三百十発。消費した燃料は、「低圧航空九二揮発油（ガソリン）」一万二百五十リットル（一機あたり約七百九十リットル）、潤滑油は四百五十五リットルだった。

第六章　成都空襲

出撃前夜の密談

重慶上空の大戦果に漢口基地が湧きたっているなか、それを素直に喜べない一団がいた。この日の搭乗割《とうじょうわり》の選に漏れ、晴れの初空戦に参加できなかった搭乗員たちである。

角田和男一空曹は語る。

「今日こそは敵機と遭えるという予想でしたから、行けないのがもう悔しくて。私は進藤分隊の先任搭乗員で、もとはB班でしたから、分隊長、なんで私を選んでくれないんだ、と。

朝、飛行場で搭乗割を見て、出撃搭乗員に自分の名前が入っていないので、面白くないと、出撃の見送りもせずに宿舎に帰ったんです。前日には出撃しましたが、私以外に前日に続いて搭乗割に入っていた名前も何人かありましたから、悔しさもひとしおです。漢口基地の宿舎は、もともと監獄だったところを流用していたので、音が外に漏れず、外からも見えないのを幸い、一人で部屋にこもって朝からやけ酒をあおっていました。当時のビールは、一ケース二十四本でしたが、それを二ケース。空になったビール瓶を周りに並べて飲みながら、それでもあんまり悔しくて酔えないので、日本酒に切り換えました。

それで、一升七合も飲んだ頃、出撃搭乗員が帰ってくるがやがやとした気配を感じましたが、私はそのままふてくされて寝てしまいました。あのときは人生でいちばん飲んだと思いますね」

断っておくが、角田はけっして豪傑肌ではない。おだやかで優しく、どちらかと言えば静かな雰囲気の人で、それは当時を知る人の印象とも一致している。その角田が、零戦による一番槍を逃したことをこうまで悔しがるというのは、搭乗員の士気がいかに高かったかを物語る。

羽切一空曹も、前日は出撃しながら十三日の出撃を逃した一人である。

「味方が戦果を挙げたのは喜ばしい。しかし、私たちA班は、横空で試作一号機をテストして以来、零戦のことなら俺たちに任せとけ、と意気軒高だっただけに、これはもう、なんとしても悔しかったですね」

そしてこの悔しさが、のちに羽切らA班の一部を破天荒な行動に駆り立てることになる。

重慶の空から姿を消した中国空軍は、さらに奥地の成都に後退して、戦力の回復に努めていた。いっぽう、十二空零戦隊は、九月十七日付「航本機密第七九七電」によると、

〈完備ノモノ一二機（内最近發動機換装ヲ要スルモノ四機）修理ノ上訓練用トシテ使用中ノモノ一機修理可能ノモノ二機修理ノ上訓練用トシテ使用可能見込ノモノ二機〉

とある。全十七機ということは、十三日の空戦後に大破した高塚機も、「修理ノ上訓練用トシテ使用可能見込」のうちに入っているのかもしれない。

九月二十一日には、下川大尉が空輸指揮官となって零戦三機が補充されたが、近く、零戦の一部を、南支（中国南部）を担当する第十四航空隊に転用することが決まっていて、すでに十四空の搭乗員の一部が漢口基地に派遣され、零戦への転換講習が始まっていた。

十二空では、十月四日、零戦八機をもって、集結しつつある成都の敵戦闘機を撃滅することになり、横山大尉以下、前回の出撃で選に漏れた搭乗員を中心に、搭乗割が組まれた。

「重慶上空の一番槍は逃してしまいましたが、こんどは成都への一番乗り。よし、敵を徹底的にやっつけるぞ、と心に期するものがありました」

と、この日、横山大尉の二番機として参加した羽切一空曹は回想する。

出撃前夜。漢口の搭乗員宿舎で、四人の搭乗員がひそかに話し合いを持っていた。この宿舎は、角田一空曹の回想にもあるように、日本軍による占領前は監獄として使われていた建物で、雑居房ごとに数名の搭乗員が起居している。酷暑の漢口で、窓のない監獄部屋は暑くてたまらず、毎日、冷房用の大きな氷柱が支給されていた。この夜、集まったのは東山市郎空曹長、羽切松雄一空曹、中瀬正幸一空曹、大石英男二空曹。いずれも横空から十二空へ、零戦とともに転勤してきたA班の搭乗員たちである。羽切は語る。

「出撃の前の晩にこの四人が集まって、よし、明日は成都一番乗り、徹底的にやろうじゃないかと話し合いました。大石が、『もし撃ち漏らした敵機があったら、飛行場に着陸してやっつけよう』と言い出し、皆、即座に賛成しました。そして、着陸時にもし転覆したりしたら、二人で尾部を持ち上げたら助けられるという約束までしていました」

同じ宿舎にいた岩井勉二空曹は、

「私もこの出撃に参加したくてたまらず、血判を押して横山大尉に提出しましたが、『お前は重慶でいいことをしておきながら（初空戦に参加したことを指す）、また成都へ行かせろとは虫が良すぎる』と叱られ、しぶしぶ引き下がりました。私は、予科練で一期先輩の中瀬一空曹と同室でしたが、その晩、東山分隊士がやってきて、『おい、明日はやるぞ。マッチとぼろ切れと拳銃を用意しておけ』と言って出て行った。中瀬さんは落ち着いたものでした。当時、十二空ではいくつかのグループがあって、特に彼ら横山グループ（A班）は、よくひそかに集まって、賭け麻雀などやっていました。海軍では麻雀は禁止されていましたが、宿舎が元監獄で、音が外に漏れないから都合がいいんです。敵中着陸の件も、麻雀をやりながら相談したんではないかな」

と言う。そういえば、四人である。

肝心の横山大尉がこの計画を知っていたかどうか、羽切は、

「相談はわれわれ四名だけでやりましたが、おそらく東山分隊士が横山大尉に相談していたと思います。たぶん知っておられたんじゃないでしょうか」

と、横山大尉の関与をほのめかす。敵中着陸のアイディア自体は、昭和十三年七月十八日、南昌攻撃で艦爆隊の小川正一中尉、小野了三空曹らが敵飛行場に着陸、地上にあった敵機を焼き払った例があり、羽切たちも成功を信じて疑っていなかった。

「上空は味方機が制圧しているし、敵の戦意は乏しいし、よし、行ける、と思っていました」（羽切一空曹談）

敵中着陸

十月四日午前八時三十分、漢口基地を出撃した零戦八機は、途中宜昌で燃料を補給、成都に向かった。編成は以下の通り。

中隊長・横山保大尉
第一小隊　横山大尉（3－161）、羽切松雄一空曹（3－162）、大石英男二空曹（3－163）
第二小隊　白根斐夫中尉（3－165）、中瀬正幸一空曹（3－167）、山谷初政三空曹（3－166）
第三小隊　東山市郎空曹長（3－169）、有田位紀三空曹（3－170）

この日は高度三千メートルほどのところに雲が層をなしており、零戦隊は偵察機（機長・千早猛彦大尉）の誘導のもと、雲の上を飛行した。

午後二時十五分、成都上空に到着。横山大尉は空中に敵影なしと判断、地上銃撃に入ろうとしたが、そのとき、羽切一空曹は、ふと左前下方、高度千五百メートルを上昇中の敵機、E－16を発見した。

「敵機だ！　と、間髪をいれずにそれに突進しました。距離二百メートルまで肉薄して、後上方から敵機をOPL照準器に捉え、ダダダーッと一連射。命中！　敵機はたちまち火を吐いて墜ちていきました。二十ミリ機銃の威力はすごい、と思いましたね。あとで横山大尉が、『いやあ、羽切、あれはうまく墜としたなあ』と絶賛してくれましたよ」

この調子ならだいぶ獲物にありつけそうだ。「あるなら出て来い、お代わり来い」、と心の中でつぶやきながら、羽切は上空を見渡したが、もう敵機はいなかった。作戦通り、温江飛行場を偵察したが、そこにも敵機はいない。機首を転じて太平寺飛行場上空に突入すると、そこには一目で囮ではないと判別できる、本物の飛行機が二十数機、翼を並べているのが見えた。

零戦隊はそれぞれの目標に向かって、入れかわり立ちかわり銃撃を加えた。零戦の二十ミリ機銃は、こんな地上銃撃の際にも絶大な破壊力を発揮した。

「ふと下を見ると、一面芝生の飛行場に零戦が一機、スーッと降りていくのが見えました。私はそのとき、戦闘の興奮で昨夜の約束のことなど、すっかり忘れていました。こりゃいかんと思って、飛行場上空を一周して着陸しましたが、大石、中瀬に続いて私は三番目でした」

羽切は、飛行場の真ん中に飛行機を停めると、風防を開いて地面に飛び降り、拳銃を手に、引込線に向かって脱兎のごとくに走った。燃え上がる敵機からの火の粉があたり一面に降りそそぎ、熱気が飛行服を通して肌が焼けるように感じられた。

「約百メートル、時間にしたら三十秒ほどでしょうか。やっとの思いで敵機に取りついてみると、それは巧みに偽装された囮機でした。えい、いまいましい、と、他の獲物を探そうとしたら、周りをバン、バンと狙い撃ちの曳痕弾が飛んでゆく……と思ったが、いま思えば、燃える敵機の機銃弾が弾けて飛んでいたのかも知れません。敵兵の姿はまったく見えなかったですから」

身の危険を感じた羽切は、やおら立ち上がって愛機に向かって全力疾走、離陸したのは一番最後になった。攻撃後は高度三千メートルで集合の約束になっていたので高度をとると、三機の機影が見えた。

「脚が出たままの姿だったので、『敵飛行場に着陸した仲間が、脚を入れるのを忘れてやがる』と思いながら近づいてみると、それは味方機ではなく、敵のカーチス・ホーク75戦闘機（低翼単葉固定脚のホーク75M）でした。よしきた！と思いながら、敵が気がつかないのを幸い、死角の後下方から四、五十メートルの距離まで接近し、右端の二番機に一撃すると、そいつはあっけなく左に傾いて墜ちていきました。残る二機も、二対一なのに逃げるばかりで向かってこない。それを追いかけて三、四撃して、ようやく田んぼのなかに一機を撃墜しましたが、私にとっては思いがけない戦果となりました。結局、単機で、一番最後に基地に戻りました」

東山空曹長、有田三空曹も協同で爆撃機一機、E－15二機を撃墜していて、この日の戦果は撃墜六機、地上炎上十九機に達した。

漢口基地で横山大尉が、十二空司令長谷川喜一大佐に戦闘状況を報告する。はじめは上機嫌で聞いていた長谷川大佐が、敵中着陸のくだりになると、とたんに顔色を変えた。長谷川大佐は、

「指揮官たる者の思慮が足りない！　敵飛行場に着陸するなど戦術にあらず、蛮勇である！」

と、横山を怒鳴りつけた。

司令には怒られたが、横山は、まったく悪びれることなく、

「『撃滅せよ』との命令を果たそうとしたまで。部下たちの行動の全責任は、指揮官たる私にあります」

と言い切った。

羽切たち四名の敵中着陸は、海軍による戦意高揚の恰好の宣伝材料として、結局、追認される。この日の

夜九時三十分には、支那方面艦隊より、

〈中支艦隊報道部〇〇基地四日午後九時半発表
わが海軍航空部隊は午後二時三十分折柄《おりから》の密雲を突破して成都攻撃を敢行し敵軍事施設に對《たい》し甚大なる損害を與《あた》へたり、右攻撃に參加せる横山部隊長の指揮する戰鬪機隊は我に反抗せんとする敵機なしと見るや機首を轉《てん》じて敵空軍の根據地《こんきょち》である大平寺飛行場を急襲し空中において敵戰鬪機五機、爆撃機一機を撃墜し更に地上における敵に對し低空に降下して二十五機を銃撃して炎上或ひは大破せしめたり。なほ一部は敵飛行場に着陸を敢行して敵の心膽《しんたん》を寒からしめ全機無事歸還せり〉

という報道発表がなされた。これを受けて同盟通信が〈同盟〇〇基地五日發〉として新聞各社に配信した記事は、

〈（前略）東山市郎兵曹長（長野縣出身）機はサツと敵飛行場目掛けて降下を始め見る間に場内に滑つて行く、續いて羽切一空曹（静岡縣出身）大石二空曹（静岡縣出身）機が場内に舞ひ降りた、見る間に中瀬一空曹（徳島縣出身）も滑り込んだ、期せずして全機が敵飛行場に着陸したのだ
機銃小銃弾の響きがひとしきり飛行場に谺《こだま》した途端機上より躍り出た四名はピストルを亂射《らんしゃ》しながら左手にマツチをシツカと握つて場内を脱兎のやうに走つて行く、敵の小銃弾が雨のやうに注がれる内に四名は素早く敵機に火を付けた、眞紅な焔が機體《きたい》をなめ廻すやうにパツと擴《ひろ》がつた瞬間東山兵曹長は敵戰鬪司令部に走り込んで行つた　見れば破天荒の着陸攻撃に膽《きも》を潰した敵基地守備隊は遁走したものか姿を見せない、好機とばかり最寄りのガソリンを持出して敵戰鬪司令部に火を放つた、黒煙は濛々と渦巻いて敵の誇る大平寺飛行場戰鬪司令部も忽ち灰燼に帰して行つた、ホツと息をついて空を見上ぐれば友軍機が翼を振り或は機上戰友が手をかざしながら見守つてゐる。任務を果たした四人は素早く愛機に飛び乗つた、飛行場一杯に擴がつて行く黒煙の裡《うち》に燃え熾《さか》る敵機を尻目に悠々再び空に舞ひ上がつたのであつた〉

と、かなり誇張を交えて敵中着陸を「壮挙」として称えるような書き方になっている。羽切の回想。

「新聞では針小棒大、敵機を焼き払ったことになっていますが、実際にはそこまではできなかった。目的は半ばで達せられなかったけども、でかいことをやり遂げたという、満足感は大きかったですね。横山大尉も、ようやったとご満悦でしたよ」

東山空曹長が敵指揮所に放火したと伝えられたことについて、戦闘詳報にはそれに該当する記録はなく、定かではない。

しかし、この敵中着陸については、後年、戦史家から批判の声も上がっている。

なかでも、海軍兵学校七十一期出身の戦闘機搭乗員で、特攻兵器「桜花」で編成された第七二一海軍航空隊分隊長を務めた湯野川守正大尉（戦後、航空自衛隊空将補）は、「独断専行」と題した論考（『海軍戦闘機隊史』零戦搭乗員会・原書房）のなかで、

〈中には、敵飛行場に降着し、敵機の焼き討ちを企図した暴挙といわれる筋合いの行動（昭和十五年十月四日）もあるが、それさえも、賞揚されるという結果が出たことがある。

本行動が命令によるものか、着陸した四人の独断専行によるものかは不明瞭である。（中略）

もしも、命令であったとしたら、最新式兵器である零戦が、被弾又は搭乗員の死傷によって再離陸できない場合も考慮に入れるべきであり、本命令は適切を欠いたものであろう。命令によらない行動とすれば、本件は独断専行ではなく、独断専恣《せんし》に属する行動であったと考えられる。〉

と、厳しく指摘している。だが、羽切は、

〈この頃は過ぎたる独断専行や蛮勇も、失敗しない限りむしろ奨励された時代であった。決して軽挙妄動とは思わない。〉

と、遺稿となった手記の中で反論している。

「独断専行」と「独断専恣」という言葉について、現地の指揮官が予期せぬ状況の変化に遭遇した場合、上級司令部ならどう考えるかを判断し、それに沿った行動を独断でとるのが「独断専行」、自分一人の勝手な

判断で、上層部の意に反した行動をとるのが「独断専恣」と、言葉の上ではっきりと区別されていた。ただ、十月四日の成都大平寺飛行場敵中着陸については、のちに感状まで授与されているので、後世の目はともかく、当時は「独断専行」の範疇と認められたと考えて差支えはないだろう。

高角砲弾の洗礼

「敵中着陸」の翌十月五日、十二空零戦隊は、筑波空分隊長として転出した伊藤俊隆大尉の後任として、筑波空から入れ代わりに着任したばかりの飯田房太《ふさた》大尉の指揮で重ねて成都を攻撃した。

この日の編成。

中隊長・飯田房太大尉

第一小隊　飯田大尉（3－169）、三上一禧二空曹（3－166）、平本政治三空曹（3－167）

第二小隊　山下小四郎空曹長（3－165）、光増政之一空曹（3－170）

第三小隊　北畑三郎一空曹（3－162）、大木芳男二空曹（3－166）

七機の零戦隊は、前日と同じく千早大尉の九八陸偵に誘導され、べったりと覆った雲の上を飛んで成都に向かうが、もはや空中に敵機の姿はなく、鳳凰山飛行場、大平寺飛行場を銃撃、十機を炎上させた。

ふたたび中国空軍主力は壊滅、以後しばらく、十二空零戦隊の出撃も散発的になる。余談だが、十月五日（土）、六日（日）、七日（月）の三日間、大相撲漢口巡業が、漢口市内の日本租界に建てられた漢口神社境内で行われ、横綱双葉山と大関安藝ノ海の名対決をはじめとする取組を見たさに、境内に入りきらないほどの陸海軍将兵と在留邦人が集まったと、羽切一空曹は回想している。

十月十日、羽切松雄一空曹（3－162）、角田和男一空曹（3－167）、岩井勉二空曹（3－166）の

零戦三機が、重慶の敵飛行場偵察を命ぜられ、出撃。奇しくもこの三名はともに戦争を生き抜き、それぞれ私のインタビューに答えている。角田一空曹は、

「揚子江の西側は外国公館の多い非武装地帯で、別荘のような家が立ち並び、屋根にはそれぞれの国旗を大きく描いていて見事な眺めでした。反面、重慶の下町はすでに瓦礫の山でめぼしい建物もない。白市駅飛行場にも飛行機はなく、仕方なく前回銃撃した囮機に一撃をかけたところに、突然、至近距離で高角砲弾が爆発したんです。こんなのは初めてのことでびっくりしましてねぇ。一目散に上空へ退避しましたが、敵弾はますます近づいてくる。わずか一、二分が長く感じられました。あとから考えると、上空に逃げずに低空のまま突っ切ればすぐに退避できたんですが。あとの二人も泡を食ってました。のちのソロモンやフィリピンで経験した敵対空砲火と比べるとどうということのない反撃でしたが、このときは羽切さんも、『敵の高角砲はすごかったなあ、肝を冷やしたよ』と言ってましたよ」

と振り返る。

十月十三日には、それまで九六戦のみで行われていた宜昌周辺の敵陣地制圧に、進藤三郎大尉（3－169）、大木芳男二空曹（3－167）、山谷初政三飛曹（3－160）、東山市郎空曹長（3－165）、三上一禧二空曹（3－170）、高塚寅一一空曹（3－163）、小林勉一空曹（3－162）の七機が出撃。山谷三空曹の3－160は、ここで初めて登場する機番号である。さらに十月二十五日、零戦三機が内地から空輸され、この日、重慶の敵飛行場偵察に、小林勉一空曹（3－169）、岡崎虎吉三空曹（3－162）、荻野恭一郎一空（3－167）が出撃している。岡崎三空曹、荻野一空は、それぞれ零戦での初の出撃だった。

さらに十月二十六日、第三次となる成都空襲が行われ、飯田房太大尉（3－169）、光増政之一空曹（3－179）、平本政治三空曹（3－163）、山下小四郎空曹長（3－165）、角田和男一空曹（3－166）、岩井勉二空曹（3－162）、北畑三郎一空曹（3－170）、大木芳男二空曹（3－167）の零戦八機が出撃。この日の戦闘詳報には、光増一空曹がフリート練習機二機、平本三空曹がE－15一機、山下空曹長がE

－15、フリート、輸送機各一機、角田一空曹がE－15一機、岩井二空曹がフリート一機、北畑一空曹がE－15一機、大木二空曹がE－15一機、計十機を撃墜したと記録されている。

しかし、この日の空戦に参加した角田一空曹、岩井二空曹の回想は、戦闘詳報の記述とやや食い違う。角田一空曹にとっては、これが初めての撃墜戦果だったが、角田は、このときの相手は複葉練習機で、零戦のスピードがあまりに速すぎるため一撃をミスし、エンジンを絞って突っ込み、ようやくこれを仕留めることができた、と語っている。

「ただ逃げ回るだけの敵機に、せめて敵わぬまでも反撃してくれたら」

と、子供を相手に本気で喧嘩でもしたあとのような、いやな気持ちはいつまでも消えなかったと言う。また、岩井二空曹は、このとき撃墜したのはE－15だったと記憶していて、もしかすると、戦闘詳報の作成時にこの両名の報告が入れ替わって記録されたのかもしれない。

十二空戦闘機隊への二通の感状

十一月は海軍の定期異動の時期である。十二空も大幅に編成替えされることになり、副長は十一月十五日付で小田操中佐（博多空副長へ）から田中義雄中佐（鹿屋空副長より）に交代、飛行長時永縫之介少佐は十一月一日付で航空本部技術部員として転出、代わって十三空飛行隊長だった鈴木正一少佐が十二空飛行長になる。飛行隊長箕輪三九馬少佐は霞ケ浦海軍航空隊へ異動し、代わって空技廠飛行実験部より真木成一少佐が着任した。真木少佐は、昭和十四年七月六日、十二試艦戦一号機の第一回官試乗（海軍側試乗）を担当して以来、十二試艦戦―零戦の実用化に尽くしてきた人で、零戦隊の飛行隊長としてもっともふさわしい一人と言えた。

零戦初空戦を指揮した進藤三郎大尉は、十一月一日付で、第十四航空隊分隊長に転出、南支方面で零戦隊の指揮をとることになり、十一月十五日には飯田房太大尉が空母蒼龍、白根斐夫中尉は空母鳳翔へ、それぞれ異動することとなった。旧式の九六戦は上空哨戒と空戦訓練に必要な分を残して大村の第二十一航空廠に還納することとなり、十一月一日、漢口基地を発って十五機を空輸、搭乗員にはそれぞれ次の配置が言い渡される。角田和男一空曹、岩井勉二空曹も九六戦の空輸要員に選ばれ、そのまま筑波空へ転勤になった。内地転勤者のなかには、零戦初空戦に参加した高塚寅一一空曹、北畑三郎一空曹や、一度も零戦に乗る機会を得ずに十二空を離れた甲飛一期の中馬輝定二空曹、吉橋茂二空曹らも含まれていた。九六戦とともに、十二空から除かれる九九艦爆も二十一空廠に還納され、代わって九七艦攻とその搭乗員が増勢された。

編成替えを目前に控えた十月三十一日、九月十三日の重慶空襲、十月四日の成都空襲における十二空零戦隊の活躍に対し、支那方面艦隊司令長官・嶋田繁太郎中将より感状が授与された。

感状の表題はそれぞれ、「進藤海軍大尉ノ指揮セル第十二航空隊戦闘機隊」「横山海軍大尉ノ指揮セル第十二航空隊戦闘機隊」となっていて、感状そのものを受け取るのは司令長官谷川喜一大佐である。横山大尉、進藤大尉以下、参加搭乗員には、感状を写真のガラス乾板に複写し、それを四ツ切の厚手の印画紙に焼き付けたプリントが手渡され、その縮小版が各々の履歴書に貼り付けられた。

横山大尉に授与された感状の文面は、

〈昭和十五年十月四日長駆克ク四川省奥地ノ要衝成都ノ攻撃ニ參加成都周辺各飛行場ヲ索敵攻撃シ敵機六機ヲ撃墜シタル後大平寺飛行場ニ於テ地上ニ敵機ヲ発見シ之ガ低空攻撃ヲ敢行シ敵機二十五機ヲ撃破炎上セシメ又其ノ主要施設ヲ破砕炎上セシメタルハ武勲顕著ナリ　仍《よっ》テ茲《ここ》ニ感状ヲ授与ス〉

また、進藤大尉に授与された感状の文面には、

〈昭和十五年九月十三日長駆四川省ノ山岳地帯ヲ突破シテ攻撃機隊ノ重慶爆撃ヲ掩護シ、一時行動ヲ韜晦《とうかい》敵機誘出ニ努メタル後再度重慶上空ニ進撃シ陸上偵察機ノ協力ニ依リ敵戦闘機二十七機ヲ発見捕捉シ勇戦奮闘

克ク其ノ全機ヲ確実ニ撃墜シタルハ武勳顯著ナリ　仍テ茲ニ感狀ヲ授与ス〉

とある。横山大尉、進藤大尉に感状が授与されたことは天皇に奏上され、そのことが十一月十七日付の新聞各紙で、やはりトップ記事の扱いで取り上げられた。なかでも、進藤大尉の地元広島の中国新聞では、一面記事とは別に、三面でも進藤の飛行服姿の顔写真入りで、

〈感状に燦たり海の荒鷲　廣島つ子・進藤大尉　床しや控えめに交々《こもごも》語る両親〉

との見出しで両親のインタビュー記事を掲載している。

〈三郎の今度の武勲もみんな郷土の皆さまのご後援の賜です、と言葉少ない夫妻に代つて大尉が可愛がつている愛犬チロが主人の武勲をたたへるかの如く日本犬の逞しさを両耳に見せて吠え立てる〉（記事より）

進藤家には、新聞を見て祝いを述べに来る客が引きもきらなかった。

感状が授与され、祝勝ムードの十二空で、一人浮かぬ顔の士官搭乗員がいた。飯田房太大尉である。飯田大尉は九月下旬、筑波空から転勤してきたばかりだったが、十月五日の成都空襲で零戦七機を率いて出撃、地上銃撃で敵戦闘機十機を炎上させ、さらに十月二十六日には八機を率いて十機を撃墜する戦果を挙げている。だが、すでに空母蒼龍分隊長へ転勤の内示が出ていて、まもなく十二空を離れることが決まっていた。祝宴に同席していた角田和男一空曹は、

「奥地攻撃でわれわれに感状が授与され、みんな喜んでいる中で、飯田大尉が、『こんなことでは困るんだ』と言っていました」

と回想する。飯田大尉は言葉を続けた。

「奥地空襲で全弾命中、なんて言っているが、重慶に六十キロ爆弾一発を落とすのに、諸経費を計算すると約千円かかる。敵は飛行場の穴を埋めるのに、苦力《クーリー》の労賃は五十銭ですむ。実に二千対一の消耗戦なんだ。こんな馬鹿な戦争を続けていたら、いまに大変なことになる。歩兵が重慶、成都を占領できる見込みがない

のなら、早くなんとかしなければならない。感状などで喜んでいる場合ではないのだ」

筑波海軍航空隊教員として転勤が決まった岩井勉二空曹は、大村から赴任の途中、常磐線の汽車を待つ間に東京の上野広小路を歩いていると、ニュース映画館に「成都空襲八勇士」という看板が出ているのを見た。切符を買って入ってみると、つい先日、十月二十六日の成都空襲のニュース映画（日本ニュース第二十二号・昭和十五年十一月六日）が上映されており、自分たちが基地に帰還して胴上げされるシーンが映っていたという。

「飯田大尉の顔、山下空曹長の顔、そして自分が胴上げされるシーンが映っていました。あんなことぐらいで内地ではこんなに大きく取り上げられるのかと思うと気恥ずかしくなって、周囲の人が皆、自分の顔を見ているような気がして、そそくさと映画館を出ました」

と、岩井は回想する。

この日本ニュースのナレーションを文字に起こすと、以下のようなものであった。

〈中支艦隊報道部○○基地、十月二十六日午後七時発表。本日、長谷川部隊（注：十二空のこと）の戦闘機隊は飯田大尉指揮のもとに、単独長駆成都を空襲。新津飛行場上空において敵機十機と遭遇。空中戦闘の結果、全機を撃墜せり。戦闘機単独長駆襲撃の記録的戦果を収めた誉れの荒鷲は、戦い終わった二十六日夕刻、全機、銀翼を連ねて基地に帰還しました。地上に待ちこがれた戦友は、飯田部隊長らの愛機に殺到。歓呼の声を上げて、輝く殊勲を称え、迎える者、迎えられる者、深紅の夕陽燃えさかるうちに、ただ感激の劇的シーンを展開しました。かくて夕闇ようやくせまる航空基地に無事報告を終えた我が誉れの八勇士は、また明日の爆撃行を誓うのであります。〉

角田和男一空曹（のち中尉）。千葉県出身。昭和9年、乙種予科練5期生として海軍に入り、戦闘機搭乗員となる。写真は昭和15年、漢口基地の十二空宿舎前で

零戦の垂直尾翼に、報道用に撃墜マークを描く羽切松雄一空曹。朝日新聞に掲載された写真からおそらく昭和16年夏の撮影と思われ、6月以降だとすれば階級は「一飛曹」と呼称変更されている

零戦初空戦の大戦果を1面で報じた朝日新聞（昭和15年9月14日付）。これが最も早い報道となった

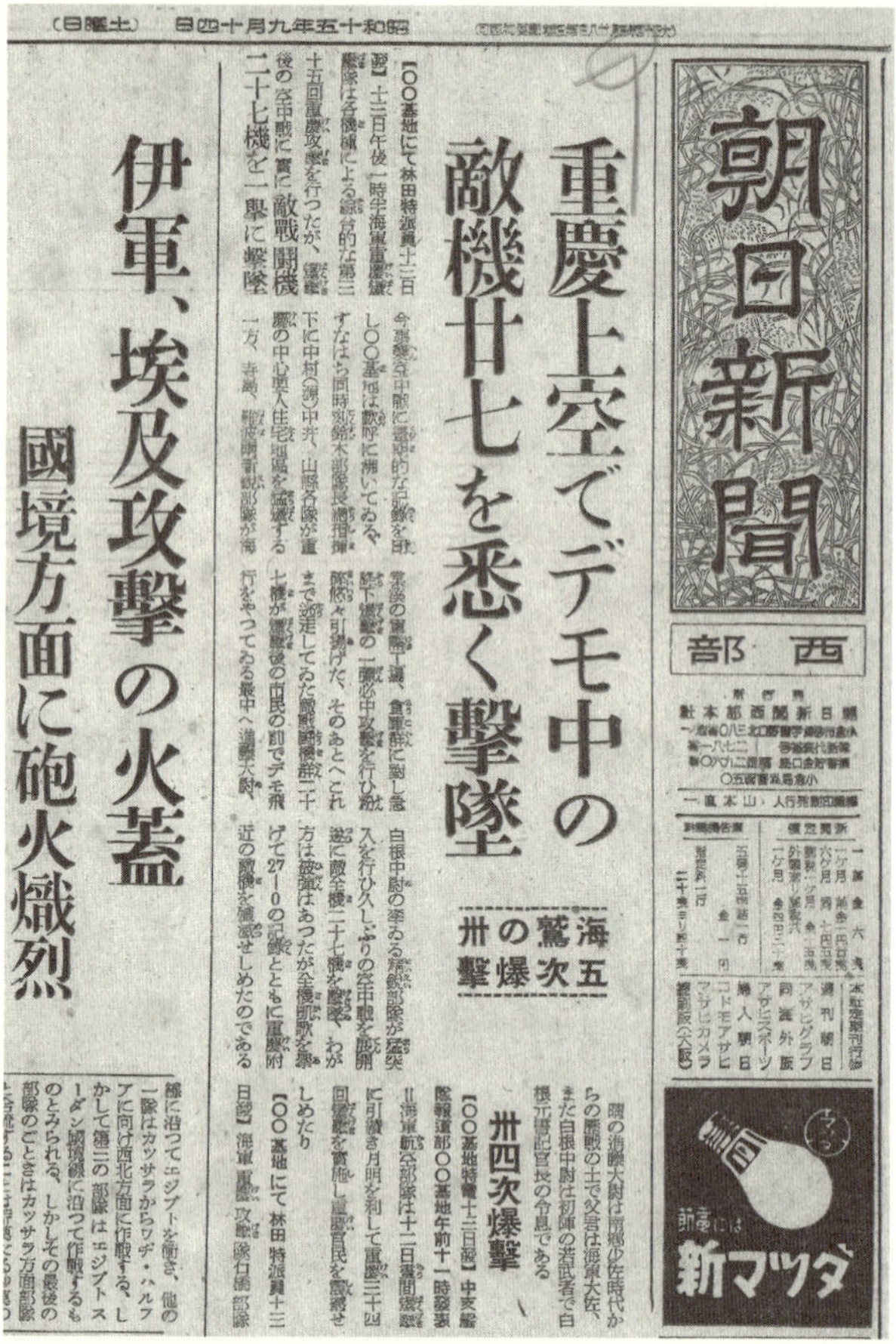

昭和十五年九月十四日（土曜日）

朝日新聞 西部

重慶上空でデモ中の敵機廿七を悉く撃墜

海鷲の卅五次爆撃

【〇〇基地にて林田特派員十三日發】十三日午後一時半海軍重慶爆撃隊は各機種による綜合的な第三十五回重慶攻撃を行つたが、爆撃後の空中戰に實に敵戰闘機二十七機を一擧に撃墜、今事變空中戰に畫期的な記録を樹立し〇〇基地は歡呼に沸いてゐる、すなはち同時刻鈴木部隊長總指揮下に中村(源)中井、山縣各隊が重慶の中心要人住宅地區を猛爆する一方、寺島、飛行場附近部隊が南軍基地の軍需工場、倉庫群に對し急降下爆撃の一彈必中攻撃を行ひ敵陣地悠々引揚げた、そのあとへこれまで逃避してゐた敵戰闘機群二十七機が爆撃後の市民の前でデモ飛行をやつてゐる最中へ進藤大尉、白根中尉の率ゐる精鋭部隊が猛突入を行ひ久しぶりの空中戰を展開遂に敵全機二十七機を撃墜、わが方は被彈はあつたが全機凱歌を擧げて27－0の記録とともに重慶附近の敵機を殲滅せしめたのである

隊の進藤大尉は南郷少佐時代からの歴戰の士で父君は海軍大佐、また白根中尉は初陣の若武者で白根元書記官長の令息である

卅四次爆撃

【〇〇基地特電十三日發】中支艦隊報道部〇〇基地午前十一時發表＝海軍航空部隊は十二日晝間爆撃に引續き月明を利して重慶に三十四回爆撃を實施し重慶官民を震撼せしめたり

【〇〇基地にて林田特派員十三日發】海軍重慶攻撃隊石橋部隊

伊軍、埃及攻撃の火蓋

國境方面に砲火熾烈

線に沿つてエジプトを衝き、他の一隊はカッサラからワヂ・ハルファに向け西北方面に作戰する、しかして第三の部隊はエジプトスーダン國境線に沿つて作戰するものとみられる、しかしその最後の部隊のごときはカッサラ方面部隊

新マツダ

〝腕よりも飛行機だ〟

我子の功を誇らぬ進藤大尉の兩親

世界戰史に輝かしき一ページを刻んだ進藤三郎大尉の偉功を廣島市皆實町二丁目の實家にもたらす、嚴父進藤登三郎退役大佐に母堂ためさんも加はつて

ほう、さうでしたか、實はこの間よこした手紙に「素晴しい飛行機を貰つたのにこいつの偉力を示す機會がなくて殘念だ、ついこの間も重慶までお伴をしたが、卑怯な奴で相手は一機も出て來ず爆撃隊の活動を本當に高見の見物をしただけだつた、機會があつたら思ふ存分やつて見るつもりだ」なんかと暢氣なことをいつてゐました、いや實にあれの腕がどうかといふことはありませんよ、飛行機がよかつたのです、幸運兒です

と大尉の功を飛行機に譲る兩親また

廣島一中から兵學校に入り少尉の時、航空隊に移つたんですが、南郷さん（故少佐）の確か一期下と思ひます、極く平凡な子でしたがね、これといふ特徴もありませんが、負けん氣の強い子でした、もつとも日本人は皆さうですがね

とあくまで謙遜する兩親でもあつた

もういゝ年をして世間體といふものもあるからいゝ加減家内を貰つたらと奬めて見ましたが、戰地ではいつ死ぬるかも知れない、まあ三十をすぎたら考へて見るが、いゝのがあつたら捜しておいて下さいなんかといつて來てゐます、もし無事に歸るやうでしたら貰つてやらうかと思つてをるんですよハヽヽ

と大佐夫妻は高らかに哄笑した

大尉にはいゝ士官が待つてゐる、なほ大尉は五男二女の三男で長男の一郎氏も同じ海軍にゐたが不幸中尉のとき病歿した（廣島）

列車內、船內でも一齊に國勢調査

十月一日午前零時を期して全國一齊に行はれる國勢調査は列車、船舶の一般乘客にも申告を施行することになつたので乘る前に申告しなかつた乘客には改めて必ず申告を求め、旅行の完璧を計ることになつた

まづ列車には十五萬枚の注意ビラを作成して國勢調査前夜の三十日夜から一日當日朝にかけ全國夜行列車內で乘務員が乘客に配布して申告漏れの乘客は到着した目的地の世帶から申告すること、また旅行の都合で到着が二日以後になるものは目的地についたら地元の國勢調査委員に申告の手續をとるやう徹底を期する、また船舶は世帶として一般の宿屋同樣に取扱はれるため省營の關釜、青函、稚泊三連絡船の乘客に對しそれ〲國勢

生鯨を食べてコレラの疑ひ

東寶映画

陸軍新鋭機

燃ゆる

進藤三郎大尉の両親の談話を伝える朝日新聞（昭和15年9月15日付、夕刊）

重慶で大空中戰
廿七機全機擊墜
きのふも爆擊、海鷲の大戰果

進藤部隊長

○○基地【十三日】佐野特派員發　晝夜の別なく敵未曾有の苦悶にあへぐ蔣政權首都重慶に止めの巨彈を浴びせてゐる海軍航空部隊は、一點の雲もない快晴に惠まれた十三日鈴木部隊長を總指揮官とする各種新鋭機の大編隊をもつて第卅五次重慶爆擊を敢行、政府要人邸宅ならびに殘存軍事施設を爆碎、壞滅的打擊を與へたが、さらにわが新鋭戰鬪機部隊が參加以來敵空軍は空襲警報とともに遁走、一機だに決戰を挑んだものもなく、わが部隊が虎の子のやうにしてゐた敵戰鬪機廿七機がわが爆擊終了と同時に出て來たのを進藤、白根兩部隊長の率ゐる戰鬪機部隊が捕捉、敵廿七機全機を確實に擊墜するの大戰果をあげた

即ち鈴木部隊長の率ゐる中村(源)中井、山崎の各隊は午後一時半重慶上空に突入、新編市街にある政府要人邸宅を虱潰しに爆碎、同時劉寺島、難波各部隊は重慶南岸の海棠溪の軍事施設に急降下爆擊を實施、必中彈を投じて壞滅せしめ悠々歸還の途につくや同二時ごろ敵戰鬪機E15、16型廿七機が重慶上空に姿を現した、これを見たわが進藤、白根各部隊長が率ゐる戰鬪機部隊はよき獲物とばかり挑戰、あわてふためく敵機と一大死鬪が展開されたが、果敢なわが海鷲戰鬪機部隊には抗すべくもなく、落下傘で三名が逃げ出すのを認めたが他はあるひは錐揉みとなり、あるひは火焔に包まれて次ぎ次ぎに擊墜され一機もあまさず殲滅、この戰鬪で山下兵曹長(高知縣)は敵五機を擊墜するの殊勳をあげ、また重慶西方白市驛飛行場に敵三機がゐるのを認め果敢にも地上十米まで急降下してこれに銃擊を加へ高らかに凱歌をあげて全機無事○○基地に歸還した

この大戰果をあげた進藤三郎部隊長は吳一中の出身、空中戰鬪の大家で事變當初から北中南支の空を暴れ廻つてゐる百戰錬磨の猛將、また白根斐夫部隊長はこの日が初陣でこの手柄を樹てたのであつた(白根部隊長は白根元內閣書記官長の令息)

○○基地本社特電【十三日發】中支艦隊報道部○○基地發表(十三日午後七時)＝海軍航空部隊は十三日前日に引續き重慶第卅五次空襲を實施、城內要人住宅を爆碎せり、この日戰鬪機隊は敵戰鬪機廿七機を捕捉、敵首都上空においてこれを殲滅せり、わが全機歸還せり

三合、八寨(貴州)の軍需品を爆碎

○○基地【十三日】杉本、名倉兩特派員發　南支の海鷲高橋部隊は十三日○○機編隊で遠く貴州省の三合および八寨を急襲、堆く集積された軍需品の山を爆碎して全機歸還したが、兩地は桂林から河川によつて搬出される重要據點で、殊に八寨には搬出軍需品が相當あり、これを悉く爆滅した

〔上〕「進藤部隊長」の写真入りで零戦隊の大戦果を伝える大阪毎日新聞（昭和15年9月15日付）。〔右〕十二空戦闘機隊への感状授与について、進藤大尉の両親の談話を掲載した地元の中国新聞（昭和15年11月17日付）

倅萬歳・兄さん萬歳
重慶戰闘機群擊滅の花白根中尉
留守部隊に揚る歡聲

わが無敵"海軍爆擊隊"が十三日白晝敢行した第三十五回の重慶大空襲行に際し小癪にも出擊した敵戰闘機二十七機と渡り合ひみん〻とその全機を叩き落した殊勳に輝く白根斐夫中尉は貴族院議員白根竹介氏の三男だ、凱歌沸きあがる○○基地の殊勳の瞬中を偲びながら十三日夜東京澁谷區代々木初台町五七〇の白根氏邸を奇襲した、ちやうど歸宅したばかりの父君白根さん、背廣を着更へる暇もなく本社林田特派員の傳へる本紙記事に

ウーム、倅もどうやらお役に立つたか、よくやつてくれた、よくやつてくれた

と花々しいその初陣ぶりを思ひつつ嬉しさにもう言葉も出ない

斐夫が…それは本當ですか…

と喜枝夫人、長兄春助氏(三菱信託社員)をはじめ白根中尉の令弟勝臣君(東京商大三年生)や満介君(廿)、直夫君(廿)、喜十郎君(十)、令嬢美枝子さん(廿)、京子さん(十)の"留守部隊"がどつと兩親を圍んで"斐夫兄さん萬歳〻〻"の歡呼だ

晴れの出征の日兩親に「ちよつと行つて參ります」と氣輕に征旅についた白根中尉はその後「どうも敵機がちよつとも現れないので腕が夜泣きして困ります、そのうちきつと立派な手柄を樹てますよ」と張り切る陣中便りをよせてゐたといふ

無口で几帳面な性格の持主である愛息白根中尉の武勳を『軍人として當然の任務です』と謙遜する父君白根氏の話

あの子は別にこれといふ特徴のある子供ではありませんでした、身體も水泳で鍛へた頑健そのもの、久しぶりで敵機との空中戰をどんなにかあれも喜んでゐることでせう、早速御褒美に慰問袋を送つてやりませう(東京)

なるのを飛んで伍長に進級したが

……さんが大好きで二十年前サンパウロ州プレチデンテ植民地に渡り今では一つの農園を經營してゐる長男讓次郎さん(四十)のところに三人の孫ができてゐるのでせめて孫のお守りでもして手助けしたいといふところから一念發起したもの

「今度もし無事で歸つたときはひとつ寫眞でも撮つて褒めて下さい」となかなか元氣だ(神戸)

白根斐夫中尉の両親、兄弟の声を伝える朝日新聞の記事。右ページの進藤大尉の両親の記事と同じ2面に掲載されている（昭和15年9月15日付、夕刊）

感狀に燦たり海の荒鷲
廣島ッ子・進藤大尉
床しや控へ目に交々語る兩親

島田支那方面艦隊司令長官より感狀を授つた重慶爆擊部隊掩護の二十七機擊墜の○○航空隊戰闘機隊の指揮官、郷土が生んだ空の海の荒鷲、廣島市皆實町二丁目八百二十九番地、進藤三郎海軍大尉の實家を訪れると、退役海軍機關大佐日本製鋼所勤務の嚴父登三郎氏(六一)、母堂タメさん(五二)は"公表がありましたか、上聞に達しましたとは有難き極みです"と語りつゝ激戰大尉の男壯なる戰闘機飛行中の寫眞が掲げられた新聞記事に紹じ交々に言葉を次ぎ

三郎は呉海中學卒業後、潛水隊にゐましたが少尉の時、航空隊に轉じたものです、昭和十二年八月事變の勃發の當初、航空母艦○○附となつて出征その間、休暇で四三度歸つたことはありますがずつと中、南支と轉戰しました、本月の初旬○○まで歸つてきて『今度は運がよかつたのです、○○方面は私達の爆擊により敵機の影もなく髀肉の歎を洩してゐます』といふ元氣な電話がありましたよ

と床しく控へ目の言葉のうちにもわが子の武勳をたゝへる兩親の温かさがほのめく

三郎の今度の武勳もみんな郷土の皆さまの御後援の賜です

と言葉少ない夫妻に代つて大尉が可愛がつてゐる愛犬チロが主人の武勳をたゝへるかの如く日本犬の逞しさを誇示に見せて吠えたてる

なほ同家は廣島市矢賀町出身、生粋の廣島ッ子で海軍中尉で夭折した長男一郎氏、次がブラジル在住の次郎氏、次が三郎大尉で、四男敏夫氏は東京農大出身、五男達雄氏は福井高工を出て廣工廠航空機部勤務次の長女房子さん(二一)次女恵子さん(一九)とともに廣島女專出身といふ子福者である【寫眞は進藤三郎大尉】

(寫眞下)＝電送

十二空零戦隊に2通の感状が授与されたことを報ずる朝日新聞（昭和15年11月17日付）。ただし、記事中では部隊名が「○○航空隊」として伏せられている

第二万千二百二十九号　第二版（一）

海鷲に誉の感状

四川、雲南猛攻の偉勲

大本営海軍部報道部十六日午前十時発表＝嶋田支那方面艦隊司令長官の授与せる左記感状は十五日上聞に達せられたり

感状

進藤海軍大尉の指揮せし
○○航空隊戦闘機隊

昭和十五年九月十三日長駆四川省の山岳地帯を突破して攻撃機隊の重慶爆撃を掩護し一時行動を韜晦、敵戦闘機の誘出につとめたるのち再度重慶上空に進撃し、陸上偵察機の協力により敵戦闘機二十七機を発見捕捉し、勇戦奮闘克くその全機を確実に撃墜したるは武勲顕著なり、仍て茲に感状を授与す

昭和十五年十月三十一日
支那方面艦隊司令長官　嶋田繁太郎

【当時の指揮官】○○航空隊分隊長海軍大尉進藤三郎

【戦闘概要】昭和十五年八月中旬以降戦闘機隊重慶空襲に参加するや敵空軍はわが空襲部隊重慶到着前逸早く逃避しこれを捕捉すること困難なりしが、九月十二日重慶空襲後、偵察機を密かに残留偵察せしめたるところ、わが空襲部隊重慶引揚後約二十分にして敵戦闘機三十二機の飛行を実施せるを確認せり、ここにおいて翌十三日は敵のこの常套手段を利用、これが捕捉殲滅を期し、進藤海軍大尉の指揮せる戦闘機十三機は重慶爆撃終了後一旦攻撃機隊とともに閘市附近まで引揚げ行動を韜晦し敵空軍の誘出に努めたる後密かに再度重慶上空に進撃せり、この間友軍機より敵機出現の報を得、勇躍進撃をつゞけ、遂に重慶西方上空において敵戦闘機隊の游弋せるを発見し敢然それに突撃せり、最初の一撃乃至二撃によりまづ敵機十機を撃墜し、爾余の敵機が潰乱逃走せんとするを巧みに包囲攻撃し或は単機或は協同攻撃により敵機を撃墜しつゝこれを低空に追詰め地上に激突せしむるなど徹底的に攻撃を敢行し遂に敵戦闘機イ―十六型、イ―十五型合計二十七機の全機を完全に撃墜し殲滅したるものにして武勲顕著なり

横山海軍大尉の指揮せし
○○航空隊戦闘機隊

昭和十五年十月四日長駆よく四川省奥地の要衝成都の攻撃に参加し、成都周辺各飛行場を索敵攻撃し、敵機六機を撃墜したるのち、太平寺飛行場において地上に敵機を発見しこれが低空攻撃を敢行し、敵機二十九機を撃破炎上せしめ、またその主要施設を破壊炎上せしめたるは武勲顕著なり、仍て茲に感状を授与す

昭和十五年十月三十一日
支那方面艦隊司令長官　嶋田繁太郎

【当時の指揮官】○○航空隊分隊長海軍大尉横山保

【戦闘概要】昭和十五年十月四日横山海軍大尉の指揮せる戦闘機八機は千早海軍大尉の指揮せる偵察機に誘導せられ、○○上空を発進四川山岳地帯より雲上を進撃し長駆よく四百粁を隔つる成都に達し同周辺の温江、太平寺飛行場方面を索敵し敵戦闘機五機、爆撃機一機を撃墜し、ついで敵空軍の主要根拠地たる太平寺飛行場周辺の掩体内引込線道路上に多数の敵機を発見し、勇猛果敢に銃撃を行ひ大型機、小型機十九機を炎上せしめ六機を大破したるほか飛行場の指揮所および燃料庫を炎上せしめたるは武勲顕著なり

○○聯合航空隊

昭和十五年九月中旬より十月下旬に至る期間よく天候の障碍を排除し全兵力を挙げて長駆四川の要衝重慶、成都方面に対し十数回にわたり空襲を敢行せり、この間偵察機隊は万難を排し常に敵情を詳かにし、戦闘機隊は巧みに敵空軍を殲滅し、各攻撃機隊は昼夜攻撃を反復し重慶方面残存軍事施設並に成都の主要軍事施設の大部を覆滅し、もつて敵に対し物心ともに絶大なる打撃を与へたり、右は本年五月以降四川方面に対し実施せる航空作戦有終の美を収めたるものにして武勲顕著なり、仍て茲に感状を授与す

昭和十五年十月三十一日
支那方面艦隊司令長官　嶋田繁太郎

【当時の指揮官】○○聯合航空隊司令官海軍少将大西瀧治郎
○○航空隊司令海軍大佐長谷川喜一
○○航空隊司令海軍大佐市丸利之助

【戦闘概要】昭和十五年九月中旬より十月下旬にいたる期間克く天候の障碍を排除し全力を挙げて長駆四川の要衝重慶、成都方面に対し十八回にわたり空襲を敢行せり この間偵察機隊は万難を排し天候偵察、敵情偵察に任じ空襲部隊の作戦に資したるほか常に克く戦闘機隊の誘導に任ぜり、戦闘機隊は常に攻撃機隊の掩護に任じたるほか九月十三日および十月四日敵機五十八機を殲滅するの大戦果を収めたるが、次いで十月五日悪天候

進藤大尉

横山大尉

上から大西少将、長谷川大佐、市丸大佐

飯田房太大尉（左）と帆足工中尉（右）。飯田大尉は、十二空分隊長として昭和15年10月5日、26日の成都空襲を指揮。昭和16年12月8日、空母蒼龍分隊長として真珠湾攻撃で戦死。帆足中尉（のち大尉）は、昭和15年8月23日、横空から十二空への第三次空輸指揮官として零戦四機を漢口基地に届けた。空母翔鶴分隊長として真珠湾攻撃に参加、昭和18年6月16日、局地戦闘機雷電の飛行実験中の事故で殉職

第七章　続く大陸での戦闘

第二の零戦隊——十四空誕生

十二空零戦隊が重慶、成都の中国空軍を殲滅《せんめつ》している頃、海南島の北側、海口《かいこう》基地を拠点に南支（中国南部）方面を担当する第十四航空隊にも零戦が配備され、「第二の零戦隊」が誕生した。

支那事変が始まって以来、中国大陸での権益で利害の対立する日米関係は悪化の一途をたどっていた。アメリカは蒋介石率いる中国国民党政府を援助しつつ、日本に対しては、戦争に必要な航空機燃料や屑鉄の輸出を制限する。日本は、米英が蒋介石政権に援助物資を運ぶ「援蒋ルート」を遮断するため、昭和十五年九月、フランスのドイツ傀儡《かいらい》政権であるヴィシー政府の承認をとりつけて、北部仏領インドシナ（ベトナム北部）に兵力を派遣する。

中華民国の首都・重慶に壊滅的な打撃を与えたいま、次に中華民国の政治、軍事、経済の一大拠点となり得る雲南省・昆明《こんめい》を叩くことは急務と考えられていた。現に、九月下旬には昆明に三十数機の敵機がいることが、偵察の結果判明している。十四空は、海口基地からハノイ基地に前進、ここを拠点に昆明を空襲することになった。

十四空に配備された零戦は、十二空から九月二十七日、搭乗員ごと（末田利行二空曹、藤原喜平二空曹、野澤三郎一空）編入された三機をふくめ、十月はじめには十一機に達していた。十四空司令は、十月十五日、市村茂松大佐から横井俊之大佐に交代、副長は藤松達次中佐、飛行長は小園安名《こぞのやすな》少佐が十一月一日付で空母鳳翔飛行長に転出し、飛行隊長玉井浅一《あさいち》少佐が飛行長に昇格している。当初の十四空の零戦搭乗員は、小福《こふく》田《だ》租《みつぎ》大尉、周防元成《すおうもとなり》大尉、高林（のち稲野）菊一中尉、吉田幸一予備中尉、蝶野仁郎《ちょうのじろう》空曹長、小畑高信一空曹、重見勝馬一空曹、石塚光雄一空曹、児島静雄二空曹、工藤仁吉郎二空曹、末田利行二空曹、藤原喜平二空曹、畠山義秋二空曹、奥村武雄三空曹、小島保三空曹、山木武三空曹、矢野茂三空曹、友石昌輝三空曹、齋藤信雄三空曹、千葉壮吉三空曹、石井三郎三空曹、野澤三郎一空らで、異動での増減はあるものの、十二空の場合と同様に、零戦の機数よりはかなり多い。

十月七日早朝、小福田大尉率いる十四空の零戦七機は海口基地よりハノイ（現ベトナム）基地に進出、海口基地を発進した十五空の陸攻二十五機とともに昆明空襲に参加した。

一時間四十五分の雲上飛行ののち、昆明上空で哨戒中の敵戦闘機約十五機を発見、ただちに空戦に入り、三十分にわたる空戦で十四機（うち不確実一機）を撃墜、さらに地上銃撃で一機を大破させた。この日、重慶上空の初空戦にも参加した末田二空曹はE－15一機を撃墜、さらにカーチス・ホーク一機を協同撃墜したと記録されている。なかでも周防大尉の活躍はめざましく、四機を撃墜した。

この日の編成。

中隊長・小福田租大尉

第一小隊　小福田大尉（地上撃破一機）、末田利行二空曹（E－15一機撃墜、カーチス・ホーク一機協同撃墜）、石井三郎三空曹（E－15一機撃墜、カーチス・ホーク一機協同撃墜）

第二小隊　周防元成大尉（E－15、カーチス・ホーク、複座機、E－16各一機撃墜）、奥村武雄三空曹（E－15三機撃墜――うち一機は協同、一機不確実、カーチス・ホーク一機撃墜）

第三小隊　重見勝馬一空曹（E－15二機撃墜――うち一機は協同、カーチス・ホーク一機協同撃墜）、小島保

三空曹（E－15三機撃墜、カーチス・ホーク一機協同撃墜）

十四空零戦隊は、十機前後の少ない機数を回しながら、十月だけで七次の昆明空襲に参加、この方面の制空権を確保している。

十一月の改編で、十四空にも大幅な人事異動があり、十一月一日付で小福田大尉が空技廠飛行実験部へ転出するのと入れ代わりで十二空から進藤三郎大尉、大村空から牧幸男中尉が着任。十一月五日、九六戦十二機を大村の第二十一航空廠に空輸、還納するのにともない、十一月十五日付で周防大尉をはじめ、十二名の搭乗員が転出した。末田二空曹、藤原二空曹も内地へ転勤、野澤一空は十二空に復帰している。

零戦の被撃墜第一号

十二月十二日、十四空零戦隊は進藤大尉の指揮のもと、七機をもって祥雲《しょううん》の敵飛行場を急襲、二十二機を炎上させる戦果を挙げた。

この日の編成は、

中隊長・進藤三郎大尉

第一小隊　進藤大尉、岡本重造一空曹

第二小隊　小畑高信一空曹、佐々木芳巳二空曹

第三小隊　蝶野仁郎空曹長、畠山義秋二空曹、千葉壮治三空曹

この戦闘に対してものちに感状が授与されたが、これは、進藤大尉の長い戦歴のなかで、もっとも会心の戦いであったという。進藤の回想――。

「偵察機の協力を得て、三百五十浬（約六百五十キロ）もの雲上飛行をしました。幸い、目的地上空に雲の切れ目があり、飛行場には多数の敵機がいるのが見えた。即座に部下を単縦陣にして銃撃に入りましたが、

私が一撃めを終えて機体を引き起こしたとき、飛行場の隅に対空機銃の陣地が見えた。それで、飛行機の銃撃は部下たちに任せて、私は機銃陣地の攻撃に向かったんです。

銃撃すると敵兵は四散し、さらに指揮所と思われる場所にも機銃陣地をみとめてこんどはそちらを銃撃。その間に部下たちは飛行場の敵機を次々と炎上させていて、私は上空で敵機銃陣地の監視と、敵戦闘機来襲にそなえての警戒にあたりました。地上の敵機は二十二機。その全機を炎上させたのを確認して部下に集合を命じ、全機無事に連れて帰ることができた。我が方には一発の被弾もありませんでした。

これは、昭和十二年八月二十九日、空母加賀から廣徳《こうとく》飛行場攻撃に発進したとき、地上砲火で艦爆隊指揮官の上敷領《かみしきりょう》清大尉機が撃墜されたのをまのあたりにして、飛行場銃撃のさいはまず敵の地上砲火を制圧すべし、と教訓にしたのが生きたんですね」

戦闘の目的は敵を殲滅することにある。だが、進藤は、戦果を挙げることよりも、いかに味方の損害を最小限にするかに心を砕いていたのだという。

「部下を死なせないこと、連れて行った部下を無事に連れて帰ることに最大の喜びを感じていた私は、けっして優秀な指揮官ではありませんでした。戦争がいつまで続くかわからないなかで部下の命を第一に考えたことは、けっして間違っていたとは思いませんが、私の独りよがりな考え方ではあったと思っています」

だが、昭和十六年二月二十一日の昆明空襲で、進藤は、片腕と恃み、かつて空戦の手ほどきを受け師とも仰ぐ蝶野仁郎空曹長を失ってしまう。この日、蝶野空曹長、山木武二空曹、鈴木金雄三空曹の零戦三機は、昆明市の西南約九キロの路上に休止していたトラック十数台の車列を発見、これを銃撃中に行方不明になったのである。二十四日になって、現地の新聞に、昆明二十三日電として、

「二十一日雲南省空襲のさいに撃墜した日本機は大破焼尽したが、残骸を調査した結果、三菱第六百六十五号大型戦闘機と判明した。搭乗員は死亡。残骸は近く昆明に運び、公開する」

との記事が掲載された。蝶野機は、敵対空砲火に被弾、墜落したものと推測され、これが、零戦の被撃墜

第一号となった。蝶野空曹長の死は、進藤にとって大きな衝撃であった。

「私はこの頃、毎日、命をすり減らしながら戦う搭乗員と、大陸に物見遊山で来ているかのような地上勤務者との意識のギャップに、苛立ちを覚えていました。

蝶野君が戦死した晩もそうでした。私は胸がいっぱいで。一番信頼していた部下が死んだんですからね……。しかし私一人が沈痛な気持ちでいるときに、士官室ではふだん通りの馬鹿話に花を咲かせてる。整備長が、ハノイの町に行って、かあちゃんへの土産に化粧品を買ったとか、あれ買った、これ買った、と見せびらかすから、とうとう我慢できなくなって、やめろ、言うて怒鳴った。『搭乗員に土産はないんだ！』と」

愛媛県出身の蝶野空曹長は三十三歳、郷里に妻と三人の息子を残していた。

十二空零戦隊大増勢

いっぽう、漢口の十二空零戦隊の中国奥地に対する出撃は、しばらく間が開いていたが、昭和十五年十二月三十日、横山保大尉の率いる零戦十一機が成都を空襲、地上銃撃で三十三機の敵機を炎上または撃破している。この日の編成。

中隊長・横山保大尉
第一小隊　横山大尉、大石英男一空曹、伊藤純二郎二空曹
第二小隊　蓮尾隆市《はすおりゅういち》中尉、中瀬正幸一空曹、廣瀬良雄一空
第三小隊　東山市郎空曹長、三上一禧二空曹、野澤三郎一空
第四小隊　羽切松雄一空曹、上平啓州二空曹

新たに加わった蓮尾中尉はこの時点の士官搭乗員でもっとも若い海兵六十五期出身だが、以後、横山大尉の片腕として活躍、互いの妻が姉妹という義兄弟の関係になるなど、公私ともに固い絆に結ばれることにな

る。伊藤二空曹、廣瀬一空は、零戦進出前から十二空にいながら講習員の選に漏れ、十一月の改編を機にようやく零戦に乗るようになった新戦力である。

漢口は、夏は暑いが冬も寒く、雪が降ると積もることもあった。零戦隊の出撃は昭和十六年に入っても続くが、一月に出撃したのはのべ四回で十八機、二月は一回で六機のみである。

ひさびさに大規模な空戦が行なわれたのは、三月十四日のことだった。この日、横山大尉率いる零戦十二機が成都を空襲、敵飛行場を銃撃して高度が下がった状態で、十数機と九機の二群からなる敵戦闘機（戦闘詳報には「Ｅ－15改良型」と記されている。引込脚のＥ－153のことかもしれない。のちの戦闘詳報では、「Ｅ－15改良型」を「Ｅ－19」と称していることが多い）に挟撃《きょうげき》され、かつてない苦戦を強いられた。三十分におよぶ空戦で、中瀬正幸一空曹の六機（うち不確実一機）を筆頭に、敵戦闘機二十七機（うち不確実三機）を撃墜したと報告したが、四機が被弾。なかでも伊藤純二郎二空曹機は右後上方から敵機の奇襲を受け、両翼と胴体燃料タンクに被弾八発、あやうく撃墜されるところであった。戦闘詳報には、

〈空戦開始時我方は劣位対勢ニシテ而《しか》モ挟撃ヲ受ケタル形トナリ加フルニ「ミスト」（注：靄《もや》のこと）ノ爲《ため》低高度ニ於ケル視界相當不良ニシテ空戰場甚ダシク混乱シ〉

と記されている。空中分解や敵搭乗員の落下傘降下を確認した数機をのぞき、この空戦の戦果確認に正確を期すのはむずかしかったものと思われる。

昭和十六年四月、十二空に零戦が大増勢された。零戦進出当時からの大功労者である先任分隊長横山保大尉が四月十日付で第一航空隊飛行隊長に転出し、後任として、支那事変初期の活躍で感状を授与されている鈴木實《みのる》大尉が、鹿屋海軍航空隊から分隊士宮野善治郎中尉ら一個分隊まるごと率いて着任。ほかに分隊長として佐藤正夫大尉、向井一郎大尉が着任し、飛行隊長兼分隊長となった真木成一少佐も合わせて分隊長四名、戦闘機四個分隊を擁する規模になった。

漢口基地に着任した鈴木實大尉は、従軍記者の取材に対し、

〈まづ僕が行つてびつくりしたのは、子供だ子供だと思つてゐた教へ子たちが、みんな見違へるやうな海鷲に成長している、そのたのもしい姿だつた。羽切や大石、中瀬にしても、みんな僕が手をとつて操縦を教へたものだ。それが撃墜マークをもう十五も十七もつけてゐた。（中略）自分の教へ子がこんなにお國のために立ちよる。さう思ふのはぞくぞくするほどうれしかつた。〉

と答えた。戦闘機隊の増勢は、現地の新聞特派員にとってもありがたいことであったに違いなく、新聞では、鈴木大尉をはじめ、羽切松雄一空曹、大石英男一空曹ら零戦搭乗員の顔写真入りインタビュー記事を、ことあるごとにシリーズで掲載している。それらの記事には出身地からこれまでの活躍、得意技、ニックネームまでが記され、さながら現代のプロ野球選手名鑑のようだった。

この頃の十二空零戦隊について、真木少佐は戦後、零戦搭乗員会の会報「零戦」に寄せた回想記のなかで、

〈常用九機、補用二機の四個分隊四十四機で、搭乗員は飛行隊長以下准士官以上八、下士官兵三十六名で定数と員数はキッチリ同じ、各自愛機を持ち贅沢ともいえる時代であった。〉

と記している。試しに、増勢後の四月中旬から六月にかけ、十二空戦闘詳報に記録されている零戦の機番号を見てみると、111～123、131～145、151～161、171～183（末尾が「4」の数字と142は欠）の四十六機が確認できるから、真木少佐の回想は記録にほぼ合致していると言える。

零戦隊の出撃もふたたび活発さを増し、昭和十六年三月の出撃がのべ四回で二十九機、四月はのべ十回で二十八機だったのに対し、五月はのべ十一回で百二十五機、六月はのべ十八回で百十七機と、これまでで最多のペースになっている。

二機目、三機目の犠牲

この時期で特筆すべき出撃が三度ある。

まず、五月二十日の成都攻撃。この日、十二空零戦隊は、真木少佐の指揮下、三十機というこれまでにない規模の大編隊で出撃、〈一大決戦ヲ企圖シ大擧成都ニ進撃セルモ不幸ニシテ敵ニ全ク戰意ナク空中退避セラレ〉(戦闘詳報より)、上空制圧ののち敵飛行場銃撃に入ったが、敵の対空砲火に阻まれ、第三中隊第三小隊長として出撃した木村美《み》一《いち》一空曹機(3-173)が被弾、撃墜された。この日、指揮官真木少佐の二番機として参加していた坂井三郎一空曹は、私のインタビューに、

「木村機が銃撃に入ったと見るや、あっという間に火の玉のようになって墜落した。あの光景はいまも忘れられません」

と述べている。木村一空曹は乙種予科練五期出身、「腕のいいパイロットだった」と、坂井三郎も、木村と同期の角田和男も回想している。木村機は、十四空の蝶野仁郎空曹長機に続いて、零戦の二機目の喪失となった。

次に、五月二十六日の天水《てんすい》空襲。中国空軍が、重慶、成都よりさらに奥地の甘粛《かんしゅく》省蘭州《らんしゅう》で再建を図っていたことから、海軍航空隊は、漢口をはじめ華中方面の航空部隊の約半数を山西省運城《うんじょう》基地に進出させ、蘭州方面の攻撃を開始していた。

鈴木大尉も、十二空戦闘機隊の一部を率いて運城基地に進出した。ここは黄砂がひどく、サングラスにマスクなしではいられないような飛行場だった。空を飛んでも、操縦席に砂が入ってきて、鼻腔もまつ毛も口の中もジャリジャリになる。陸上の唯一の目標である黄河が、黄砂に遮られて上空から見えないことさえあ

った。

蘭州攻撃で、黄塵の合間から、はるか彼方に赤茶けたゴビ砂漠が見えたとき、

「奥地へ、奥地へと誘いこまれて、とうとうこんなところにまで来てしまったのか、えらい戦《いくさ》になったなあ」

と、鈴木大尉は初めて、先行きに対する漠然とした不安を覚えたと語っている。

この頃、日本側は、中国軍の暗号電報をほぼ完全に解読していた。

五月二十六日、敵信傍受でもたらされた情報により、鈴木大尉の率いる零戦十一機は、誘導の九八式陸上偵察機一機とともに運城基地を発進、蘭州の南東約三百キロに位置する天水の敵飛行場攻撃に向かった。鈴木の回想。

「天水に行ってみると、敵は一機も見当たりません。我々の来襲を察知して、空中に避退していたようです。しばらく敵機が戻ってくるのを待ちましたが、あきらめて帰る途中、五機の敵戦闘機と遭遇、たちまち全機を撃墜しました。そして、念のため天水飛行場の上空に戻ってみると、いるわいるわ、十八機の敵機が着陸して、まさに燃料補給の真っ最中なんです。それっと低空に舞い降りて、一機一機、丹念に銃撃を加えて、全機炎上させて帰ってきました」

この日の戦闘に対して、支那方面艦隊司令長官嶋田繁太郎大将より、鈴木大尉にとって二度めとなる感状を授与された。

この日、第四小隊長として攻撃に参加した大石英男一空曹は、大のカメラマニアとして航空隊では知られた存在だった。大石は、南京で購入した愛機、スーパーセミイコンタ〈テッサーF3.5付き。当時はマニア垂涎であったドイツ製カメラ〉を片手に、炎上する天水飛行場の写真を撮影している。

〈低空写真のコツだが、まづ急降下で目標に突っ込む。速力が出ると風圧で風防のガラスが開かないから前もつて二、三寸ほどガラスを開けておく。そして近づいてバリバリと銃撃を加へ右手で操縦桿を引ゐて急上

昇に移る。その途端、機体をヒヨイと九十度に傾けて翼がレンズの中へ入らないようにする。そこでサツと風防を開け、左手でカメラのシヤツターを切る。操縦と撮影をあの激しい遠心力にハネ飛ばされそうになる急上昇の瞬間に同時に行なふのだ〉

と、大石は新聞記者のインタビューに答えている。鈴木大尉は大石の戦闘中のカメラ道楽をハラハラしながら見ていたというが、大石が撮影した飛行中の零戦の美しい姿や、燃える天水飛行場の写真は、鈴木のアルバムにも大切に貼られていた。

さらに、六月二十三日の蘭州攻撃。この日、運城基地から出撃したのは、向井分隊の酒井敏行一飛曹（一等飛行兵曹。六月一日、階級呼称が変わり、搭乗員の下士官兵は航空兵曹→飛行兵曹、航空兵→飛行兵となる）、本多隆二飛曹、小林喜四郎一飛（一等飛行兵）の零戦三機と誘導偵察機一機のみだったが、敵飛行場上空で小林機が対空砲火に被弾、墜落したのだ。戦闘詳報には、

〈一〇二〇（注：十時二十分）東飛行場ヲ高度二二〇〇米《メートル》（対地高度七〇〇米）ニテ偵察中敵大型機銃ノ為三番機小林一飛甘粛省蘭州東飛行場北方黄河々岸ニ自爆〉

と記録されている。小林一飛機は、零戦の三機めの喪失となった。

事故の頻発

漢口に、また暑い夏がやってきた。五月、六月と大車輪の活躍を見せた零戦隊だったが、めぼしい敵がいなくなったこともあり、七月にはのべ六回、三十三機が出撃したにとどまっている。

この頃、敵の反撃に力がなく、搭乗員も整備員も気が緩んでいたのか、十二空では小さなミスによる怪我や、記録に残らないような破損事故が頻発していた。この一年で、搭乗員の多くが新人と入れ替わり、零戦

初登場の頃の不安や緊張を知る者が少なくなっている。零戦が強いのは当然、といった態度で、はじめから戦争を舐めてかかっている者も少なからずいる。

　前年からいる歴戦の搭乗員たちは、弛緩した空気をこのまま放置すれば、いずれ大事故になるのでは、と危惧していた。

　七月上旬のある晩、漢口の元監獄の宿舎で、先任搭乗員の羽切松雄一飛曹と次席の三上一禧一飛曹が、下士官兵搭乗員総員に整列をかけた。

「お前たち、敵が弱いからといって気を抜くな。敵は自分たちの心の中にも潜んでいるんだ。油断するな！　これから気合いを入れてやる！　足を開け、ケツを出せ」

と、野球のバットで、並んだ搭乗員たちの尻を、何発も、力の限りに殴った。

　練習生の頃ならともかく、第一線の航空隊で、一人前の搭乗員を相手にこのような制裁が行なわれることは、きわめてまれなことである。

「飛行機の事故は即、死につながる。お前たちをつまらんことで死なせたくないんだ。勘弁しろよ」

　羽切は、心の中で叫びながら、殴り続けた。羽切の髭面は、涙でくしゃくしゃになっていた。殴りながら、三上も泣いていた。羽切も三上も、長い戦闘機搭乗員としての経歴のなかで、部下を殴ったのは後にも先にもこのときだけだったと言う。

　八月に入ると、十二空には新しい搭乗員が送り込まれ、ふたたび出撃が活発化する。別部隊である第一航空隊から臨時に指揮下に入って作戦に参加する者もいた。八月の十二空零戦隊の出撃は、のべ十一回、八十機におよぶ。

　八月十一日、真木成一少佐の指揮下、成都攻撃が行なわれることになった。第二中隊長は鈴木實大尉。だが、出撃の当日、鈴木大尉は試飛行を終えて着陸する際、車輪が回転せず、そのまま つんのめる形で転覆、頸椎骨折の重傷を負う。事故の原因は、車輪の部品の錆びつきによるものと考えられた。黄砂の付着が腐蝕を早めたのかもしれないが、整備不良であることは明らかである。羽切や三上の抱いていた危惧が、的中した形になってしまった。鈴木の回想――。

「車輪がロックして、飛行機がつんのめって逆立ちしたところまでは憶えていますが、後のことはわかりません。気がつくと、十字架のように縛られて横になっていました。首が全然動かないんですが、まわりを見るとなんだか白い人が並んでる。これはどうしたことだろう、と思いました」

鈴木が薄目を開けると、誰かが、

「こいつ、生きとるぞ。早く軍医を呼んでこい」

と別の誰かに命じた。

「軍医？……ここは病院か、すると俺はベッドに寝かされているのかと、ここで初めて事故に遭ったらしいことに気づいた。眼球と口は動きますが、首から下はほとんど感覚がない上に、縛りつけられているようで身動きがとれない。あわてものの誰かが、『鈴木が死んだ』と隊内電話で知らせ、士官たちが夏軍服に着替えて葬送の準備をしに集まってきてたんです」

漢口での入院は半月以上におよんだ。とにかく体を動かしてはならないということで、首から下の上半身を石膏のギプスで固められ、身動きのまったくとれない状態にされた上で、病室のベッドに寝かされた。昼は四十度にもなる漢口の暑さは耐えがたく、つけっぱなしの扇風機が二台も焼きついた。

零戦隊、対米英戦に備えて内地引き揚げ

鈴木大尉が入院している間に、中国大陸での海軍航空隊の作戦は終わろうとしていた。昭和十六年九月十五日、十二空、十四空は解隊され、零戦隊は内地に引き揚げることになる。これは、来るべき対米英戦争に備えるためであった。解隊を目前に控えた八月になってなお、搭乗員が補充され、それぞれに出撃経験を積

ませたのは、開戦準備の一環だったのかもしれない。現に、十二空、十四空で零戦を駆って実戦に参加した搭乗員の多くが、十二月八日、開戦時のフィリピン空襲（第三航空隊四十四名中二十二名、台南海軍航空隊四十五名中二十一名）の搭乗割に名を連ねているのだ。真珠湾攻撃の機動部隊にも、数名の名前を見ることができる。

七月下旬から八月上旬にかけて、羽切一飛曹が過労による胃痙攣、三上一飛曹は肺浸潤と診断され、内地に送還されている。零戦の漢口初進出の当初から零戦に乗り、十二空の最終期まで残った搭乗員は、中瀬正幸一飛曹、杉尾茂雄一飛曹、上平啓州一飛曹、平本政治三飛曹、山谷初政三飛曹、野澤三郎三飛曹らを数えるのみとなっていた。

前年九月十三日の初空戦からの一年間で、零戦隊の挙げた戦果は撃墜約百機、地上撃破約百七十機に達していた。戦闘による損失は、三機が敵の地上砲火に撃墜され、三名が戦死。空戦で撃墜された零戦は一機もいなかった。敵戦闘機による陸攻隊の被害が激減したこともあわせ、零戦の投入は、まずは大成功だった。

――しかしこれは、その後四年近くにおよぶ零戦の戦いの、ほんの序章に過ぎない。

「零戦初空戦」直後の昭和十五年九月二十七日、日本がドイツ、イタリアと三国軍事同盟を結ぶと、アメリカは日本を敵国とみなし、鋼鉄、屑鉄の禁輸など追加の制裁措置をとる。さらに、昭和十六年七月二十八日、日本軍が資源獲得のための南方進出の拠点として、南部仏印（ベトナム南部）に進駐したのを機に、アメリカは日本への石油輸出を全面的に禁止、イギリス、オランダもこれに同調した。交戦中の中国を合わせ、世にいう「ＡＢＣＤ包囲網」である。

昭和十六年九月十二日、近衛文麿首相に対米戦の見通しを訊ねられた聯合艦隊《れんごうかんたい》司令長官山本五十六大将は、「それは、ぜひやれと言われれば、半年や一年は存分に暴れて見せます。しかし、その先のことは、まったく保証できません」

と答えたと伝えられている。

山本は、戦争が避けられないのなら、まず最初に、機動部隊の艦上機による空襲で、ハワイ・真珠湾の米海軍主力を叩いて大きな打撃を与え、戦意を喪失させ、それを早期の講和につなげようと考えていた。

だが、頼みの綱の海軍戦闘機隊に、不安材料がなかったわけではない。

不安の一つは搭乗員の不足。特に目立つのが、分隊長になるべき大尉クラスの搭乗員の不足である。戦闘機隊の大尉の定員は三十八名だったが、実数は負傷・入院中の鈴木實大尉をいれても三十七名（海兵五十九期から六十五期）しかいない。大尉が足りなければ中尉を分隊長にするか、大尉への進級を早めるしかないが、海兵六十六期、六十七期の中尉も合わせて二十名しかいない。要は、最初から定員割れの状態で大戦争に臨まざるを得なかったのだ。


もう一つの不安は、零戦の機体そのものの問題である。

昭和十六年四月十七日、零戦百三十五号機がフラッター実験中に空中分解し、操縦していた横空分隊長下川万兵衛大尉が殉職した。この零戦は、当初の零式一号艦戦一型（のち一一型と改称）の主翼の両端各五十センチを空母のエレベーターに載せられるよう折り畳み可能にした、零式一号艦戦二型（のち二一型と改称）である。

空技廠の松平精《ただし》技師を中心とする研究グループは、世界に先駆けた風洞による振動実験で原因を突きとめたが、抜本的な解決には機体の大幅な設計変更が必要となるため、零戦は当面、急降下制限速度を計器指示で時速三百四十ノット（約六百三十キロ）に抑えられることになった。その機体強度の脆弱性が、のちに零戦の命運を左右する一因となる。

工業生産力に対する不安はさらに大きかった。

零戦自体、生産が追いつかず、まだ全部隊には行き渡っていない。

二十ミリ機銃弾の生産も上がらず、必要最小限の数さえなかなか揃わない。真珠湾攻撃に使う機動部隊の零戦に対しても、母艦に搭載する定数が一機あたり千百発（全機出撃十回分）のところ、一機に百五十発、出撃一・五回分の量しか出撃までに供給が間に合わなかった（『戦史叢書10・ハワイ作戦』P149）。つまり、奇襲に成功しても、反復攻撃をかけるだけの弾丸がない。

開戦を想定して昭和十六年九月、東京・目黒の海軍大学校で行なわれた図上演習では、真珠湾攻撃における日本海軍機動部隊の損害は、空母二隻が沈没、二隻が小破、飛行機損耗百二十七機におよび、比島作戦での基地航空隊の損耗率は、零戦百六十パーセント、陸攻四十パーセントと予想されていた。にもかかわらず、人的にも機材の面でも、それをただちに補充できる見込みはない。戦争となれば、アメリカの強大な工業力との戦いになるのは明らかなのに、日本海軍の開戦準備は、これほど心もとない状況であった。

日本はそれでも対米英の大戦争に踏み切った。詳細な経過はここでは述べないが、米英に加えてオランダ、オーストラリア、ニュージーランドなど連合軍を相手にした三年九ヵ月におよぶ「大東亜戦争」は、昭和二十年八月、日本の主要都市焼尽、降伏という最悪の結果に終わる。その間も零戦には改良が重ねられ、三二型、二二型、五二型、五二型甲、五二型乙、五二型丙、六二型……と進化しながら、日本海軍の主力戦闘機であり続けたが、敵である米軍戦闘機の性能は、ある時期を境に零戦を大きく上回るようになっていた。

戦争が終わるまでに戦死、あるいは殉職した戦闘機搭乗員は、零戦搭乗員会の調査で四千三百三十名にのぼる。出身別では、海軍兵学校、機関学校出身者四百二十二名、予備学生五百四十四名、操練三百二十三名、甲飛七百八十一名、乙飛六百六十名、丙飛千二百八十八名、特乙二百七十七名、予備練習生三十五名。年別では、昭和十二年、支那事変勃発《ぼっぱつ》以前五十七名、支那事変で九十九名、対米英開戦後の昭和十六年十二月に二十四名、昭和十七年二百八十四名、昭和十八年五百八十三名、昭和十九年千八百四十六名、昭和二十年千四百三十七名であった。

終戦時に残存していた戦闘機は、零戦千百六十六機、紫電《しでん》（紫電改をふくむ）三百六十九機、雷電《らいでん》百七十二機などと記録されている。戦闘機搭乗員は三千九百六名が在籍していたが、その多くはなおも訓練を要する若い搭乗員で、実戦経験者はその数分の一しかおらず、ましてや「歴戦の」と枕詞がつくようなベテランは数えるほどしか残っていなかった。開戦時の戦闘機搭乗員の戦死率は、概ね八割に達していた。

昭和15年12月12日、進藤三郎大尉率いる十四空の零戦7機は祥雲飛行場を空襲、22機の敵機を炎上させた。写真は12月18日付中国新聞に「殊勲の海の荒鷲」と題し、祥雲空襲を伝える記事に掲載されたもの。左から進藤大尉、蝶野仁郎空曹長、偵察機の平久江通英空曹長。ハノイ基地にて

前列左・小福田租大尉（のち中佐）、後列左・鈴木實大尉（のち中佐）、右・周防元成大尉（のち少佐）。昭和14年、大分基地にて。小福田大尉、周防大尉は昭和15年10月、十四空で零戦隊を率い、鈴木大尉は昭和16年4月から8月にかけ十二空で零戦隊を率いて戦った

昭和15年12月30日、成都空襲を前に漢口基地に整列した搭乗員たち。最前列左から、横山保大尉、以下、顔が見える順に、大石英男一空曹、蓮尾隆市中尉、伊藤純二郎二空曹、中瀬正幸一空曹、三上一禧二空曹、廣瀬良雄一空、羽切松雄一空曹、野澤三郎一空、上平啓州二空曹。漢口は夏は暑いが冬も寒く、搭乗員はみな、襟に毛皮のついた冬用飛行服を着ている

昭和16年はじめ頃、ハノイ基地で撮影された十四空戦闘機隊の搭乗員たち。中央で腕組みしているのが司令横井俊之大佐、その右ヘルメットにサングラス姿が進藤大尉、その右の飛行服姿は牧幸男中尉。右から二人め蝶野仁郎空曹長。ほか、小畑高信一空曹、岡本重造一空曹、久保一男一空曹、畠山義秋二空曹、佐々木芳巳二空曹、手塚時春二空曹、鈴木金雄二空曹、山木武二空曹、千葉壮治三空曹、柿本圓次一空らが写っているはずだが、顔と名前が一致せず、要調査である

昭和16年4月、改編された十二空戦闘機隊の士官たち。左から佐藤正夫大尉、鈴木實大尉（のち中佐）、蓮尾隆市中尉（のち大尉）、向井一郎大尉。鈴木大尉のほかの3名はいずれも戦死している

昭和16年4月、十二空鈴木分隊の搭乗員たち。椅子に座る右が鈴木實大尉、左は分隊士宮野善治郎中尉。前列左端の中瀬正幸一空曹、右端の大石英男一飛曹以外の後列飛行服姿は全員、鹿屋海軍航空隊から分隊ごと抽出された隊員たちである。鈴木大尉以外の全員が変わった形のゴーグルをつけているが、これは鈴木大尉が上海で購入したイタリア製ゴーグルを部下に配ったもの。後列の搭乗員は、右から3人めの中仮谷國盛三空曹以外、特定することができなかった

隊長

新潟縣岩船郡村上本町出身、東京に育つて府立一中を卒業、事變勃發當時は軍艦○○に乗り組み上海戰に參加、四機對十八機の激戰で九機を撃墜、個人感狀を授與された、その後内地に歸還、各航空隊教官を經て本年四月○○基地に着任、戰闘機部隊長として奥地攻撃に參加してゐる

昭和16年夏の新聞に掲載された、鈴木實大尉、羽切松雄一飛曹、大石英男一飛曹の記事より。あたかも現代の「選手名鑑」のようである

羽切松雄一飛曹

靜岡縣富士郡田子浦村宮島出身。事變勃發當初より海鷲として活躍した名パイロット。昨年七月○○基地に着任して以來、屢次の奥地攻撃に參加、空戰にて撃墜八機、地上の大破炎上十七機の輝く記録をもつてゐる。特に昨年十月四日の成都の空襲で大平寺飛行場に敵中着陸して敵の心膽を奪ひ、本年三月十四日の蘭州空戰では僚機とともに廿四機を撃墜して勇名を轟かせた。〝ヒゲの羽切〟で基地の人氣者でもある。

大石英男一飛曹

靜岡市三番町出身、昭和八年横須賀海兵團に入り翌年九月航空兵となる、十年三月館山航空隊に勤務のち鳳翔乗組を經て、十三年夏から揚子江遡江作戰に參加、更に欽縣、南寧攻略戰などに參加して十五年七月○○基地に着任した。戰闘機の搭乘員でありながら右手に操縦桿、左手にカメラを操つて低空寫眞をよくする。その決死的離れ業は貴重な寫眞とゝもに海鷲仲間に鳴りひゞいてゐる。愛稱デカさん。

昭和16年5月26日、天水空襲の往路、中国大陸上空を飛ぶ十二空零戦隊。大石英男一飛曹が撮影した。胴体に赤帯2本の指揮官標識を記した3-141号機が鈴木實大尉乗機。手前の3-136号機は小島保二空曹が搭乗している

上写真と同じく昭和16年5月26日、天水空襲の日に大石英男一空曹が撮影した十二空零戦隊。手前の3-133号機は武本正實二空曹機、続いて3-137号機は井手末治一空曹機、次の垂直尾翼2本線3-143号機は中瀬正幸一空曹機、奥の2機の機番号は判読不能である

昭和16年5月26日、鈴木實大尉率いる十二空零戦隊の銃撃により炎上する天水飛行場。大石英男一空曹が撮影。零戦の20ミリ機銃は、こんな地上銃撃のさいにも絶大な威力を発揮した

空技廠飛行実験部の松平精技師。零戦をはじめとする海軍機の振動問題を解決、戦後は鉄道技術研究所に入り、多年の振動学研究の成果を生かして鉄道の安全性向上に貢献、0系新幹線の台車部分の設計に携わった

終　章　初空戦参加十三名の搭乗員のその後

戦死・殉職した九名

昭和二十年八月十五日、戦争が終わるまでに、「零戦初空戦」に参加した十三名の搭乗員のうち、九名が戦死または殉職していた。

光増政之一空曹は、昭和十六年九月、対米戦に備えて編成された第三航空隊（三空）に配属され、台湾・高雄基地からフィリピン・クラークフィールドの米軍基地を空襲するための訓練に入った。高雄からフィリピンの敵基地までは四百五十浬（約八百三十三キロ）あり、これは宜昌から重慶、成都への進攻距離よりもはるかに遠い。開戦当日、機動部隊が真珠湾を攻撃することは下士官搭乗員には知らされていなかったが、ハワイとの時差の関係で、夜が明けてから台湾を出撃したのでは、敵に邀撃の時間的余裕を与えてしまう。そこで、零戦隊を夜間に出撃させ、一式陸攻の誘導でフィリピンへ飛び、夜明けとともに奇襲する案が出された。ところが光増は、夜間飛行訓練中の十一月八日、列機・中澤榮一飛機と接触、両名とも、開戦を前に無念の死を遂げてしまう。殉職時、光増は一飛曹だった。

最後まで十二空に残った**山谷初政三空曹**は、そのまま三空に編入され、開戦劈頭《へきとう》のフィリピン空襲を皮切りに、東南アジアを転戦。しかし、二月三日、ジャワ島スラバヤ上空で、横山保大尉率いる零戦二十七機が数十機の敵戦闘機と激突した大空戦で未帰還となり、戦死した。戦死時、二飛曹。

高塚寅一一空曹は、昭和十六年十月、准士官進級とともに除隊、いったん予備役に編入されたが、即日応召、教官配置を経て昭和十七年六月、台南海軍航空隊（台南空）附として南太平洋の日本海軍の拠点・ラバウル基地に着任。同年八月に始まったガダルカナル島をめぐる航空戦で活躍したが、「零戦初空戦」からちょうど二年となる九月十三日、空戦中に行方不明となり、戦死が認定された。戦死時は飛曹長。

北畑三郎一空曹は、空母隼鷹《じゅんよう》零戦隊の一員として昭和十七年六月、アリューシャン作戦、次いで十月にはガダルカナル島攻撃、南太平洋海戦に参加。太平洋を北から南へと転戦し活躍したが、昭和十八年一月二十三日、ニューギニア・ウエワク上空で、来襲した米軍の大型爆撃機・コンソリデーテッドB－24を邀撃したさいに被弾、戦死した。隼鷹飛行隊長だった志賀淑雄《よしお》大尉（終戦時少佐）は、北畑のことを、「隼鷹戦闘機隊随一のベテランで、支那事変初期からの歴戦の勇士。頼りになる分隊士だった」と回想している。戦死時の階級は飛曹長。

「零戦初空戦」で最初に敵機を発見した**大木芳男二空曹**は、昭和十七年七月、台南空の一員としてラバウルに着任、ニューギニアとソロモンの激戦に参加。十一月にいったん内地に引き揚げたものの、そのまま台南空が改称した第二五一《ふたごおいち》海軍航空隊にとどまり、翌昭和十八年五月、ふたたびラバウルに進出。六月十六日、零戦七十機と敵戦闘機約百機がガダルカナル島上空で大空戦を繰り広げた「ルンガ沖航空戦」で戦死した。この空戦の総指揮官は、かつて零戦初空戦を指揮した第五八二《ごおやあふた》海軍航空隊飛行隊長進藤三郎少佐で、歴戦の零戦隊長として知られた二〇四空の宮野善治郎大尉も同じ空戦で戦死している。

平本政治三空曹は、昭和十八年七月、空母龍鳳《りゅうほう》零戦隊の一員としてブーゲンビル島ブイン基地に派遣され、陸攻隊直掩や邀撃に連日のように出撃するが、七月十七日、ブインに来襲した敵機の戦闘機、爆撃機の大編隊を邀撃したさい、敵機に有効弾を浴びせた直後に被弾。〈操縦ノ自由ヲ失ヒ落下傘ニテ降下セルモ開傘ニ至ラズ海中突入戦死〉と記録されている。戦死時、上飛曹。その間、相当数の敵機を撃墜したと思われるが、空母龍鳳の戦闘行動調書はすべてが全搭乗員の協同戦果として記載されているため、平本自身の戦いの詳細については不明である。

末田利行二空曹は、十四空で昆明空襲に参加したのち、昭和十五年十一月、大分海軍航空隊の教員となり、後進の指導にあたっていたが、昭和十七年十月、准士官進級とともに第二五二《ふたごおふた》海軍航空隊附となり、ラバウルに進出。ソロモン、ニューギニアの激戦で活躍したのち、昭和十八年二月、二五二空の転進とともにマーシャル諸島へ移動、ここで防空任務につく。同年十月六日、ウェーク島が米機動部隊艦上機の急襲を受けたさい、米海軍が新たに投入したグラマンＦ６Ｆヘルキャット戦闘機との初対決で撃墜され、戦死した。この日、二五二空は歴戦の搭乗員を揃えて戦いながらも、六機の撃墜戦果と引き換えに、末田飛曹長をふくむ十九名を失う完敗を喫した。二五二空飛行隊長は、十四空時代に昆明空襲で末田とともに戦った周防元成大尉である。同年兵で仲の良かった原田要中尉によると、末田は、

「若くして亡くなった兄夫婦の子供たちを引きとって育てる苦労人」

だったという。零戦の初空戦で活躍した末田がＦ６Ｆとの初対決に敗れたことは、まさに「無敵零戦」神話の終焉を象徴するものと言えた。

山下小四郎空曹長は、十二空から転出後は教官配置を渡り歩いたが、昭和十九年一月、二〇一《ふたまるいち》空に転じてサイパン島、次いでペリリュー島に進出、同年三月三十日、大挙して来襲した敵機動部隊艦上機の邀撃戦で未帰還となった。戦死時の階級は少尉。この日の空襲で、ペリリュー島にいた二〇一空の零戦二十機、五〇一空の零戦十二機のほとんどが失われ、サイパン島から応援に駆けつけた二六一空、二六三空の零戦五十七機も、空戦と敵の爆撃で全機を失う惨憺たる戦いだった。十二空で随一の撃墜戦果を記録していた山下の目に、三年後の米戦闘機との空戦はどのように映ったのだろうか。

白根斐夫中尉は、空母鳳翔分隊長を経て、昭和十六年十二月三十日付で空母赤城分隊長となり、豪州ダーウィン空襲、インド洋作戦、ミッドウェー海戦に参加。ミッドウェーで母艦を失い、昭和十七年六月二十日

付で空母翔鶴《しょうかく》分隊長になったのを経て、七月二十五日付で空母瑞鶴《ずいかく》分隊長となり、空母対空母の戦いとなった第二次ソロモン海戦、南太平洋海戦に参加する。その後、横須賀海軍航空隊分隊長を一年間つとめたのち、新鋭機紫電で編成された第三四一海軍航空隊飛行隊長となった。昭和十九年十月、米軍のフィリピン侵攻を迎え撃つべく、三四一空麾下《きか》の戦闘第七〇一飛行隊を率いてクラークフィールド・マルコット飛行場に進出し、レイテ島の敵上陸部隊攻撃やレイテ島西岸のオルモック湾に逆上陸する増援部隊の掩護（多号作戦）などにあたったが、十一月二十四日、オルモック湾で敵魚雷艇を銃撃中、敵防禦砲火を浴びて戦死した。戦死時、少佐。白根に少し遅れて三四一空戦闘第四〇一飛行隊長としてマルコット基地に進出した岩下邦雄大尉の回想によると、白根が銃撃中、敵弾を身体に浴びたものか操縦席で前かがみになり、そのまま墜ちてゆく状況を列機が確認したという。

生き残った四名

生きて終戦を迎えたのは四名。進藤三郎大尉（終戦時少佐）、藤原喜平二空曹（終戦時少尉）、三上一禧二空曹（終戦時少尉）、岩井勉二空曹（終戦時中尉）である。

藤原喜平二空曹は、十四空で昆明空襲に加わったのち、筑波空、大村空で教員をつとめ、昭和十七年十一月から翌昭和十八年六月まで空母瑞鳳《ずいほう》零戦隊の一員となる。その間、ニューギニア・ウエワク基地に派遣され、船団護衛に任じてロッキードP－38ライトニング戦闘機と空戦したり、ラバウルに進出してニューギニア・ブナの連合軍拠点空襲に参加したり、幾度も実戦をくぐり抜けた。その後、准士官（飛曹長）に進級、大分空教官を努め、さらに第二六一海軍航空隊を経て第三四三海軍航空隊分隊士となり、昭和十九年五月二十六日、ペリリュー島に進出。ここでは来襲するP－38やB－24の邀撃戦に明け暮れ、六月十五日までに五度の戦闘に参加したことが航空記録に記載されているが、それから先は〈以下記録係戦死ニ付不明〉とあって詳かではない。戦力を消耗した三四三空は七月十日をもって解隊、藤原は、輸送機でフィリピンのダバオ、マニラ、台湾を経て内地に還ってきた。その後は第二郡山海軍航空隊、谷田部海軍航空隊で教官をつとめ、終戦を迎える。残された航空記録によると、総飛行回数四千百六十五回、飛行時間は二千三百二十三時間。戦後は郷里・秋田県雄勝郡に帰り、酒・食糧品店を営んだ。平成三年歿、享年七十四。

岩井勉二空曹は、筑波空、大村空教員を経て、昭和十七年十一月、新婚わずか四十五日で空母瑞鳳に転勤を命ぜられた。翌昭和十八年一月、瑞鳳は日本海軍の中部太平洋における一大拠点・トラック島に進出し、戦闘機隊はニューギニアのウエワクやラバウルに派遣され、連日の空戦に参加することになる。

「私が撃墜した敵機は、P－38がいちばん多かったです。あれは私ら『ペロ八』と呼んでいて、空戦では絶対に負けへん自信がありました」

十八年四月、母艦航空部隊をラバウル基地に投入した「い」号作戦に参加。それを終えるといったん内地に帰還するが、七月にはふたたび南方へ。十一月にはギルバート諸島のマキン、タラワ両島への敵上陸を受け、瑞鳳戦闘機隊は増援部隊としてマロエラップに進出したが、基地航空部隊と協同しての奮闘もむなしく、マキン、タラワの守備隊は完全に連絡を絶ってしまった。岩井は十二月五日、ルオット島が敵艦上機の大空襲を受けた際、グラマンF6F二機を撃墜したが、この日、瑞鳳零戦隊もその過半を失った。

そして昭和十九年一月より台南海軍航空隊教官として第十三期飛行専修予備学生の訓練を受け持ち、八月、母艦航空隊である第六〇一海軍航空隊に転勤。十月二十四日、世に言う小澤囮艦隊の旗艦・空母瑞鶴に乗艦して比島沖海戦に参加した。

「マストに軍艦旗と小澤治三郎長官の中将旗が翻ってる。そこに戦闘開始を告げるZ旗がするすると揚がりますのや。大きく揺れる艦の上、零戦の操縦席で出撃を待つ。生きては還らん覚悟。あの緊張感と感激は、戦闘機乗りやないとわからんでしょうな。いちばん躍動した瞬間でした」

発艦後、グラマンF6Fの奇襲を受け、味方攻撃隊は散り散りになった。岩井は母艦を探したが発見できず、ルソン島のアパリ基地に着陸した。

「見つからなくてよかったのかもしれん。あのとき母艦に戻っていたら、次の日には空母部隊は全滅でしたから」

アパリからルソン島各地の基地を転々としたが、彼ら原隊を持たない母艦部隊の残党は、どこへ行ってもよそ者扱いで、そのくせ、連日の出撃を強いられた。十一月一日、岩井たち三名の搭乗員に内地への帰還命令が出た。マニラから陸軍の重爆撃機に便乗することになったが、出発を待つ間に、混乱する飛行場で、進藤三郎少佐とばったり会った。視線が合うなり、互いに駆け寄った。

「岩井、元気で生きていたか。もう、古い搭乗員が減ってしまってどうにもならん。気をつけて長生きしてくれよ」

内地に帰還した岩井は、六〇一空が訓練中の松山基地に復帰し、さらに鹿児島県の国分基地に進出。昭和二十年四月三日、特攻隊の前路掃討隊として出撃したのを皮切りに、沖縄航空戦に参加したが、戦場での疲労が原因で肺浸潤にかかり、四ヵ月の入院を命ぜられて霞ケ浦海軍病院に入院。療養中に終戦を迎えた。

「ここで、青春のエネルギーが燃え尽きたんやと思います」

と、岩井は言う。終戦時、海軍中尉。総飛行回数約三千二百回、飛行時間約二千二百時間、母艦着艦七十五回、敵機撃墜二十二機が、戦闘機乗りとしての総決算だった。

そしてもう一つ、それまでの激戦で一度も被弾しなかったというめずらしい記録も残していた。

「人から、逃げ回ってたんやろ、と言われたことがありますが、逃げてたらかえってやられるもんです。信仰している鞍馬さんのおかげかな、などといろいろ考えたりもしたけれど、なんで敵弾が当たらなかったのかなあ、自分でも不思議です」

戦後は、大村の第二十一航空工廠の軍需物資を連合国に引き渡すために設立された「兵器処理委員会」に、その業務が終了するまで一年間勤め、のちにその残党が「天野組」という土建会社を興すとそこに入社する。ところが、社長の天野元機関大佐が、「未亡人や復員者を助けてやれ、困っている人から金をもらうな」という人で、ほどなく会社はつぶれてしまう。「天野組」で経理の大切さを知った岩井は、殖産会社の経理課に職を求め、元海軍主計特務大尉の経理課長から経理を習った。

「海軍では、『主計看護も兵隊ならば、蝶々トンボも鳥のうち』なんて言って馬鹿にしていましたが、習ってみると、なんてむずかしいものなんや、と思いました」

昭和二十五年暮れには妻子をつれて郷里に帰り、翌昭和二十六年、食糧公団が民営化されるのを見込んで食糧会社が多くできたのを機に、「奈良米麦卸売株式会社」に入社。以後ずっと経理の道を歩み、昭和四十六年、奈良県の食糧卸売会社四社が合併して「奈良第一食糧株式会社」が発足したときに経理部長として迎えられ、以後、常務取締役を五年、専務取締役を六年、そして取締役社長を九年間勤めた。

しかし岩井は、飛行機への思いが断ちがたく、昭和二十七年に一度、日本航空に受験を申し込んでいる。岩井が民間航空に行く、と言い出したとき、それまで夫に異を唱えることのなかった妻・君代が、泣きながらそれを止めようとした。

「戦争が終わってやっと安心したのに。なんぼ貧乏してもついて行きますから、もう飛行機だけはやめてください」

新婚当時からずっと抑えていた感情が、はじめて表に出た瞬間だった。

「それでもわし、四十歳で死んでも好きなことをやる、と言って履歴書を出したんです。ところが、ちょうど試験のときに十二指腸潰瘍になってしまい、泣く泣く行くのを諦めました。すると、先に日航に入社していた予科練の同期生から電話がかかってきた。

『お前、どうして来んかった。フリーパスで合格することになっていたのに、えらいことしたなあ』。返ってきた履歴書を見ると、㊕《マルトク》パイロット、松尾、と、松尾静磨専務のサインがしてある。これがフリーパスの印です。これが、運命の分かれ目になりました」

それでも、飛行機への未練はなかなか断ち切れるものではなかったと言う。

「夢に見ますんや。飛行機で狭い山道に、木に引っかからないように降りたり、火葬場の真っ暗な煙突のなかを、ぶつからないようぐるぐる旋回しながら飛んでる夢とか。空中戦の夢もだいぶ見ましたしな。

七十歳の頃、大阪の八尾空港で自家用飛行機の教官をやってる友達に、金はとらんから乗りに来い、と言われて行ったことがありました。『離着陸何ノットや?』『いまはキロで言うねん』と、離着陸二回。うまいこと着陸できました。まだ、勘は残ってるみたいです」

平成十四（二〇〇二）年九月十三日、「零戦搭乗員会」が、会員である元搭乗員の高齢化で解散し、同時に、事務局機能を若い世代が担うことで実質的に存続させる「零戦の会」となった最初の総会が、東京のグランドヒル市ヶ谷で開催された。この日は、昭和十五年九月十三日の零戦初空戦からちょうど六十二年にあたり、岩井は、二百四十名の参加者を前に記念講演を行なった。八十三歳。背筋はピンと伸び、かくしゃくとしていて、話にも淀みはなかった。

「九月十三日は特別な日やから、その日にみんなと会えて、話までさせてもらえてよかったと思うてます。たぶんもう東京に出ることもないでしょうが、靖国神社にもお参りできたし、もう思い残すことはないかな。亡き戦友たちの霊に、そろそろそっちに行くで、と言うてきましたしな」

岩井が体調をくずしたらしい、と聞いたのは、その翌年のことだった。平成十六（二〇〇四）年四月十七日、死去。享年八十四。

進藤三郎大尉は、十二空、十四空を経て、空母赤城分隊長となり、真珠湾攻撃に第二次発進部隊制空隊指揮官として、零戦三十五機を率い、参加した。

「真珠湾に向け進撃中、クルシーのスイッチを入れたら、ホノルル放送が聞こえてきました。陽気な音楽が流れていたのが突然止まって早口の英語でワイワイ言い出したから、よくは聞き取れませんが、これは第一次の連中やってるな、と奇襲の成功を確信しました」

と、進藤は回想する。

「艦攻の水平爆撃が終わるのを待って、私は赤城の零戦九機を率いてヒッカム飛行場に銃撃に入りました。敵の対空砲火はものすごかったですね。飛行場は黒煙に覆われていましたが、風上に数機のB－17が確認でき、それを銃撃しました。高度を下げると、きな臭いにおいが鼻をつき、あまりの煙に戦果の確認も困難なほどでした。それで、銃撃を二撃で切り上げて、いったん上昇したんですが」

銃撃を続行しようにも、煙で目標が視認できず、味方同士の空中衝突の危険も懸念された。進藤は、あらかじめ最終的な戦果確認を命じられていたので、高度を千メートル以下にまで下げ、単機でふたたび真珠湾上空に戻った。

「立ちのぼる黒煙の間から、上甲板まで海中に没したり、横転して赤腹を見せている敵艦が見えますが、海が浅いので、沈没したかどうかまでは判断できないもののほうが多い。それでも、噴き上がる炎や爆煙、次々に起こる誘爆のすさまじさを見れば、完膚なきまでにやっつけたことはまちがいなさそうだと思いました。これはえらいことになってるなあ、と思いながら、それと同時に、ここで枕を蹴飛ばしたのはいいが、目を覚ましたアメリカが、このまま黙って降参するわけがない、という思いも胸中をよぎります。これだけ派手に攻撃を仕掛けたら、もはや引き返すことはできまい。戦争は行くところまで行くだろう、そうなれば日本は……」

進藤は、歓喜と不安、諦観が入り交じった妙な気分で、カエナ岬西方の集合地点に向かった。

じつはこのとき、進藤の身体は、長い戦場生活の疲労から、すでに異常をきたしていた。疲れがとれず、黄疸も出る。海軍をクビになる覚悟で休暇を申請しようとしたところで真珠湾空襲の話を聞き、引くに引けなくなってそのまま出撃したのだ。

赤城が日本に帰還してすぐ、進藤は呉海軍病院に直行し、軍医の診察を受けた。診断の結果は、「航空神経症兼『カタール性』黄疸」、二週間の加療が必要とのことで、そのまま入院することになった。十二月三十日付で赤城分隊長の職を解かれ、療養を経て、四月一日付で、戦闘機搭乗員の訓練部隊として新たに開隊された徳島海軍航空隊飛行隊長兼教官に補せられた。

最前線・ニューブリテン島ラバウルで作戦中の、第五八二海軍航空隊飛行隊長兼分隊長への転勤辞令が出たのは、昭和十七年十一月八日のことである。

「転勤を命ぜられたときは、来たか、と、思わず身が引き締まるのを感じました。今度こそ生きて帰っては来られまい。五八二空は、私の転勤とときを同じくして、従来の零戦十五機、九九艦爆十六機から、零戦三十六機、九九艦爆二十四機へと大増勢されることになっていました」

ここで進藤は、ニューギニア、ガダルカナル島をめぐる攻防戦に零戦隊を率いて参加、昭和十八年一月二十四日にはラバウル上空でB-17一機を列機とともに撃墜している。だが、ここで対戦する米軍機の強さはかつての中華民国空軍機の比ではなく、物量にもまさる敵に、日本側はしだいに防戦一方の不利な戦いを強いられるようになっていた。

「この頃、いちばん辛かったのは搭乗割を書くことでした。というのは、搭乗割を書くとね、そのうちの何人かはかならず死ぬんですよ。それを決めるのは私ですから……。搭乗員には無理な戦いをするな、命を大切にしろというんですが、敵が強くなったんだからどうしようもない。毎日、本当に辛かったですね」

昭和十八年六月一日付で、進藤は少佐に進級した。六月十六日、艦爆隊と合同して、ガダルカナル島ルンガ泊地の敵艦船を攻撃する「セ」作戦を指揮したことが、進藤にとってもっとも印象に残る戦いだったと言う。

九九艦爆二十四機を七十機の零戦で護衛する。零戦隊は、敵戦闘機と空戦をまじえ、爆撃の前路を切り開

昭和16年6月、鹿児島基地の空母赤城戦闘機隊。前列左から丸田富吉二飛曹、羽生十一郎一飛、堀口春次一飛、高須賀満美一飛、佐野信平一飛、森栄一飛。中列左から乙訓菊江一飛曹、指宿正信中尉、板谷茂少佐、進藤三郎大尉、小山内末吉飛曹長。後列左から、小町定一飛、田中克視一飛曹、谷口正夫二飛曹、岩城芳雄一飛曹、林富士雄一飛曹、大原廣司二飛曹、高原重信二飛曹、井石清次三飛曹

昭和17年11月、五八二空飛行隊長としてラバウルに向け赴任する直前の進藤三郎大尉。東京駅にて

昭和16年12月8日、朝日を浴びて空母赤城をまさに発艦する、真珠湾攻撃第二次発進部隊。制空隊指揮官進藤三郎大尉の乗機が先頭を切ってまさに滑走を始めた瞬間

昭和18年3月、トラック基地の空母瑞鳳零戦隊。零戦のカウリング横、整列搭乗員と正対している飛行帽姿が佐藤正夫大尉。整列している搭乗員左端が岩井勉上飛曹、2人おいて略帽姿が日高盛康大尉

昭和17年11月29日、ラバウル基地の五八二空戦闘機隊。2列め左より浅野満興予備少尉、坂井知行大尉、飛行長八木勝利少佐、飛行隊長進藤三郎大尉、鈴木宇三郎中尉、輪島由雄飛曹長、角田和男飛曹長。進藤大尉、角田飛曹長は十二空、3列め中央の竹中義彦上飛曹は十四空で零戦の戦いを経験、輪島飛曹長も支那事変以来のベテランだが、ほとんどが対米開戦後に実戦配備された若い搭乗員である

昭和18年6月16日、ガダルカナル島上空航空撃滅戦「セ」作戦のためブーゲンビル島ブイン基地を発進する五八二空零戦隊。手前の胴体に黄線2本の指揮官標識を描いた機体が、総指揮官進藤三郎少佐乗機の零戦二二型甲。現存する別アングルの写真によると、機番号は173。この日の戦闘はのちに「ルンガ沖航空戦」と名付けられた

く「制空隊」、艦爆にピッタリとつき従う「直掩隊」、そして艦爆の避退コース上に先行し、低空で待ち伏せしている敵戦闘機を掃討する「収容隊」の三隊に分かれ、爆撃成功に万全を期す構えになっていた。

艦爆を中心に、その左右と後方にほぼ同数の零戦が掩護する形で飛ぶこと一時間四十分。

ガダルカナル島南側から陸地上空に入ると、山の北向こうの海岸線に、目指すルンガ泊地が見えてきた。進藤は、バンクを振って、「トツレ」（突撃準備隊形作レ）を下令する。艦爆隊の第二中隊以下が、全速で前に出て第一中隊と並んだ。ここまでは訓練どおりの一糸乱れぬ隊形だった。攻撃開始の頃合いを見て、進藤機がふたたびバンクを振って、突撃を令する。艦爆は各小隊、三機ごとの単縦陣となり、高速で敵艦隊をめがけて急降下に入る。

「そのとき、前上方からグラマンＦ４Ｆ十二機の編隊が突っ込んでくるのが見えた。Ｆ４Ｆは零戦に構わず、まっしぐらに艦爆隊に襲いかかってきます。編隊をリードすべき総指揮官が最初から空戦に入るのは避けたいところだが、そう言っていられる状況ではなかった。私は敵機を追い払おうと、とっさに単機で正面から敵編隊に挑んでいったんです。

すると敵機は、私の機に記された黄色い二本線の指揮官標識に気づいたのか、艦爆を攻撃するのをやめ、全機でかかってきた。敵機を撃墜するより、一刻も長くこの敵を引きつけないといけない、そう考えて、フットバーを踏んで機体を横滑りさせながら敵弾をかわし、敵機が味方編隊から遠ざかるように飛び続けました。空戦しながら味方攻撃隊のほうを見ると、一機の九九艦爆が撃墜され、飛沫を上げて海面に突っ込むのが目の端に映りました。掩護するはずなのに申し訳ない、と涙が出そうになりました。

グラマンを振りほどこうと、目の前に浮かぶ断雲のなかに逃げ込む。しかし、雲から出ると、敵機はちゃんと先回りして待ち構えてる。また雲に入る。そんな動きをしばらく繰り返し、海面すれすれでスコールに飛び込み、ようやく敵機を振り切ることができました……」

この日は米軍も、百四機もの戦闘機を邀撃に発進させていて、進藤機が十二対一の空戦を演じている間にも、彼我入り乱れての大空戦が繰り広げられていた。

この戦闘で、日本側は米軍機二十八機を撃墜（うち不確実二機）、大型輸送船四隻、中型輸送船二隻、小型輸送船一隻を撃沈、大型輸送船一隻を中破させたと報告したが、米側資料によると、この日の米軍戦闘機百四機のうち、失われたのは六機に過ぎない。輸送船一隻と戦車揚陸艦一隻が大損害を受けたが、いずれも沈没を免れている。

いっぽう、日本側の損害は、零戦十五機が未帰還（戦死十五名）、一機不時着水、四機被弾（負傷二名）、艦爆十三機が自爆または未帰還、四機被弾（戦死二十八名、負傷一名）という大きなもので、戦死した零戦搭乗員のなかには、名指揮官と謳われた二〇四空飛行隊長宮野善治郎大尉や、昭和十五年九月十三日の零戦初空戦で進藤の三番機をつとめた大木芳男飛曹長ら、海軍航空隊の至宝とも呼べる歴戦の搭乗員がいた。艦爆の損失にいたっては、未帰還機だけとっても過半数を超える致命的な数字であった。

「総指揮官たる私がグラマンに空戦を挑んだことで隊形がくずれ、そのため味方が苦戦したのではないかと、ずっと悔やみ続けました。グラマンに追われてやっと振り切ったとき、思わず安堵のため息をついたことを、自分自身、心底恥ずかしく思った。しかし、支那事変の頃にはそれなりに使えていた無線電話が、整備上の問題か、この頃になると全然使えず、無線も通じないのに百機近い編隊を意のままに指揮することなど、実際にはできはしない。いままで感じたことのないような無力感にとらわれましたね……」

と、進藤は語っている。

その後、進藤は二〇四空飛行隊長を一時期つとめたあと、空母龍鳳飛行長となり、零戦隊を率いてふたたびラバウルに進出。さらに母艦航空隊である第六五三海軍航空隊飛行長として、空母千歳、千代田、瑞鳳の飛行機隊を指揮して昭和十九年六月十九日、二十日のマリアナ沖海戦に参加した。

「マリアナ沖へ行く前の三月、親に勧められるままに見合をして結婚しましたが、率直に言って、日本はもう負けると思っていたし、俺はいつ死ねばいいか、とばかり考えていましたよ」

マリアナ沖海戦で完敗を喫した日本海軍は、さらに十月、比島沖海戦でも多くの艦船を失い、大敗を喫する。進藤は、六五三空の残存兵力を率いてフィリピンに渡ったが、一方的な負け戦でなすすべもなかった。

「支那事変の頃は、敵機を求めて飛び回っていたのに、この頃になると退避を命じないといけない。空戦になったら、一部ベテランは別として、追い回されるばかりになっていました。完全に立場が逆になって、手痛いしっぺ返しを食らったようでしたね……。フィリピンではじめて特攻隊を見送りましたが、そのときは、ついにここまで、とは思っても、馬鹿なことを、とは思いませんでした」

進藤はその後、南九州の制空部隊である第二〇三海軍航空隊飛行長となり、沖縄航空戦を指揮。ただ、自分の部下から特攻隊員を出すことは拒んだ。

「司令の山中龍太郎大佐が、うちもそろそろ特攻隊を出さなきゃいかんだろうか、と言うので、『うちの隊にはいっぺんこっきりで死なせるような搭乗員は一人もおりません。なんべんも出撃して戦果を挙げてもらわなきゃならんのだから、特攻は出したくありません』と答えました。司令は、『そうだな』と。司令部からなにを言ってきたか知りませんが」

そして筑波海軍航空隊飛行長となり、京都府の福知山基地で紫電改部隊の錬成中に終戦を迎えた。

「私は戦争中、『決戦』と『手柄をたてる』という言葉が大嫌いでした。決戦なんて一回でいいのに、決戦、決戦となんべんも。その掛け声でどれだけ多くの部下を死なせてきたか。また『手柄を立てる』と無理な戦いをして戦死する者も多かった。だから私は、一人の戦果の陰には、整備員や裏方の力が欠かせない。けっして自分だけの功だとは思うな』と言っていました」

郷里に帰ると、広島の街は、一面の焼け野原になっていた。進藤の生家は、爆心地から南東へ約二・八キロの距離にある。帰ってみると、爆風で壁が落ち、畳や建具も吹っ飛び、柱も「く」の字に折れ曲がったような状態だったが、蓮田のなかの一軒家であったため類焼を免れ、父・登三郎と母・タメが二人で暮らしていた。

厳格だった父が、目に涙を浮かべて、

「三郎、ご苦労さんじゃったなあ」

と迎えてくれたとき、初めて負けた実感が、悔しさとともに体中から湧いてきた。父子は、抱き合って長いこと泣いた。

それからしばらくは放心状態が続き、毎日、原爆の爆風で屋根瓦が飛び室内がめちゃくちゃになった家の片づけをしたり、自宅から三キロほど南の宇品海岸で釣りをしたりして過ごした。

秋も深まったある日、生家近くの焼け跡を歩いていると、遊んでいた五、六人の小学校高学年とおぼしき子供たちが進藤の姿を認めて、

「見てみい、あいつは戦犯じゃ。戦犯が通りよる」

と石を投げつけてきた。新聞でしばしば写真入りで報道されていたので、地元の子供たちは進藤の顔を知っていたのだ。「こら!」と怒鳴ると逃げ散っていったが、やるせない思いが残った。

年が明け、昭和二十一年になると、広島駅南口前あたりでは、闇市のバラックがぼちぼち立ち並ぶようになった。進駐軍の兵隊相手の、妖しげなバーも開店していた。

広島に最初に進駐してきたのは、オーストラリア軍を中心に編成された英連邦軍である。進藤は、広島駅前で、進駐してきた豪州兵にぶら下がるように腕を組み、歩いていく日本人女性を見たとき、つくづく世の中がいやになった。

この変わり身の早さ。

「それ以来、日本人というものがあんまり信じられなくなったんです」

つい昨日まで、積極的に軍人をもてはやし、戦争の後押しをしてきた新聞やラジオが、掌を返して、あたかも前々から戦争に反対であったかのような報道をしている。周囲の人間を見ても、戦争中、威勢のいいことを言っていた者ほど、その変節ぶりが著しい。

批判する相手（＝陸海軍）が消滅して、身に危険のおよぶ心配がなくなってからの軍部、戦争批判の大合唱は、進藤には、時流におもねる卑怯な自己保身の術としか思えなかった。「卑怯者」は、いわゆる「進歩的文化人」や「戦後民主主義者」と呼ばれる者のなかに多くいて、敗戦にうちひしがれた世相に巧みに乗って、世論をリードしていた。

「さかんに宣伝されている、『自由』にも『民主主義』にも興味はない。私は、自分はこれからの時代に生きてゆくべき人間ではないような気がしました。『生き残った』のではなく、『死に損なってしまった』という意識の方が強かった。自決することを考えましたが、あいにく武装解除されたので拳銃を持っていない。生命を絶つ方法をあれこれ考えているうち、終戦直前、生まれたばかりの長男に会いに行ったとき、差し出した人差指を小さな手で無心に握ってきた感触が甦り、死ねなくなってしまった。われながら情けない気がしました」

戦後の風潮は、戦時中の日本のやってきたことをことごとく「悪」と断じるものであった。戦没者のことを犬死によばわりすることさえ、「進歩的」と称するインテリ層の間では流行していた。そんな言説を見聞きすると、「なにを言いやがる」と進藤は悔しかった。

直属の部下だけで、百六十名もの戦死者を出している。なかでも、昭和十八年、ガダルカナル島をめぐる航空戦では、部下たちの最期を幾度も目の当たりにした。ソロモンの海に飛沫を上げて突っ込んだ艦上爆撃機や、襲いかかる敵戦闘機から艦爆を守ろうと、自ら盾になって弾丸を受け、空中で火の玉となり爆発した零戦の姿を思い出すたび、あれが犬死にだというのか、と、やりきれない思いに涙が溢れた。

進藤には、戦後の世の中はしだいに住みづらいものになっていた。石を投げられることこそなくなったが、旧軍人ということで、周囲から白眼視されているのは感じる。戦争のことは自分の胸の中に秘めておくしかなかった。

そして終戦直後のハイパーインフレと、それに続く新円切替で紙幣が紙くず同然になり、頼りにしていた海軍の退職金三千三百七十円も底が見えた昭和二十一年四月のある日、これまで心の拠りどころであった、零戦初空戦を指揮したさいに支那方面艦隊司令長官・嶋田繁太郎中将より授与された感状を、ビリビリに破り裂いた。そして、生きるための仕事を求めて妻子をつれて東京に出、そこから横須賀に流れつく。

横須賀には、クラスメートの鈴木實がいて、かつて上官だった石川信吾少将の口利きで、旧陸軍から払い下げられるトヨタ製の軍用トラックが手に入るという。進藤もこの話に乗ることにした。そして、西松組（現・西松建設）に車ごと雇われて運転手を約一年。――とはいえ、自動車の運転免許をとったのは、東京に出てきてからのことである。

ところが、始めのうち順調に行くかに思えたトラックの仕事にも、思わぬ壁が立ちはだかる。昭和二十二年二月、石油製品に指定配給物資として配給切符制が実施され、肝心のガソリンが思うように手に入らなくなったのである。

建設資材を運ぶ仕事は、需要はあるはずなのに激減した。そこで進藤は、伝手を頼って会津の山奥にあった沼沢鉱山という、鉱夫が二十名ほどの小さな鉱山の鉱山長の仕事についた。

沼沢鉱山ではおもに硫化鉱、褐鉄鉱の採掘をしていた。が、雪深い土地で冬は仕事にならず、父が愛用していた猟銃を担いで、兎や山鳥を狩って暮らした。外部との接触の機会がまったくないこの会津での生活が、進藤にとっては生涯で一番気楽な時間であったかも知れなかった。この頃、昔の搭乗員仲間や部下たちの間では、

「進藤少佐が行方不明になってるそうだな」

「ああ、どうやら自決したらしいぞ」

などとあらぬ噂がたてられていたが、本人はもちろん、そんなことは知る由もない。

順調だった鉱山での仕事も、三年ほどで硫化鉱がとれなくなり、褐鉄鉱の品質も落ちてきて、取引先から

安く買い叩かれるようになった。やがて長男・忠彦が小学校に上がる年齢になるが、鉱山の近くには小学校がなく、山を一つ越したところの小学校まで歩いて通わなければならない。

昭和二十七年、冬が来る前に進藤は鉱山を閉じた。すでにサンフランシスコ講和条約の発効で日本は独立を取り戻し、戦後、占領軍に禁じられていた航空活動も再開されている。進藤は、まだ空を飛ぶことに未練があった。

「飛行機の仕事の伝手を探してみると、東京の農協と提携して、小笠原諸島の農産物を空輸する会社を設立する動きがあるという。矢も盾もたまらずその話に乗ろうとしたんですが、一千万円が必要とされた飛行機を購入する資金が半分しか集まらず、計画は流れてしまいました。それで、どうしようかと思っていたところへ、発足したばかりの海上警備隊（海上自衛隊の前身）から、ぜひ入隊してくれんか、と話があった。これから航空戦力を拡充するから、指揮官要員が必要だと。入ればすぐ中佐に相当する階級になるとのことで、すっかり乗り気になりました。それで、昭和二十七年の暮れ、横須賀基地に出頭したんですが、健康診断で糖尿病との結果が出て、不採用になってしまった。会津の山奥で、贅沢な食習慣とは無縁の暮らしを送ってきたのに、どうしてこんなことになったのか、わけがわからなかったですね」

海上警備隊入りはあきらめざるを得ず、父の勧めもあって治療のため広島に帰った。徹底的な食事制限を設けて治療に専念すること半年、医者から「完治」のお墨付きを得た進藤は、昭和二十九年秋、東洋工業に入社した。秘書課に籍を置きながら、三ヵ月間、自動車工場で自動車の勉強をし、サービス工場の工場長になるための講習を受け、昭和三十年二月、新生の山口マツダに工場長として出向した。そしてサービス部長、部品サービス本部長、常務取締役を歴任し、山口マツダのサービス部門の責任者として、県内に十二あったサービス拠点、百二十名のサービスマンを統括する仕事に従事した。

会社でも家庭でも、進藤は寡黙であった。妻・和子には、夫婦でしみじみ話したという記憶はほとんどない。亭主関白で、気に入らないことがあると和子を叱ったりもするが、息子たちの教育については、

「わしは戦後教育のことはわからん」
といっさい口を出さない。保護者会に出るのも、息子たちの相談に乗るのも、和子の仕事であった。時おり、戦争の話を聞きに来る人がいても、進藤は聞かれたことにしか答えないし、家庭内で戦争の話など全くしない。和子は、夫が戦時中、海軍少佐で飛行機に乗っていたことぐらいは知っていても、どんな戦歴を持つかなどずっと知らないままであった。

昭和五十四年五月、常務取締役になっていた六十七歳の進藤は、突然、辞職を申し出た。
「大事な約束を忘れていて、人に言われるまで気がつかなかった。これ以上やれば周囲に迷惑をかける」
というのがその理由であった。その後の進藤は、趣味のブリッジのクラブに入ったり、庭木の手入れをしたり、悠々自適の日々を送った。

海兵六十期のクラスメートとの旅行にもしばしば出かけている。なかでも、同じ戦闘機乗りで、かつて進藤とともに「六十期戦闘機三羽烏《さんばがらす》」と呼ばれた鈴木實（中佐）、山下政雄（少佐）との友情は格別だった。鈴木は戦後、キングレコードに入り、洋楽本部長としてカーペンターズをはじめ、多くの海外アーティストを日本で売り出している。山下は、民間航空会社を設立し、東亜国内航空の創設者の一人である。

私がはじめて進藤に会った平成八年は、そんなクラスメートたちも八十歳台半ばとなり、鈴木は糖尿病、進藤は心臓病と、それぞれ深刻な持病を抱えていた頃だった。進藤は、心臓の機能が健康な状態の半分以下に落ち、いつ止まってもおかしくないと医者に言われたことを、和子には隠している。山下は、癌で横浜の病院に入院していたが、すでに末期で意識が混濁してきていた。

「三羽烏」が最後に集ったのは、平成九年四月十一日のことである。この日、枝垂桜《しだれざくら》の美しい東京・原宿の水交会で行なわれたクラス会に、進藤は決死の思いで参加した。遠出するのは体力的にもうこれが最後だと思えたし、親友の山下が生きているうちにどうしても病院を見舞い、会っておきたかったのだ。

このとき私は、鈴木から相談を受け、クラス会が終わると、進藤夫妻と鈴木夫妻を車に乗せ、山下が入院する横浜市都筑区の病院に向かった。病室の山下は全身にチューブがつけられ、意識のほとんどない状態だった。変わり果てた山下の姿を見て、進藤は号泣し、

「山下、山下、しっかりせいよ」

と呼び続けた。鈴木はただ黙って立っていた。進藤は鈴木をふり返ると、

「おい、ミノル。貴様、なんで泣かんのか!」

と詰ったが、鈴木は鈴木で、心のなかは涙で溢れていたのだろうと思う。

病院を出て、その日の宿泊先である東京・市ヶ谷のホテルに向かう途中、進藤はめずらしく饒舌だった。首都高速で渋滞に巻き込まれ、ノロノロと渋谷あたりを通過するとき、

「トラックの運転手をしてた頃、渋谷駅前の大きな交差点で左折しようとして、前方が青信号になったので発進、ハンドルを切って曲がった目の前の信号が赤だったので停止してしまったら、交通整理の巡査に、『こらこら、そこで止まっちゃいかん』と怒鳴られた。運転免許を取りたてだったけど、交通ルールもなにも、当時は信号なんかほとんどなかったからね。渋谷の景色は変わってしまったけど、懐かしい」

といった具合に、戦中、戦後の思い出をずっと語り続けていた。鈴木はその間、沈痛な表情でひと言も口を開かない。親友とのおそらく最後の別れに際して、これがそれぞれにやり場のない気持ちの表し方なんだろう、と私は思った。山下は、自らの戦争体験を語る機会のほとんどないまま、六月二十六日に亡くなった。

山下の見舞いに行ったあと、進藤の体はだんだん衰弱していった。一人での外出はもはや難しく、毎週楽しみにしているブリッジのクラブにも、人が送り迎えしてくれなければ行くことはできなかった。

ちょうどこの頃、進藤が率いた重慶上空の零戦初空戦で撃墜され、九死に一生を得た中華民国空軍の元パイロット・徐華江が、自分を撃墜した零戦搭乗員・三上一禧を探し当て、平成十年（一九九八）八月十五日、

鈴木實（中佐）と進藤三郎（少佐）。平成9年4月11日、東京・原宿の水交会で。2人は海兵60期のクラスメートで、時期は異なるがともに十二空零戦隊を率いた。この日、2人は入院中の同期生・山下政雄（少佐）を見舞うが、進藤にとって、これが東京に出た最後の機会となった。鈴木は戦後、キングレコード常務となり、数々のヒット曲を手がけ、カーペンターズやローリングストーンズを日本で売り出した（著者撮影）

東京・霞が関ビルの一室で奇跡的な再会を果たしている。ほんとうは、静かな環境での再会を二人は望んでいたが、徐の来日が台湾メディアの知るところとなり、取材が過熱、記者会見形式の仰々しいセレモニーにせざるを得なくなった。このとき、零戦搭乗員の取材を続けてきたいきがかり上、メディア対応と当日の司会にあたったのが私だった。

三上と徐の再会の模様は、NHKと日本テレビが全国ネットのニュースとして取り上げた。二人が感極まって抱き合うシーンをテレビで見て、進藤は涙をこぼした。

平成十二（二〇〇〇）年二月二日の午後、進藤は、いつも午睡をしていたソファに座ったまま、眠るように息を引きとった。その顔はおだやかで、微笑んでいるようにさえ見えたという。享年八十八、大往生といえるのかもしれない。

二日後、進藤の亡骸は軍艦旗に包まれ、親族と数名の海兵のクラスメート、山口マツダの部下ら限られた人々に見送られて、荼毘にふされた。遺骨は、両親も眠る広島市内の本照寺の墓地に葬られた。戒名は「翔空院壮翼日進居士」

いつの取材のときだったか、進藤に、これまでの人生を振り返っての感慨をたずねてみたことがある。進藤は即座に、

「空しい人生だったように思いますね」

と答えた。

「戦争中は誠心誠意働いて、真剣に戦って、そのことにいささかの悔いもありませんが、一生懸命やってきたことが戦後、馬鹿みたいに言われてきて。つまらん人生でしたね」

予期せぬ答えに、この言葉をどう受け止めるべきなのか、戸惑いを感じたことを昨日のことのように憶えている。おそらくこれが、国のため、日本国民のためと信じて全力で戦い、その挙句に石を投げられた元軍人たちの本音なのかもしれない。

三上一禧二空曹（昭和十六年五月、一空曹に進級、六月、一飛曹に階級呼称変更）は、昭和十六年夏、肺浸潤を患い内地に送還、軍医に飛行禁止を言い渡された。

呉海軍病院に入院中の十二月八日、日本はついにアメリカ、イギリスに宣戦を布告。海軍機動部隊によるハワイ・真珠湾攻撃を皮切りに、フィリピン、マレー半島と日本軍の快進撃が伝えられた。三上は戦闘機乗りとして、この大戦争に参加したかったと言うが、病身では如何ともしがたく、この年の暮れ、切歯扼腕の思いで海軍を去った。このとき、三上は二十四歳だった。

それから約二年。開戦当初こそ勝利を収め続けた日本陸海軍だったが、昭和十七年六月のミッドウェー海戦で機動部隊の主力空母四隻を一度に失い、また同年八月に始まった、ソロモン諸島ガダルカナル島の攻防戦にも敗れ、反攻に転じた連合軍と血みどろの戦いを繰り広げていた。三上は、故郷・弘前や樺太で過ごしていたが、ニュース映画で旧知の戦友の姿を見たりするうちにいてもたってもいられなくなり、もう一度、死を覚悟して、海軍に復帰を申し出る。

そして身体検査を受け、昭和十八年末、海軍航空技術廠にテストパイロットとして復帰を果たした。応召ではなく、自分の意思で戻ったのである。

「二年のブランクは全然影響ありません。はじめは不安がありましたが、飛行機に乗って、離陸滑走するまでの間に勘は戻りましたね。その後、霞ケ浦の第一航空廠に移り、戦地行きの飛行機のテストをするのが主な仕事になりました。

いや、大変でしたよ。その頃の飛行機は出来が悪くて、理論的に起こるはずのないようなトラブルを起こすんですから。飛行中、いきなり操縦桿が利かなくなったり、危険な目に何度も遭いました。

零戦も、戦争末期には質が悪すぎて、危なくて飛べたもんじゃなかった。メーカーに送り返したり、直させる方が多いぐらいでしたよ。横空時代、あれだけ苦労して育て上げた零戦も、元の木阿弥《もくあみ》になっていましたね。

あとは、ガソリンが不足して、アルコール燃料のテストを赤とんぼ（九三式中間練習機）でやったり――あれはエンストの事故が多くて危なかったですが――とにかく物資はなくなるし、空襲があっても邀撃に上がるな、と言われるぐらいで、どうしようもない」

昭和十九年十月には、爆弾を搭載した飛行機もろとも敵艦に体当たり攻撃をかける「特攻」が始まっている。三上は意を決して、工廠長に特攻志願を申し出た。「馬鹿を言うな！」工廠長の大喝が響いた――。

「局地戦闘機雷電を操縦して、霞ケ浦から静岡県の藤枝飛行場まで飛んだのが、私の最後の飛行になりました。途中、東京上空を通りましたが、一面の焼野原を見て涙が出ましたよ。あまりにも酷い、あまりに無策だと思いましたね……」

そして、昭和二十年八月十五日。

「空襲が激しいので第一航空廠が青森県の三沢に移転することになり、私は三沢に行く汽車のなかで終戦を迎えました。終戦のことを知らずに三沢の旅館に入ったら、玄関で女中たちが『商売やめた！』などと大騒ぎしてるんですよ。何ごとか、と聞いたら、戦争が終わった、と。私はブランクがあったせいか、意外に冷静でした。明日からどうなるかはわからないが、まあ、これで一つの勤めが終わった、という感じ。しかし、戦争からはなにも得られない。空しさだけが残りましたね。宿から三沢の町に出てみると、アメリカ兵の捕虜が、後ろ手に縛られて歩いていました」

三上は、そのまま隊にも入らず故郷に帰った。弘前の町は、幸い空襲の被害を受けておらず、以前と変わらぬ姿であった。

その後、職を求めて青森に出た三上は、しばらく炭鉱で働き、昭和二十二年、社会党の片山内閣が次々と公団をつくったときには配炭公団に就職。しかし政権が代わると配炭公団は解散し（昭和二十四年）、三上も失職する。その後、北海道の炭鉱の出先機関に職を求めたが、エネルギー革命で固体燃料そのものが落ち目になると、その仕事もうまくゆかなくなった。

「これじゃ駄目だ。情勢が変わるたびに仕事が替わるようなことではいけない。なにかやらなくては。誰も知らない、未知のところへ行こう、自分の力を試してみよう」

と、昭和二十七年に結婚した妻と、二人のまだ小さい息子をつれて、岩手県陸前高田の駅に降り立った。昭和三十三年のことである。

陸前高田に本拠を定めた三上は、まず、以前から関心のあった教材販売の仕事に手をつけることにした。戦争体験を通じ、教育の重要性、教養を身につけることの大切さを痛感したこと、それに、教育者であった父の影響も大きかった。

「なにか教育に関係する仕事を、と考えて、教科書は決められているが教材は任意のものだから、教材販売をやってみようと。ところが、そうやって気持ちを決めたものの、学校では教材をどのように選定するのかもわからない。それで、学校に聞きに行きました。

見本を見せてもらい、借りてきて、作っているところを調べました。まずは粘土です。はじめて品物を学校に売り込みに門を入るとき、これは戦争の方がよっぽど気が楽だと思いましたよ。

一袋三十円の、石膏のような粘土を持って、まずはある中学校に行ってみましたが、『いまごろ来たって、もう買うところは決まっている。お前のところから買うものはなにもない』と、つっけんどんな応対でした。それで私は、『ああそうですか。申し訳ございませんが、持って来たものを作る時間を私にくださいませんか』と、その石膏のようなのを水に溶いて、あっという間に一つの形を作ったんです。

そして、『ありがとうございました』と帰ろうとしたら、先生も見てないふりをして見てるんですね、『おい、待て。それいいな。俺の学年に一つずつ持って来い』と、それが最初でした。こんな彫塑の材料なんて、その頃はまだあまり知られてないし、ましてやそれを実演できる人はいなかった。そして、同じ方法で小中学校をまわると、これが売れるんですよ。それでなんとかなると思いましたね」

「三上教材社」の誕生である。

三上はその後、教育にかける熱意と真摯な姿勢で、地元の学校、教育機関の信頼を集めていった。方々から講演を依頼されるようにもなり、昭和四十五年に岩手県で開催された第二十五回国民体育大会（みちのく国体）では、岩手県の民意をまとめようと、自らが中心になって『岩手国体の歌』を作るなど、地域社会全体に貢献してきた。

「教科書にはない大切なことを子供に教える。これが、私が教材の仕事をする大きな目的なんです。教科書が主食なら教材は副食物、間違えると大変なことになりますからね」

三上は、戦闘機乗りであった自らの過去については、ある日、長男が、空戦記の本に父親の名前を見つけて騒ぎ出すまで、家族にさえなにも語ったことはなかった。


零戦初空戦から五十八年が経った平成十（一九九八）年八月十五日、東京、霞が関ビルで、かつて重慶の空で雌雄を決した徐華江中尉と奇跡の再会を果たしたのは、最初に述べた通りである。

その後も、三上と徐の友情は、平成二十二（二〇一〇）年に徐が亡くなるまで続いた。

再会の翌平成十一年三月には、三上が台湾に徐を訪ねている。このときは私も、二人の再会に尽力した静岡県在住の医師・菅野《すがの》寛也《ひろや》とともに同行している。

高雄に到着、自動車で台南、台中、嘉義と、かつて日本軍の航空基地のあった中華民国空軍の拠点をともに巡り、台北から帰国するという強行軍だった。三上は行く先々で歓迎を受け、移動のときはいつも、徐と肩を並べて歩いていた。言葉はよくは通じないが、互いにベストを尽くして戦ったライバル同士としての、尊敬と慈しみの気持ちが後ろ姿からもにじみ出て、それが見ていて気持ちよかった。

平成二十三（二〇一一）年三月十一日、東日本大震災で陸前高田市街地のほとんどが津波に流された。私

三上一禧（左）と元中国空軍パイロット・徐華江は、重慶上空での空戦から58年後の平成10年、奇跡の再会を果たす。徐は三上に、「共維和平」と揮毫した掛軸を贈った（著者撮影）

再会の翌平成11年、こんどは三上が台湾に徐を訪ね、高雄、台南、台中、嘉義と、かつて日本軍の航空基地のあった中華民国空軍の拠点をともに訪ねた。写真は高雄市岡山区の空軍軍官学校で（著者撮影）

は、三上に電話を試みたが、もちろん繋がらない。ニュース映像を見る限り、三上教材社のあたりは瓦礫と化していて、さすがの三上も無事ではなかろう、と不吉な思いがした。安否不明の不安なときが過ぎ、ようやく連絡がとれたのは、二週間後の三月二十五日のことだった。

三上は、奇跡的に家族とともに無事だった。

電話口に出た三上は、

「いやいや、声が聞けて涙が出ますよ。心配くださってる皆さんに宜しく。頑張るよ」

と、途中、感極まったのか涙声になったが、力強い言葉だった。

あの日、三上は、予定の外出先に出るのが遅れ、偶然、高台の自宅にいて難を逃れたのだという。三上教材社の社屋は流されたが、ほどなく、自宅敷地内で業務を再開した。

かつて三上は、

「人生に対し、死ぬまでファイティングポーズでありたい」

と、私に語ったことがある。震災のあと、三上の無事な声を聴き、この言葉を思い出したとき、「不死鳥」の三文字が、零戦の雄姿とともに、ふと頭をよぎった。

平成二十九年五月十一日、三上は満百歳の誕生日を迎えた。じつはこれまで、元零戦搭乗員で百歳を迎えた人は一人もいない（最高は平成二十八年に亡くなった原田要中尉の九十九歳九ヵ月）。三上は現在百一歳、零戦搭乗員の長寿記録をなおも更新中である。

（文中敬称略）

■主要証言者プロフィール

進藤三郎（しんどう　さぶろう）
明治四十四（一九一一）年、横須賀に生まれ、呉で育つ。昭和七（一九三二）年、海軍兵学校（六十期）を卒業、飛行学生を経て戦闘機搭乗員となる。昭和十二（一九三七）年、空母加賀乗組として第二次上海事変で初陣。昭和十五（一九四〇）年、中国大陸・漢口基地に展開していた第十二航空隊分隊長となり、採用されたばかりの零式艦上戦闘機（零戦）十三機を率い、敵戦闘機二十七機撃墜（日本側記録）、零戦の損失ゼロという一方的勝利をおさめる。昭和十六（一九四一）年、空母赤城分隊長として、真珠湾攻撃第二次発進部隊戦闘機隊を指揮。昭和十七（一九四二）年から十八（一九四三）年にかけては第五八二海軍航空隊飛行隊長として、ラバウル、ブイン基地を拠点にソロモン・ニューギニア方面の航空作戦を指揮。筑波海軍航空隊飛行長として福知山基地で終戦を迎えた。戦後は自動車ディーラー（山口マツダ）勤務。零戦隊きっての著名な指揮官ながら、戦争の話をすることは最後まで好まなかった。平成十二（二〇〇〇）年、二月二日歿。享年八十八。

三上一禧（みかみ　かつよし）
大正六（一九一七）年、青森県生まれ。昭和九（一九三四）年、海軍四等水兵として横須賀海兵団入団。昭和十二（一九三七）年七月、操縦練習生三十七期を卒業後、第十四航空隊の一員として南支作戦に参加。

その後、横須賀海軍航空隊で十二試艦上戦闘機（のちの零戦）の実用実験に従事する。昭和十五（一九四〇）年九月十三日、重慶上空における零戦の初空戦で活躍。以後、昭和十六（一九四一）年八月まで大陸奥地進攻に参加するが、病気のため同年末、海軍を除隊。昭和十八（一九四三）年、志願して海軍に復帰、テストパイロットとして終戦まで飛び続けた。海軍少尉。戦後は、岩手県で教科書販売会社を経営、学校教育の発展に貢献した。平成十（一九九八）年、零戦初空戦で撃墜した中国空軍パイロット・徐華江と奇跡の再会を果たす。

進藤三郎

三上一禧

岩井勉（いわい　つとむ）

大正八（一九一九）年七月、京都府生まれ。昭和十（一九三五）年、海軍飛行予科練習生（のちの乙種予科練）六期生として横須賀海軍航空隊に入隊。昭和十三（一九三八）年八月、飛行練習生を卒業、戦闘機搭乗員となる。昭和十五年一月、第十二航空隊に配属され、中国大陸・漢口基地に進出。同年九月十三日、進藤三郎大尉の指揮下、二十七機撃墜（日本側記録）の大戦果を挙げた零戦初空戦に参加。昭和十七年十一月、空母瑞鳳乗組となり、ソロモン、ニューギニア、マーシャル諸島の航空戦で激戦を戦い抜く。昭和十九年八月、母艦航空隊である第六〇一海軍航空隊に転勤、十月、空母瑞鶴に乗艦し、いわゆる小澤囮艦隊の一員として比島沖海戦に参加。さらに昭和二十年春には沖縄航空戦に参加した。敵機撃墜二十二機。終戦時、海軍中尉。戦後、独学で経理を学び、米穀会社を経営。平成十六（二〇〇四）年四月十七日歿。享年八十四。

岩井　勉

角田和男（つのだ　かずお）

大正七（一九一八）年、千葉県に生まれる。昭和九（一九三四）年、予科練（のちの乙種予科練）五期生と

角田和男

して横須賀海軍航空隊に入隊。昭和十三（一九三八）年、飛行練習生を卒業し、戦闘機搭乗員になる。空母「蒼龍」乗組だった昭和十四（一九三九）年、南寧空襲で初陣を飾り、昭和十五（一九四〇）年、第十二航空隊の一員として、制式採用されたばかりの零戦を駆って出撃。筑波海軍航空隊教員として日米開戦を迎え、昭和十七（一九四二）年八月、第二航空隊（十一月、第五八二海軍航空隊と改称）戦闘機分隊士としてラバウルに進出。翌十八年六月、内地に帰還するまでの約十ヵ月にわたり、ソロモン航空戦を戦い抜いた。昭和十九（一九四四）年六月、第二五二海軍航空隊の一員として硫黄島に進出、激戦に参加。さらに十月、フィリピンに進出し、特攻隊直掩機として出撃を重ねた。昭和二十年一月、飛行機を失い台湾に脱出したのちは第二〇五海軍航空隊に転じ、特攻隊員として終戦を迎えた。海軍中尉。本人の記録によると、単独での撃墜戦果は十三機、協同撃墜約百機にのぼる。戦後、茨城県の荒地を開拓し、農業に従事。また、戦没者の慰霊巡拝に後半生を捧げた。平成二十五（二〇一三）年二月十四日歿、享年九十四。

羽切松雄（はきり　まつお）

大正二（一九一三）年、静岡県に生まれる。昭和七（一九三二）年、海軍四等機関兵として横須賀海兵団に入団。飛行機搭乗員を志し、昭和十（一九三五）年八月、操縦練習生を二十八期として卒業。昭和十五（一九四〇）年八月、第十二航空隊の一員として漢口基地に進出。十月四日の成都空襲では敵飛行場に強行着陸するという離れ業を演じる。以後、横須賀海軍航空隊で各種の飛行実験に従事したのち、昭和十八（一九四三）年七月、第二〇四海軍航空隊に転じ、ソロモン諸島方面に出動。九月二十四日、ブイン上空で被弾、重傷を負い、内地に送還されるが、再起後、横須賀海軍航空隊で飛行実験と防空任務につく。「ヒゲの羽切」と呼ばれ、腕と度胸と頭脳を兼ね備えた、海軍戦闘機隊で知らぬ者のいない名物パイロットであった。本人によると、単独での撃墜戦果は十三機。終戦時、海軍中尉。戦後は運送業を手がけ、富士トラック株式会社社長。また、富士市議会議員を十二年、静岡県議会議員を十六年努めた。平成九（一九九七）年一月十五日歿。享年八十三。

鈴木　實（すずき　みのる）
明治四十三（一九一〇）年、東京に生まれる。海兵六十期。昭和十（一九三五）年、二十六期飛行学生を卒業。「龍驤」乗組の昭和十二（一九三七）年八月、上海上空の初陣で四機を率い二十七機の敵機を相手に九機を撃墜、感状を受ける。昭和十六（一九四一）年にも十二空零戦隊を率いて活躍。昭和十八（一九四三）年、二〇二空飛行隊長をしてケンダリーを本拠に数次のオーストラリアのダーウィン空襲に参加。豪空軍のコールドウェル中佐指揮のスピットファイア隊に圧倒的勝利を収めた。終戦時、二〇五空飛行長、海軍中佐。戦後はレコード業界に身を投じ、数々のヒット曲を手がけ、キングレコードの黄金時代を築いた。平成十三（二〇〇一）年十月二十八日歿。享年九十一。

羽切松雄

鈴木　實

松平　精（まつだいら　ただし）

明治四十三（一九一〇）年、東京生まれ。学習院を経て昭和九（一九三四）年、東京帝国大学工学部船舶工学科卒業、海軍航空廠（のち航空技術廠と改称）に入る。一年間の兵役（陸軍少尉に任官）をはさんで終戦まで主に飛行機の振動問題の研究に従事、十二試艦戦、零戦の空中分解事故など、多くの問題を解明した。海軍技師。戦後、鉄道技術研究所（現・鉄道総合技術研究所）に入り、さまざまな車両の振動問題を解決。東海道新幹線開発においても大きな実績を残した。工学博士。平成十二（二〇〇〇）年八月四日歿。享年九十。

松平　精

（本項の掲載写真は著者撮影）

昭和十五年九月十三日

重慶零戦初空戦関係史料

史料Ⅰ　戰斗機隊奧地空襲戰斗詳報

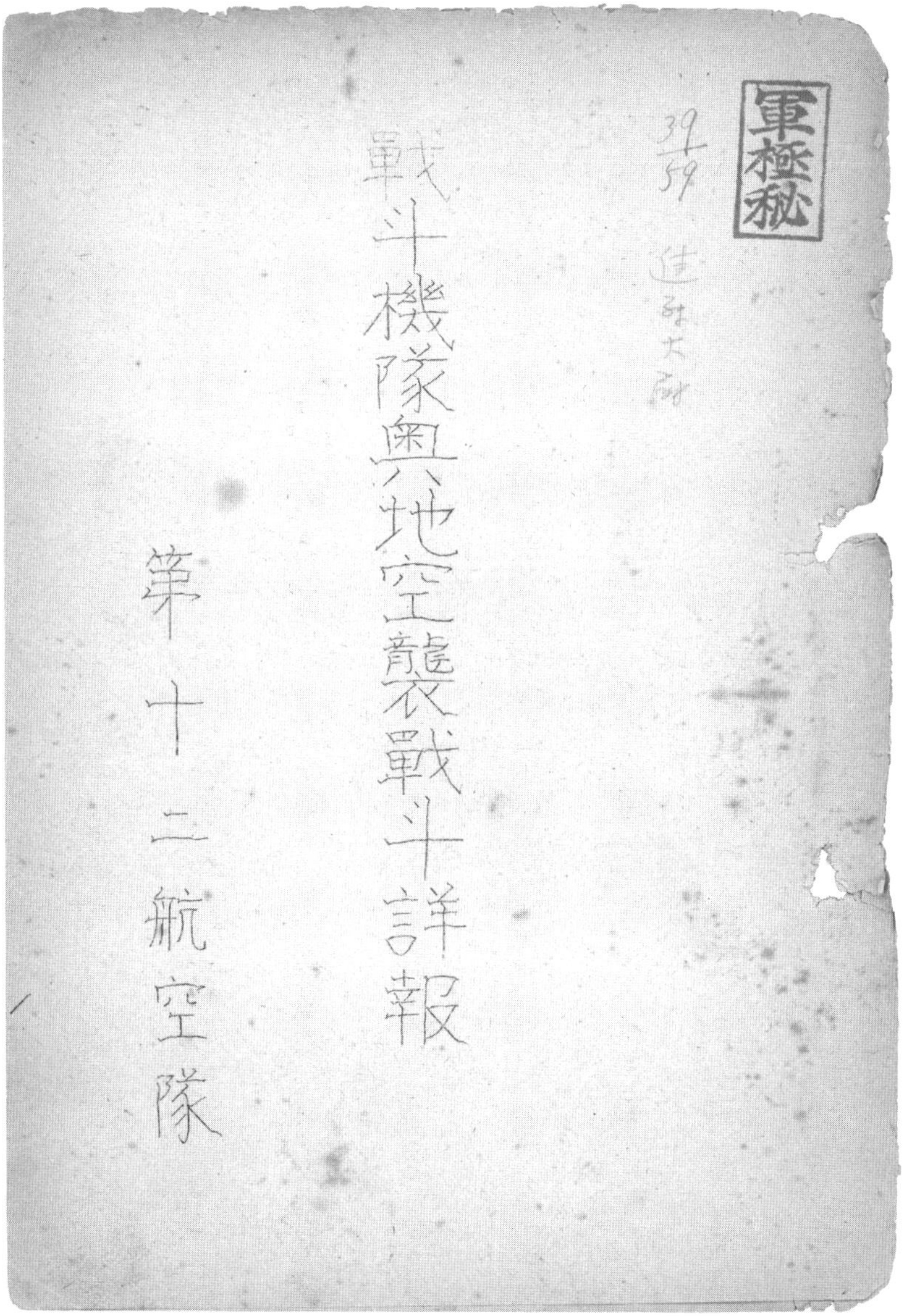

軍極秘

39/59

進藤大尉

戰斗機隊奧地空襲戰斗詳報

第十二航空隊

（一）

重慶空襲

（九月十三日）

②

一、一般情勢

重慶政府ニ対シ決定的打撃ヲ與ヘンガ為昭和十五年
四月十二日後百一號作戦開始セラレ海陸軍中攻隊ハ其ノ全
力ヲ以テ晝間ノ連續攻撃ヲ實施シ敵首都ヲシテ
殆ド廢墟ト化セシムルガ如キ大戦果ヲ收メ此ノ間四
川奥地ニ残存セル敵戦斗機隊ハ我ガ中攻隊ノ巧
妙ナル作戦計畫ニ依リ屢々其ノ虚ヲ衝カレタリシト
雖概ネ我ヲ捕捉シ積極ニ挑戦スルコトアリシ為程度
ニ大小ノ差ハアリシモ中攻隊ニ於ケル人員機材ノ犠牲ハ
常ニ絶間アルコトナク不還機数七機ニ及ベリ　於茲
攻撃成果ノ徹底ヲ期センニハ我ガ戦斗機ノ奥地進
撃ニ依リ敵戦斗機隊ノ捕捉撃滅ヲナスノ要切
實トナリシヲ以テ零式戦斗機ノ十二空配給ナ極

③

④

力從進セラレツヽアリシガ七月中旬ヨリ漸ク之ガ實現ヲ見宜昌飛行場ノ完備スルト共ニ零式戰斗機十二機ヲ擁シ概ネ八月中旬戰斗機隊重慶空襲準備完成スルニ至レリ

此ノ時敵戰斗機隊ハ四川奥地殘存兵力ハ情報竝ニ偵察状況ヲ綜合スルニ概ネ五、六十機ニシテ第一線機ハ四、五十機程度ナルモノト推定セラレタリ

茲ニ八月十九日ヲ第一日トシ我零式戰斗機隊ハ中攻隊ト協同シ四川奥地ノ攻撃ヲ開始シ極力敵戰斗機隊ノ捕捉殲滅ヲ期セリ

(一) 八月十九日

戰斗機隊　零式戰斗機　十二機

中攻隊　一聯空、二聯空　全力

⑤

敵戰斗機ヲ見ズ

敵ハ我ガ戰斗機隊ノ進撃ヲ察知セルモノヽ如ク全ク其ノ機影ヲ重慶ニ現サズ

(二) 八月二十日

戰斗機隊　零式戰斗機　十二機

中攻隊　一聯空、二聯空　全力

敵戰斗機隊ノ現レザリシコト第一日ニ同ジ

(三) 八月二十二日

戰斗機隊　九六戰、六、陽動

中攻隊　一聯空、二聯空　全力

敵戰斗機全ク姿ヲ現サズ　零戰ノ出現ニ依リ

敵戰斗機隊ハ戰意ヲ失ヒタルモノト觀ゼラル

⑥

(四) 九月十二日

戰斗機隊　零式戰十二機　四基地ヨリ發進
中攻隊　十三空中攻　全力

戰斗機隊ハ漢口基地ヨリ直線航路ヲ以テ重慶ニ進撃約一時間上空ニ滞空哨戒セルモ敵影ヲ認メズ白市驛飛行場竝ニ重慶市街ノ低空偵察及銃撃ヲ實施シ歸投セリ

然ルニ我飛行機隊ノ重慶上空引揚直後敵戰斗機隊ハ約三十機ノ編隊ヲ以テ重慶上空ニ飛來シ約二十分上空ヲ旋回シタル後白市驛飛行場ニ着陸シ二十分ノ後離陸北西方ニ飛去セリト、偵察機情報ヲ得タリ

敵戰斗機隊ノ斯ノ如キ行動ハ我攻撃ヲ逃レツ

⑦

ツ敵市民ヲ欺瞞セントスル「デモンストレーション」ニシテ必ズヤ我ガ作戰計畫ハ手段ニ依リ之ヲ捕捉シ得ベキヲ期シ翌九月十三日戰斗機隊第四次重慶空襲ハ計畫ヲ實施セラレ文字通リ敵戰斗機隊ノ捕捉殲滅ニ成功

未曾有ノ大戰果ヲ收ムルニ至レリ

二、計畫

(1)受領セル命令

中支航空部隊信令作第一二號
昭和十五年九月十二日　二一〇〇發令
發　中支航空部隊指揮官
宛　中支航空部隊

一、本日ノ我カ重慶攻撃終了後敵戦斗機ニ二機重慶ニ飛来シ白市駅飛行場ニ一時着陸シタル後成都方面ニ飛去セリ

二、戦斗機ノ低空偵察ニ依レハ重慶市街ノ大半ハ潰滅シ我カ累次ノ攻撃ノ効果甚大ナルヲ認メタリ

三、中支航空部隊ハ明日左記ニ依リ重慶第三十五回攻撃ヲ実施シ敵軍事施設ヲ攻撃スルト共ニ敵戦斗機ヲ捕捉撃滅セントス

四、兵力部署

(イ)兵力区分

区分	空中指揮官	兵力		任務
第一攻撃隊	各	中攻	全力	D区(西北部)要人住宅ノ攻撃
第一偵察隊		陸偵	一	重慶附近ノ敵情偵察

隊	司令所定	兵力		任務
第二偵察隊		陸偵	一	同右
第二攻撃隊		艦爆	全力	江南セメント工場
戦斗隊		零式艦戦	全力	敵戦斗機撃滅
		陸偵	一	戦斗機隊誘導
第六偵察隊		陸偵	一	重慶事前偵察
収容隊		艦攻	六	戦斗機収容誘導
宜昌警戒隊		九六艦戦	六	宜昌上空警戒
		艦攻	二	戦斗機収容

(二)各部隊ノ行動

(イ)各部隊発着時間表別表ノ通

但シ基準隊ヲ第一攻撃隊トシ基準時刻ヲ一〇一五トス

(ロ)各部隊ノ行動要領

⑩

(1) 第一第二攻撃隊ハ各指揮官ノ定ムル所ニ依リ一三一五涪州上空ニ進撃シ戦斗隊ト合同之ト連繋ヲ保チツヽ重慶上空ニ進撃攻撃ヲ實施ス

(2) 戦斗隊

所定時宜昌上空發進涪州上空ニテ攻撃隊ト合同之ト連繋ヲ保チツヽ重慶上空ニ進撃機宜行動敵戦斗機ヲ捕捉撃滅ス

誘導陸偵ハ戦斗機隊重慶ニ進撃後機宜行動涪州上空ニ待機シ戦斗機ヲ収容歸投ス

(3) 天候偵察隊

所定地域ノ天候偵察ヲ實施ス

(4) 収容隊

別圖ノ配備地點ニ在リテ戦斗機ヲ収

⑪

宜昌ニ誘導ス

標準高度ヲ四〇〇〇米トシ待機運動法ヲ東西線方向往復運動トス

(5) 宜昌警戒隊

別圖ノ如ク待機シ戦斗機ヲ宜昌ニ誘導ス

五、通信

機密聯合空襲部隊命令第四號ヲ適用ス

（終）

⑫

別表　重慶第三五回攻撃参加部隊発着時間表

部隊			W	白螺磯	宜昌 着	宜昌 發	恩施(奉節)	雲陽	涪州	重慶 着	重慶 發	宜昌 着	宜昌 發	W
一天偵			0700							0930	1000			1230
攻撃隊	中攻隊		1015						1315	1335	1340			1640
攻撃隊	艦爆隊					1130			1315	1335				1635
攻撃隊	一偵			1030						1245	1400			
攻撃隊	二偵			1145						1400	1515			
戦斗隊	第一戦斗隊	零式				1200			1315	1335	1430	1600	1700	1800
戦斗隊	第一戦斗隊	陸偵		1115		1200			1315		1430			1700
収容隊								1415~1545						1800
宜昌警戒隊												1500~1630	1730	1830

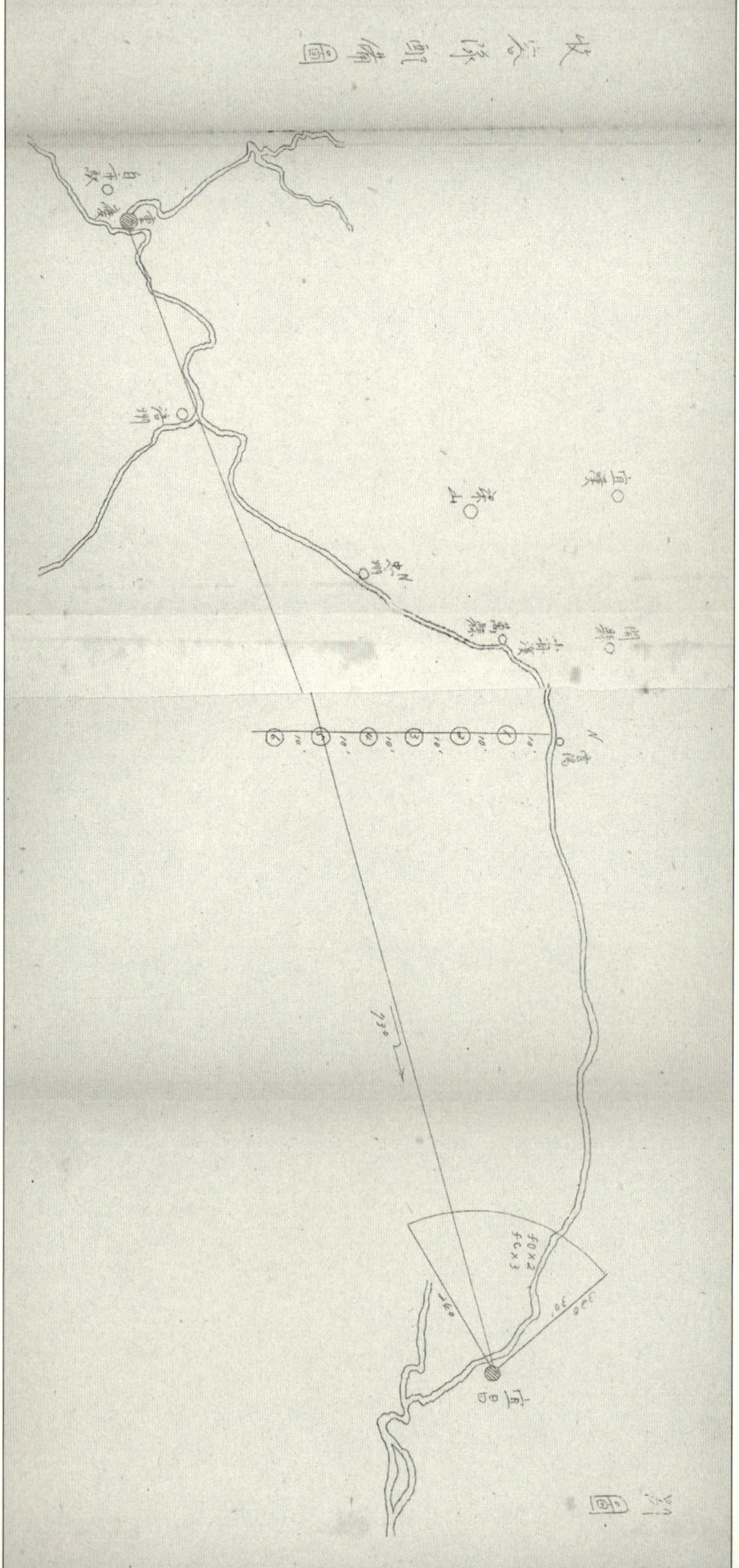

⑬

二、飛行機隊編制

飛行機隊名	飛行隊指揮官	中隊名	中隊長	小隊名	小隊長	機番號	官職	氏名	
艦上戦斗機	進藤大尉	1S	進藤大尉	1D	進藤大尉	一六一	大尉	進藤三郎	×
						一六六	一空曹	北畑三郎	×
						一六七	二空曹	大木芳男	
						一六九	二空曹	藤原喜平	
				2D	山下空曹長	一七一	空曹長	山下小四郎	×
						一六五	二空曹	末田利行	×
						一七三	三空曹	山谷初政	×
		2S	白根中尉	1D	白根中尉	一七五	中尉	白根斐夫	×
						一六二	一空曹	光増政之	×
						一六三	二空曹	岩井勉	○
						一七八	一空曹	高塚寅一	×

飛行機隊名	飛行隊指揮官	中隊名	中隊長	小隊名	小隊長	機番號	官職	氏名	
隊	尉		尉	2D	高塚一空曹	一七〇	二空曹	三上一禧	○
						一七六	三空曹	平本政治	×

三、空戦計画

（1）先制索敵見敵必撃一撃必墜ヲ期シ各指揮官以下各機ノ心的結合ニ依リ連合集中ノ威力ヲ極度ニ発揮編隊及覆連續攻撃ヲ決行シ以テ敵戦斗機ノ殲滅ヲ期ス

（2）中攻隊ト同時ニ重慶上空ニ進撃シ爆撃終了後一旦重慶上空ヨリ約三十浬附近迄引返シ更ニ重慶ニ進撃敵機ヲ捕捉セントス

三、一般經過概要

十二日陸偵偵察ニ依レバ我ガ重慶攻撃終了直後

敵戦斗機二、二機重慶ニ飛来シ白市駅飛行場ニ一時着陸シタル後成都方面ニ飛去セリ

右ハ重慶市民ニ対スル支那空軍ノ「デモンストレーション」ノ行動ヲナス公算大ナリト判断シ戦斗機隊ハ攻撃隊ト合同重慶上空ニ進撃敵ヲ見ザルトキハ一時反転シ行動韜晦シテ再度突撃敵機ヲ捕捉撃滅スルノ戦法ヲ採レリ

戦斗一般経過概要

〇八三〇零式戦十三機W基地発〇九三〇二十一基地着同地ニテ燃料ヲ補給セリ

一二〇〇零式戦十三機二十一基地上空高度二〇〇〇米ニテ誘導陸偵ト合同発進爾後漸次高度ヲト

リツツ涪州ニ直進セリ

途中天候快晴(点々雲ナク視界亦極メテ良好ナリ)一三一〇涪州上空七〇〇〇米附近ニテ誘導陸偵ト分離攻撃機隊ト合同シ之ト連繋ヲ保チツツ其ノ前路ヲ警戒スル如ク高度七五〇〇米附近ニテ白市駅飛行場重慶上空ニ進撃セルモ敵戦斗機ヲ認メザリシヲ以テ一三三〇攻撃隊ノ爆撃終了帰投スルニ再ビ合同企図セル戦法ニ基キ蘭市附近ニ引返シ一三五五再度重慶上空ニ進撃セリ(此ノ間誘導陸偵ヨリ敵機出現ノ電話ヲ受聴セリ)

一四〇〇白市驛上空附近高度六五〇〇米ニテ南進中ノ高度五〇〇〇米附近北東ニ向ヒ我ニ反航スル敵イ十五十六約三〇機ノ大編隊群ヲ発見一中隊ハ

⑱

前部編隊群ハ二中隊ハ後部編隊群ニ順次突撃セリ
最初ノ一撃乃至二撃ニ依リ敵戦斗機約一〇機ヲ撃墜シ余ノ敵機ハ左旋回ニテ一団トナリ逃避セントスルモノハ上方ヨリ攻撃サレ反転敵機群中ニ入リ我ガ戦斗機隊ハ包囲態勢ヲ執リ単機又ハ協同攻撃ニ依リ撃墜スルト共ニ低空ニ至ル迄徹底的追撃ヲ続行シテ或ハ撃墜シ或ハ地上ニ激突セシメ敵戦斗機ヲ殲滅セリ
一四三〇戦斗終了　一六〇〇迄ニ全機二十一基地着戦斗ハ終始絶対的優位ヲ占メ急降下急上昇反覆攻撃ヲ實施シ更ニ一部ハ上空支援ニ任ジ遺憾ナク集団ノ威力ヲ発揮シ得タリ

⑲

敵ハ全ク戦意ナク全機集団トナリ急降下避退ニノミ専念セルタメ我ハ常ニ全機ヲ捕捉シ偶々集団ヨリ逃避スレバ零式戦ノ優速ヲ以テ容易ニ之ヲ追撃撃墜シ遂ニ敵戦斗機殲滅ノ大勝ヲ拍シタリ

四　各機ノ戦斗概要

3-161

配置機番 氏名符號	戦闘機隊指揮官 第一中隊長 第一小隊長 海軍大尉 進藤三郎
交戦セル敵 機種機数	E15×5 E16×1
戦闘概要	一四〇〇頃重慶南西約十五浬高度六五〇〇米ニテ協同陸偵ノ敵機在空ノ通報ト同時ニ三番機ノ「バンク」ニ依リ左下方距離三五〇〇米高度五〇〇〇米附近ニE16 E15約三十機ヲ認メ戦闘開始先頭機ノ前程ヲ壓シ先頭E16ヲ攻撃セルモ角度深ク射撃スルニ至ラズ 次イデE15ヲ二撃ニテ一機撃墜ス（左翼端ニ二十粍ニテ直徑約五十糎ノ穴ヲ明ケ遮風板直前ニ二十粍命中破片四散シ敵機急上昇ノ後失速地面撃突） 爾後戦場上空ニ在リ敵支援機ニ對スル警戒戦闘ノ監視ヲ為シツツ敵機ノ逃走セントスルヲ攻撃戦場内ニ追ヒ込ミ一四三五頃迄ニ敵機ヲ撃滅シ培州上空ニテ三機ヲ合同セシメ宜昌ニ歸着ス
成果	E15×1（確實）撃墜
被害	ナシ
發射弾数	20粍×110 7.7粍×550

⑳

3-166

配置機番及氏名	第一中隊　第一小隊　二番機 海軍一等航空兵曹　北畑三郎
交戦セル敵機種機数	E15×10 E16×2
戦闘概要	一四〇〇頃指揮官機ニ續行中敵戦闘機約三〇機ヲ發見小隊長ニ續行其ノ最右翼E十六戦ニ對シ右上方ヨリ奇襲撃墜次イデ他ノE十六ニ對シ攻撃ス両翼及胴體右側ニ直徑約五〇糎ノ穴ノ明クヲ認ムルト同時ニ垂直降下ニ移ルモ最後ヲ見届ケル暇ナシ以后數次E十五ニ對シ攻撃スルモ撃墜スルニ至ラズ一四三五頃空戦終了シ僚機ヲ求ムレド見當ラズ高度ヲ再ビ下ゲ石馬州白市驛飛行場ヲ偵察シ白市驛飛行場ニアリシE十五戦ニ對シ地上掃射ヲ行ヒ歸途ニ就ク
戦果	E15×1 地上掃射　E16×1 撃墜 不確實E16×1
被害	ナシ
発射弾数	20粍×110 7.7粍×948

㉑

配置機番號及氏名	第一中隊第一小隊三番機 海軍二等航空兵曹 大木芳男　3-167
交戰セル敵機種機數	E15×10 E16×2
戰闘概要	一四〇〇頃指揮官機ニ續行中敵約三十機ヲ發見「バンク」及機銃發射等ニ依リ中隊長ニ報告右後上方ヨリ接敵突撃敵編隊ノ先頭E16ヲ後上方攻撃コレヲ撃墜 第二撃E15ヲ後上側方攻撃ニ二十粍彈命中主翼四散墜落以后E15數機ト亂戰ノ後E16ニ對シ後上方氣味ノ追尾攻撃ヲ加フレバ敵ハ火ヲ發シ搭乘者落下傘ニテ脱出以後E15數機ト交戰内一機ヲ炎上撃墜セリ 右機墜落時被彈一發同時ニ揮發油座席内ニ噴出シ「ガス」充滿シ呼吸困難意識次第ニ不明瞭トナル 尚E15ト交戰數撃ノ後一機太キ白煙ヲ噴キ背面ノ儘降下スルヲ認ムルモ最後ヲ見極ワムルヲ得ズ 一四三〇頃攻撃ヲ止メ歸途ニツク 一六〇〇二十一基地歸着降着時兩車輪射貫ヲ知ル
成果	確實　E16×2　E15×2 不確實　E15×1
被害	被彈一發　七・七粍？ 座席前方左主翼主桁上方約二十糎ヨリ入リ胴體槽下方燃料管及ビ兩車輪射貫
發射彈數	20粍×110發 7.7粍×965發

⑫

配置機番號及氏名	第一中隊 第一小隊 四番機 海軍二等航空兵曹 藤原喜平 3-169
交戦セル敵機種機數	E-15型 ×6 E-16型 ×1
戦闘概要	一四〇〇指揮官ノ戦闘開始ニ依リ敵機約三十機發見我高度七〇〇〇米ヨリ之ニ突撃協同攻撃ノ下ニ最初ヨリ空戦終了迄常ニ優位ヨリ降下急上昇ニテ之ヲ捕捉シ一機ハ二十粍機銃ニ撃ニシテ火災ヲ起サシメ他ノ一機ハ七、七粍機銃ニテ之モ火災ヲ起サシメ確實ニ之ヲ撃墜ス他ノ飛行機ニ數撃射撃加フルモ撃墜スルニ至ラズ携行彈打盡セルヲ以テ集合ノ上歸途ニ就ク
戦果	E-15型 ×2(確實)
被害	左翼ニ日ノ丸ノ中ニ 13粍×1 7.7粍×2
發射彈數	20粍 × 110 7.7粍 × 1164

㉓

部隊符号 官等氏名	一中隊第二小隊長 一番機 海軍航空兵曹長 山下小四郎 3-171
機種機数	E15 × 15〜20 E16 × 6〜10
戦闘概要	一四〇〇頃指揮官機ニ次イデ敵発見。吾高度六五〇〇米敵機ハ[illegible]附近（[illegible]）撃チE16ニ後上方攻撃ヲ加ヘ[illegible]退避ニ[illegible]効果少第二撃E16ニ後上方攻撃。敵機火ヲ起シ搭乗員落下傘ニテ降下次イデ数撃ノ後E15ヲ後（方ヨリ）撃墜ス（火災ヲ起ス）爾後彼我入リ乱レテ乱戦トナリ高度五〇〇米附近迄降下スル内ニE15一機ヲ撃墜ス（黒煙ヲ引クト見レ間ニ火災ヲ起ス） 尚モ攻撃中降下シツツ西北方（三〇〇度附近）ニ逃避セントスルE15二機ヲ認メコレヲ二番機ト協同追撃シ一機ヲ林ノ中ニ一機ヲ水田中ニ撃墜ス（此ノ時ノ高度五〇米〜二〇〇米） 帰途白市飛行場ニテ地上ニ在ルE15二機ニ対シ銃撃ヲ加フ（高度三〇米〜五〇米）銃撃二撃ニシテ弾丸ナクナリタルタメ低空偵察ヲ行ヒタル後帰路ニツケリ （白市飛行場ニ於ケル敵ノ地上砲火相当猛烈ナリ）
戦果	確実 E15×2 E16×1 協同撃墜（確実） E15×2（二番機ト協同） 地上掃射 E15×2
被害	ナシ
発射弾数	7.7粍 1300発

配置番号 官級及氏名	第一中隊第二小隊二番機 海軍二等航空兵曹 末田利行	3-165
機種機数	E-15 × 8 乃至 10 E16 × 2	
戦闘概要	一・三五五敵発見高度六五〇〇米敵機四五〇〇米小隊長ニ續イテ突撃第一撃二五〇〇米附近ニテE15ヲ右上方ヨリ射撃々墜搭乗者落下傘降下ス 次イデ高度一三〇〇米（乃至五〇〇米）亂戦トナリE16二機E15十數機ニ對シ味方七、八機ト連繋攻撃シE15二機ヲ火災墜落セシム 爾後數撃後高度一一〇〇米附近ヲE15二機西北方ニ向ケ戦場ヲ避退スルヲ小隊長ト協同シテ二機共撃墜 歸途白市驛飛行場ニテ地上ノE15二機ニ對シ掃射四撃ヲ加ヘ附近ヲ低空偵察シテ小隊長ニ從ヒ歸途ニ就ク	
成果	E15 × 3 單獨撃墜 E15 × 2 協同撃墜（一番機ト協同） E15 × 2 地上掃射	
被害	ナシ	
発射弾数	20粍 × 110 7.7粍 × 1300	

㉕

部隊號及氏名	3-173 第一中隊第二小隊三番機 海軍三等航空兵曹　山谷初政
交戦セル敵機種機数	E-15×9
戦闘概要	一四〇〇E十六、E十五ヨリナル敵戦闘機群約三十機發見 高度五〇〇〇米我高度七〇〇〇米ナリ 一、二番機ヨリ稍遅レ突撃ニ遷ラントス時恰モ白市驛飛行場西方ノ山脈ヲ越エテ逃避セントスルE十五三機ヲ發見直ニ之ニ攻撃ヲ加ヘ二機撃墜残リ一機ト交戦中白市驛方面ヨリ敵味方入リ亂レ約二十機移動シ来リ我モ亦之ニ混リ高度五〇〇米附近ニテ亂戦中高度挽回ヲ圖リツツアルE十五一機ヲ撃墜歸途ニツカントスルヤ途中味方一機E十五一機ニ攻撃ヲ加ヘツツアルヲ認メ之ニ協力地上ニ撃突セシメ歸途ニツク
成果	確實　E-15×3 協同撃墜　E-15×1
被害	ナシ
弾数(發射)	20粍×100 7.7粍×960

㉖

3-175

配置機番號及氏名	第二中隊長 海軍中尉 白根斐夫
交戦セル敵機種機数	E15×2
戦闘概要	一四〇〇重慶西南約十五浬高度五〇〇〇米附近ニ反航スル敵戦闘機約三〇機ヲ発見直ニ攻撃ヲ開始セリ 我高度七〇〇〇米ヨリ突入敵E一五戦ニ對シ後上方射撃ニテ二撃ヲ加フルモ何レモ撃墜スルニ至ラズ 第三撃ノ射撃ニ移ルヤ二〇粍一発出タルノミニテ七・七粍故障 直ニ上空ニ避退復舊ニ努メタルモ原因不明 爾後上空ニテ見張ニ任ジ一四三〇單機帰途ニツク
成果	ナシ
被害	ナシ
発射弾数	20粍×110 7.7粍×100(故障)

㉗

3-162

配置機番號及氏名	第二中隊 第一小隊 二番機 海軍一等航空兵曹 光増政之
交戦セル敵機種機数	E15×10
戰闘概要	我高度七〇〇〇米ヨリ小隊長ト共ニ突入敵E十五戦ニ對シ後上方ヨリ急上昇急降下戦法ヲ以テ絶對有利ナル戦闘ヲ實施約四撃ニシテ火炎ヲ生ゼシメ之ヲ撃墜セリ 爾後浅キ後上方攻撃ヲ反復施行E十五戦一機撃墜ス 暫時ニシテ戦場離脱逃走中ノE十五戦一機ヲ發見之ヲ追撃射彈發動機ニ命中黒煙ヲ發セシメ後後レテ來タル二機ト協同攻撃之ヲ地上ニ撃突セシム 一四三五歸途ニ就ク
成果	確實 E15×2 協同確實 E15×1
被害	ナシ
發射彈数	20粍×110 7.7粍×613

3-163

第二中隊第一小隊三番機
海軍二等航空兵曹　岩井勉

配置機番 氏名

交戦セル敵機種機数

E15 × 10

戦闘概要

小隊ヨリノ突撃ト共ニ突撃シ最右翼ニアリシ
敵E十五戦一機ニ對シ後上方ヨリ射撃ヲ發
火墜落セシム
爾後他ノE十五戦數機ニ對シ約十撃ヲ行ヒ
二機ニ對シ燃料ヲ發セシムルモ墜落セルヤ否ヤ
ヲ見届ケズ其ノ後一機戦闘圏外ニ避退セン
トスルヲ補捉發火撃墜ス
一四三五重慶上空ヲ引上ゲ帰途ニ就ク

成果

E15 × 2（確實）
E15 × 2（不確實）

被害

シナ

消費彈數

20粍　110
7.7粍　1074

3-178

第二中隊 第二小隊一番機
海軍一等航空兵曹 高塚寅一

戰鬪機番號及氏名 機種機數	
戰鬪概要	E15×7 E16×3 二中隊長ト連繋ヲ保チ最右翼ノE15型戰闘機ニ後上方ヨリ第一撃ヲ加ヘルニ二十粍機銃弾胴體兩側ニ同時命中火災ト同時ニ機體分解之ヲ確實ニ撃墜ス 以後E15型戰闘機二機及ビE16型戰闘機一機ニ攻撃銃弾命中燃料噴出急降下ニ入ルモ最後ヲ見届ケ得ズ 一四三七歸途ニ就ク
戰果	確實 E15型戰×1 不確實 E15型戰×2 E16型戰×1
被害	右翼ノ前縁中央ヨリ約二六。粍後方十三粍?二發被彈 右脚整備不良ノ為空戰實施中約四十五度開以後開閉不能ノ儘歸還 三十一基地ニ不時着機體大破搭乘員無事
發射彈數	20粍×110 7.7粍×1150

配置機番號及氏名	3-170 第二中隊第二小隊二番機 海軍二等航空兵曹 三上一喜
交戦機種機数	E16×1 E15×5
戦闘概要	小隊長機ニ續行突撃E15型戦闘機ヲ捕捉二十粍射撃ニテ右下方「エルロン」ヨリ直徑一米位破損錐揉ニテ落下スレド次ノ攻撃ノタメ終局ヲ見ズ 次ニE15型戦闘機ニ對シテ攻撃追尾射撃ニテ地上ニ激突セシム 更ニE16型戦闘機零戦ヨリ攻撃中ヲ認メコレニ攻撃墜落セシム 最後E15型戦闘機高度四百米ニテ捕捉地上ニ激突スル迄追躡射撃ス 敵弾ヲ受ケタルタメ單機一四二〇戦場ヲ離脱一五四五 二十一基地ニ着陸ス
戦果	確實 E16×1 E15×2 不確實 E15×1
被害	左翼 2發 右翼 2發
發射弾数	20粍×110 7.7粍×1012

㉛

配置番号 階級氏名	第二中隊 第二小隊 三番機 海軍三等航空兵曹 平本政治 3-176
交戦セル敵 機種機数	E15×10
戦闘概要	小隊長ニ續イテ突撃内一機ヲ目懸ケテ襲 撃スルモ第一撃高度差多過ギ過遠トナリテ 有効ナル射弾送レズ第二撃目ニ別機ニ對 シ追躡攻撃敵ハ火焔ニ包マレ墜落ス 混戦ニ陥リ数撃ノ後一機ヲ追躡低高度 追追ヒツメ射撃セバ敵ハ水田中ニ突入大破炎 上ス 最後ニ三機協同撃墜一 一四三五帰途ニ就ク
戦果	確實 E15×2 協同 E15×1
被害	ナシ
発射弾数	20粍×110 7.7粍×1050

㉜

三、成果

確實撃墜　二十七機

地上掃射　二機

發見敵機数約三十機攻撃ヲ加ヘタルモ逃避セルモノ二機白市駅ニ地上転覆E16一機地上E15二機在リ

其ノ他ハ確實ニ殲滅

各人ノ申告撃墜機数ヲ合算スレハ確實E15二十五機E16五機計三十機不確實E15六機E16二機ナルモ其ノ間ニハ協同撃墜在ルモノト思考セシ確實撃墜機数二十七機ト決定ス

33

五 被害情況

弾痕報告(零式一號艦上戰闘機)

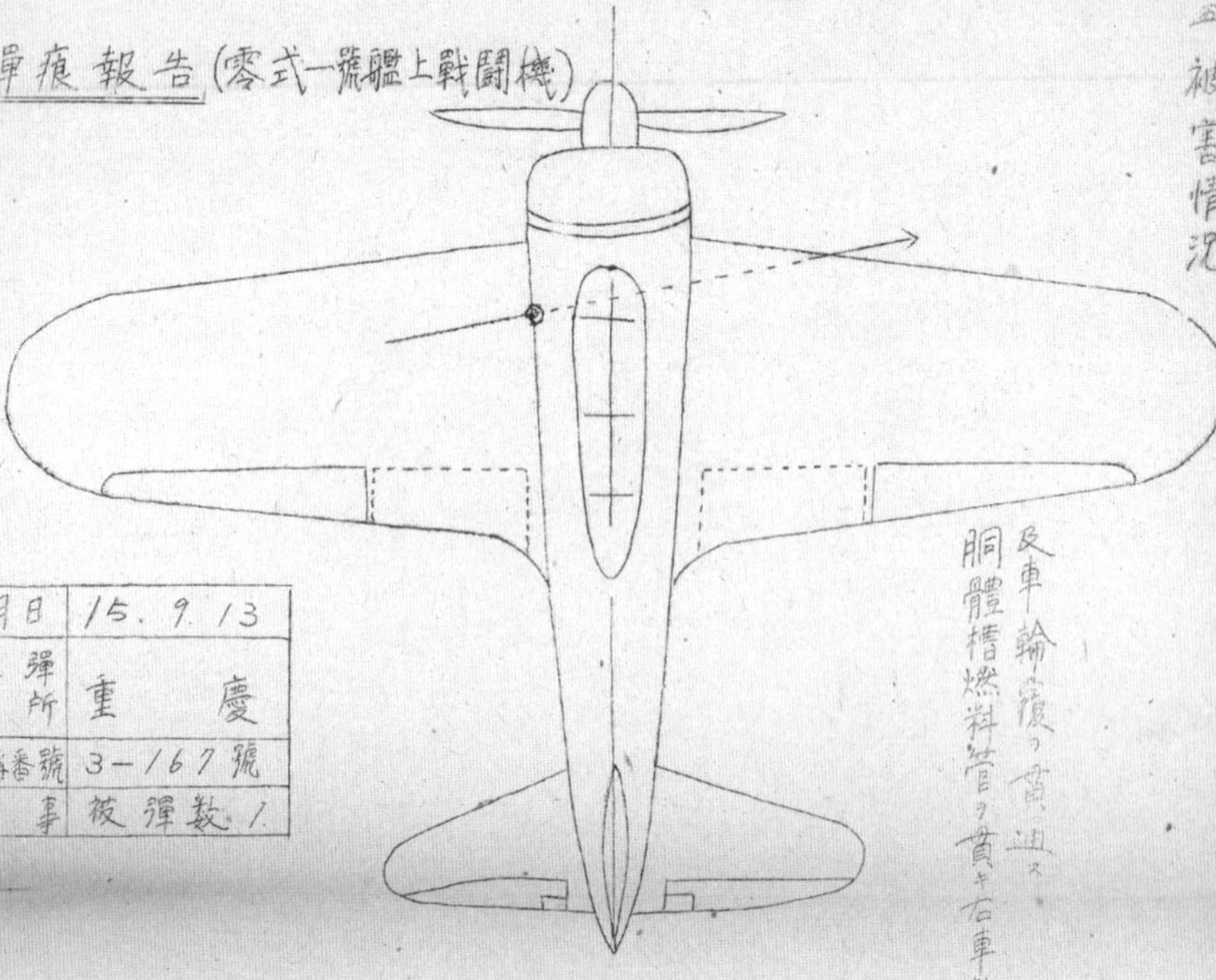

年月日	15. 9. 13
被弾場所	重慶
呼稱番號	3−167號
記事	被弾數 1

胴體槽燃料管ヲ貫キ右車輪及車輪覆ヲ貫通ス

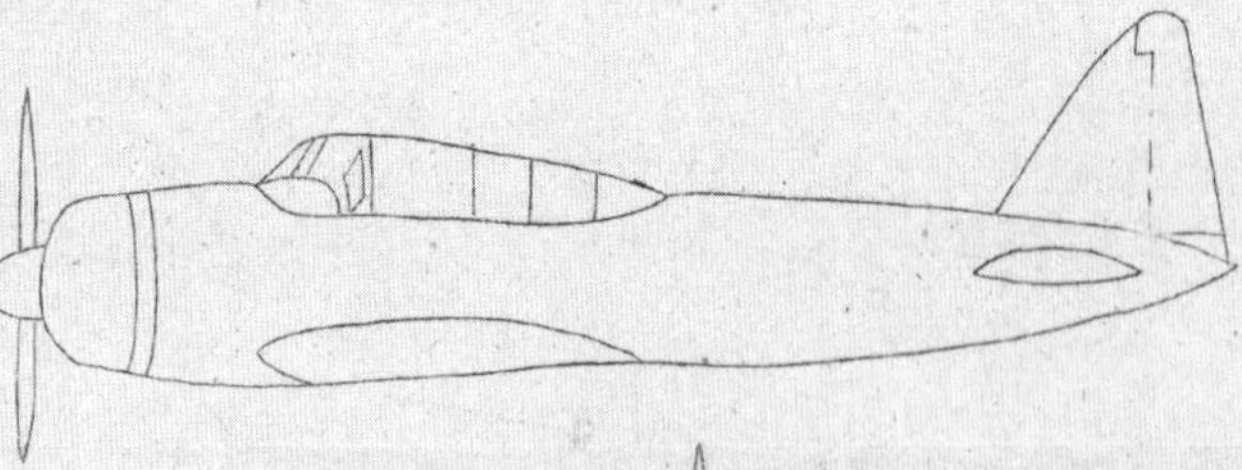

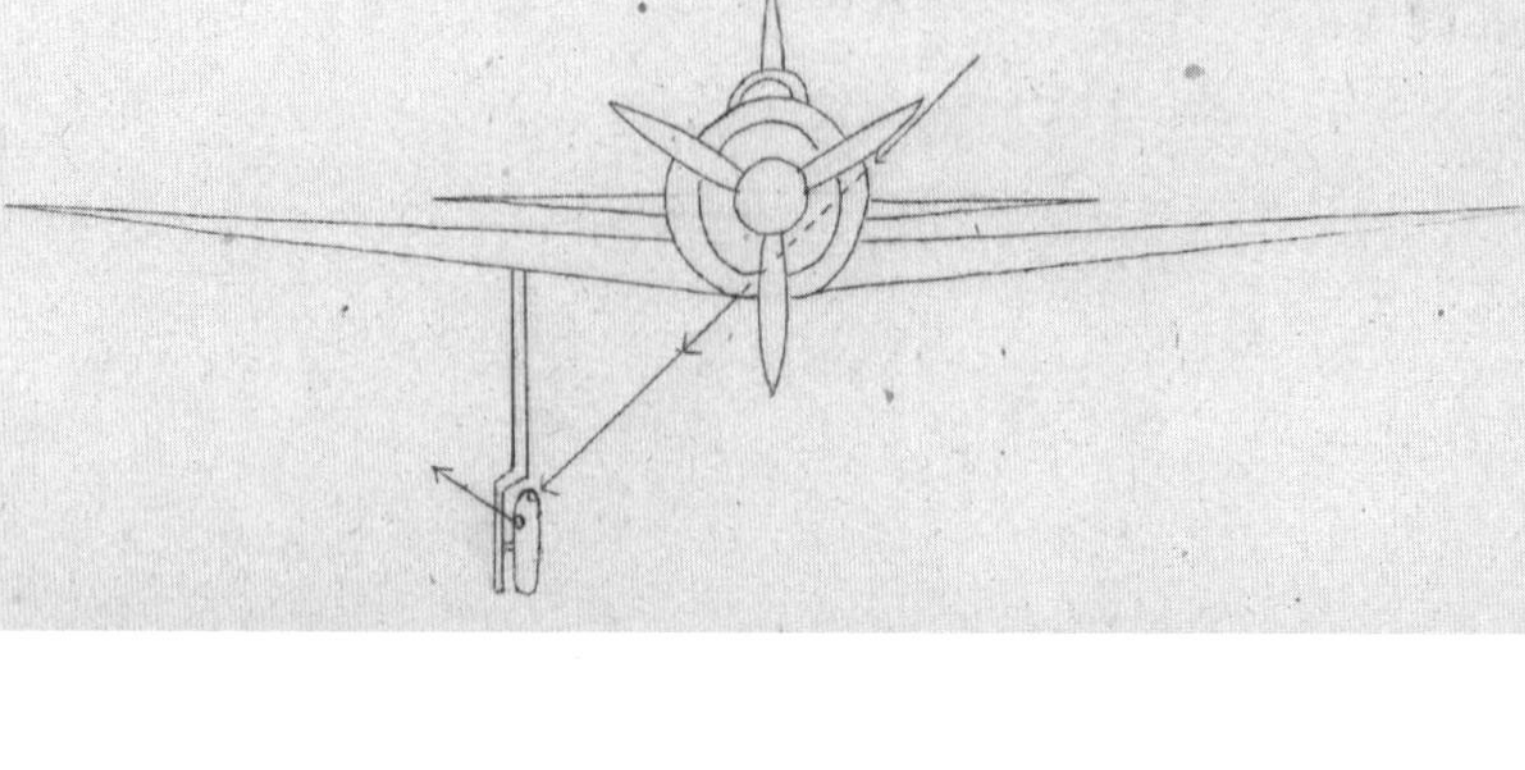

㉞

彈痕報告（零式一號艦上戰闘機）

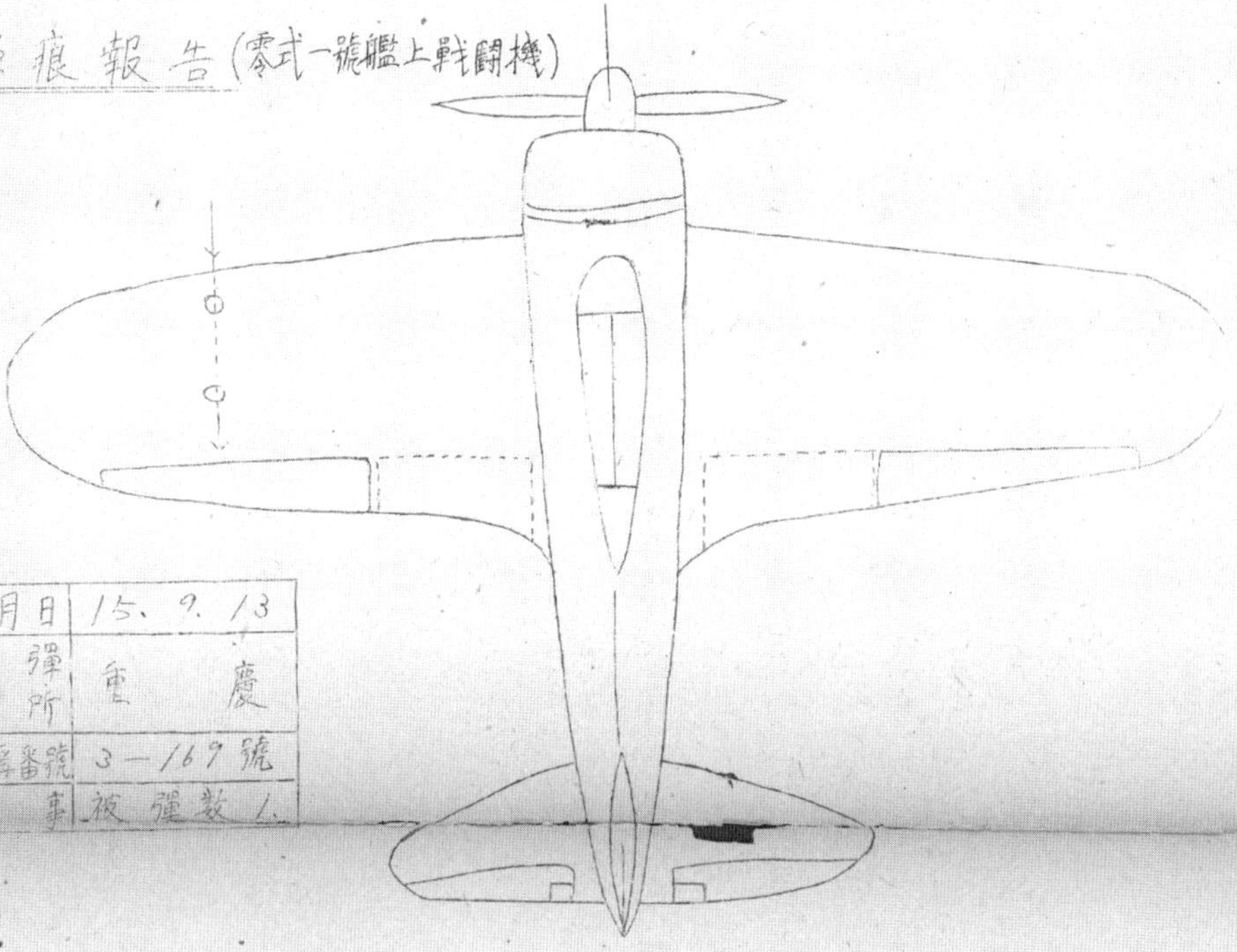

年月日	15. 9. 13
被彈場所	重慶
呼稱番號	3－169號
記事	被彈数 1

㉟

弾痕報告（零式一號艦上戦闘機）

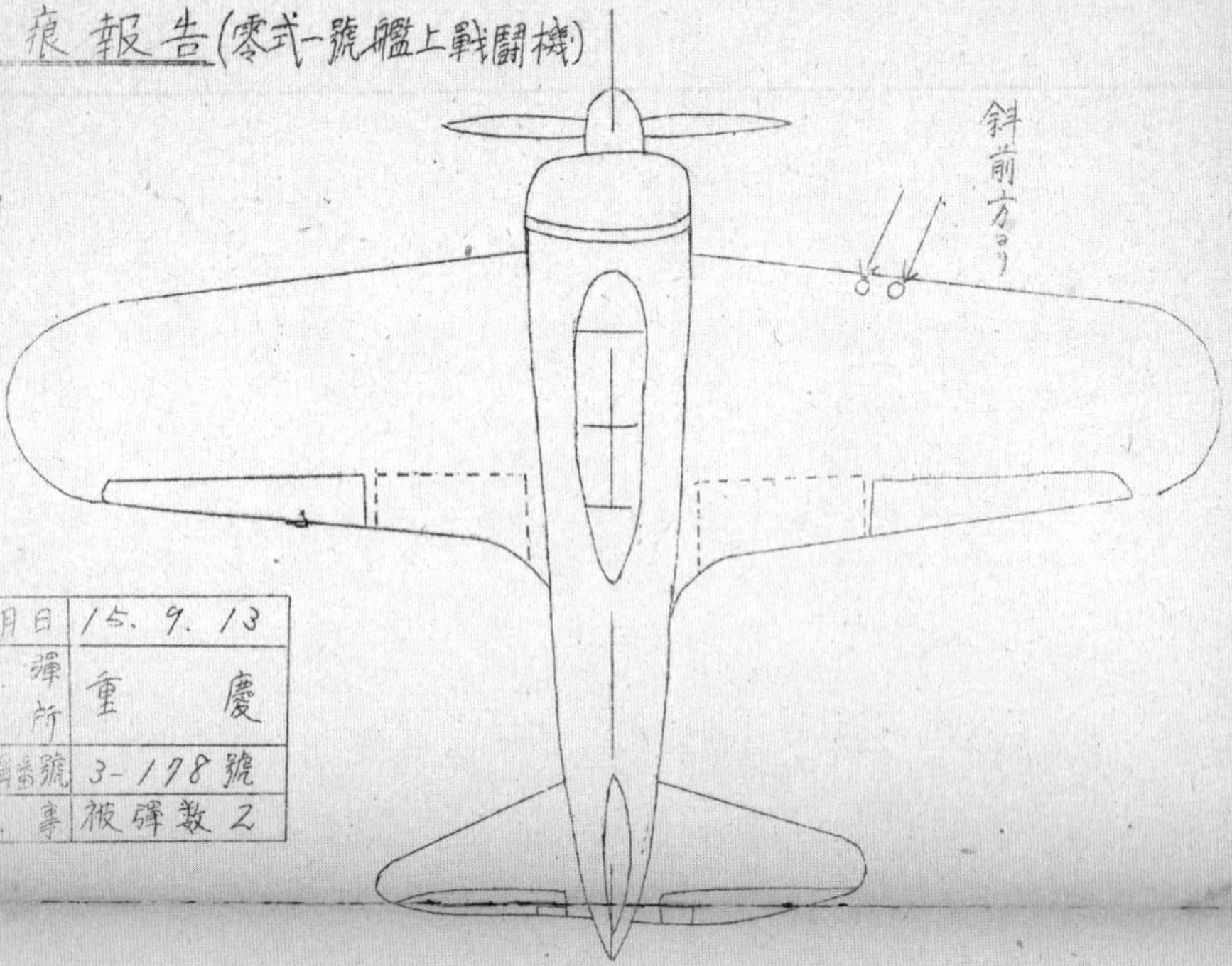

年月日	15. 9. 13
被弾場所	重慶
呼稱番號	3-178號
記事	被弾数2

㉟

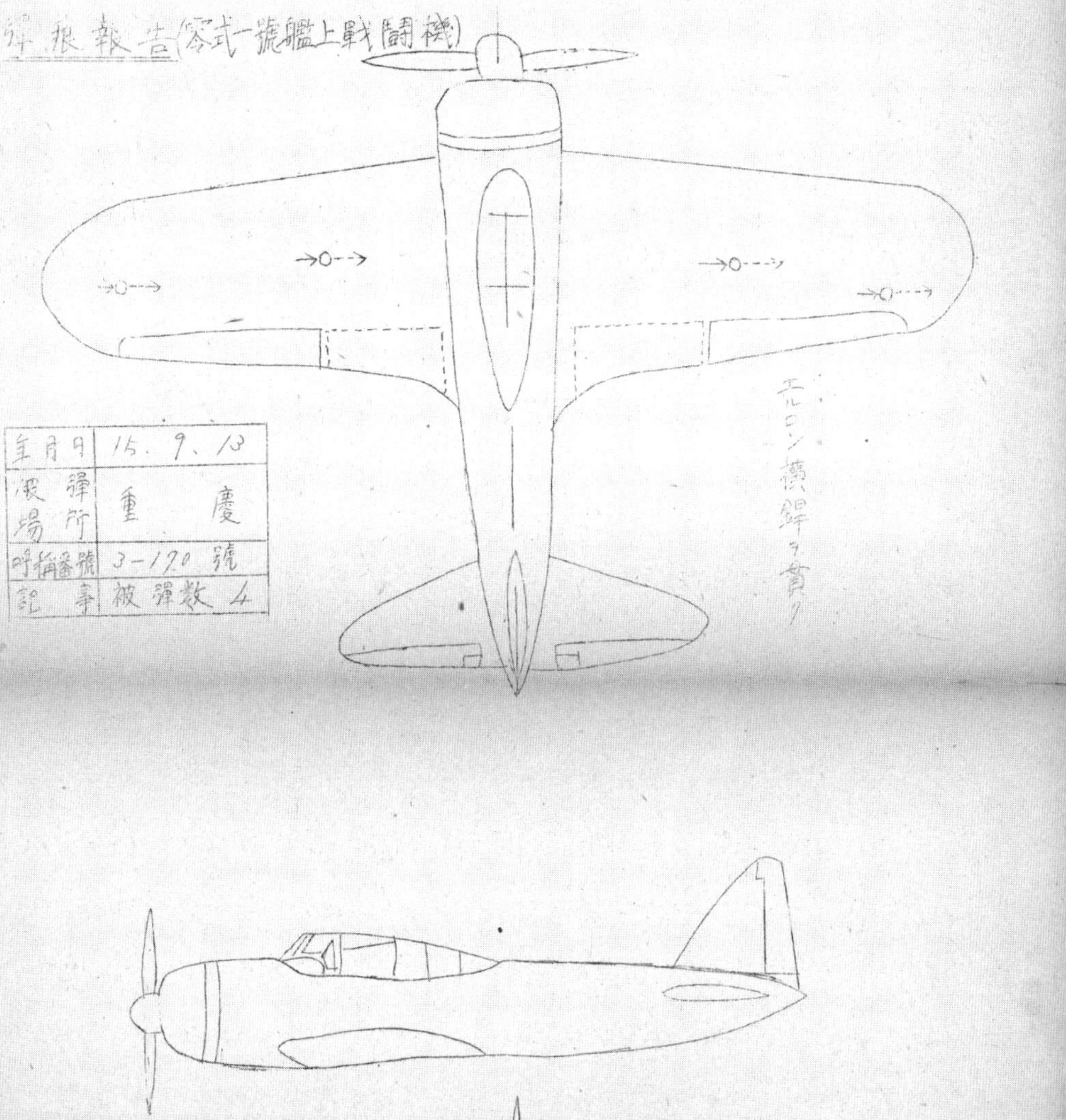

㊲

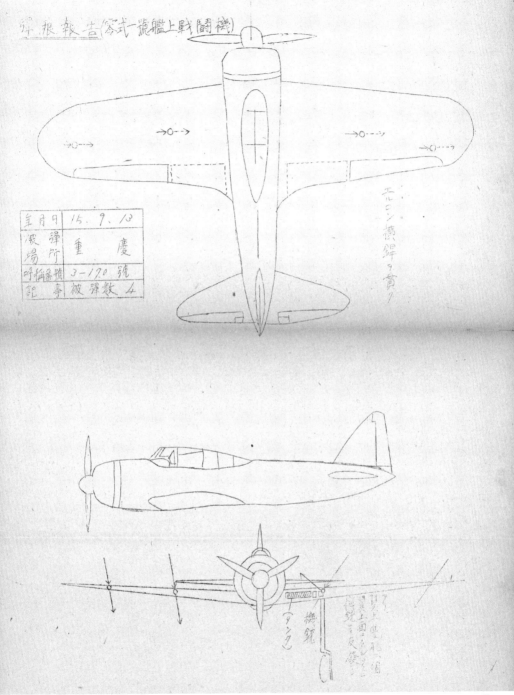

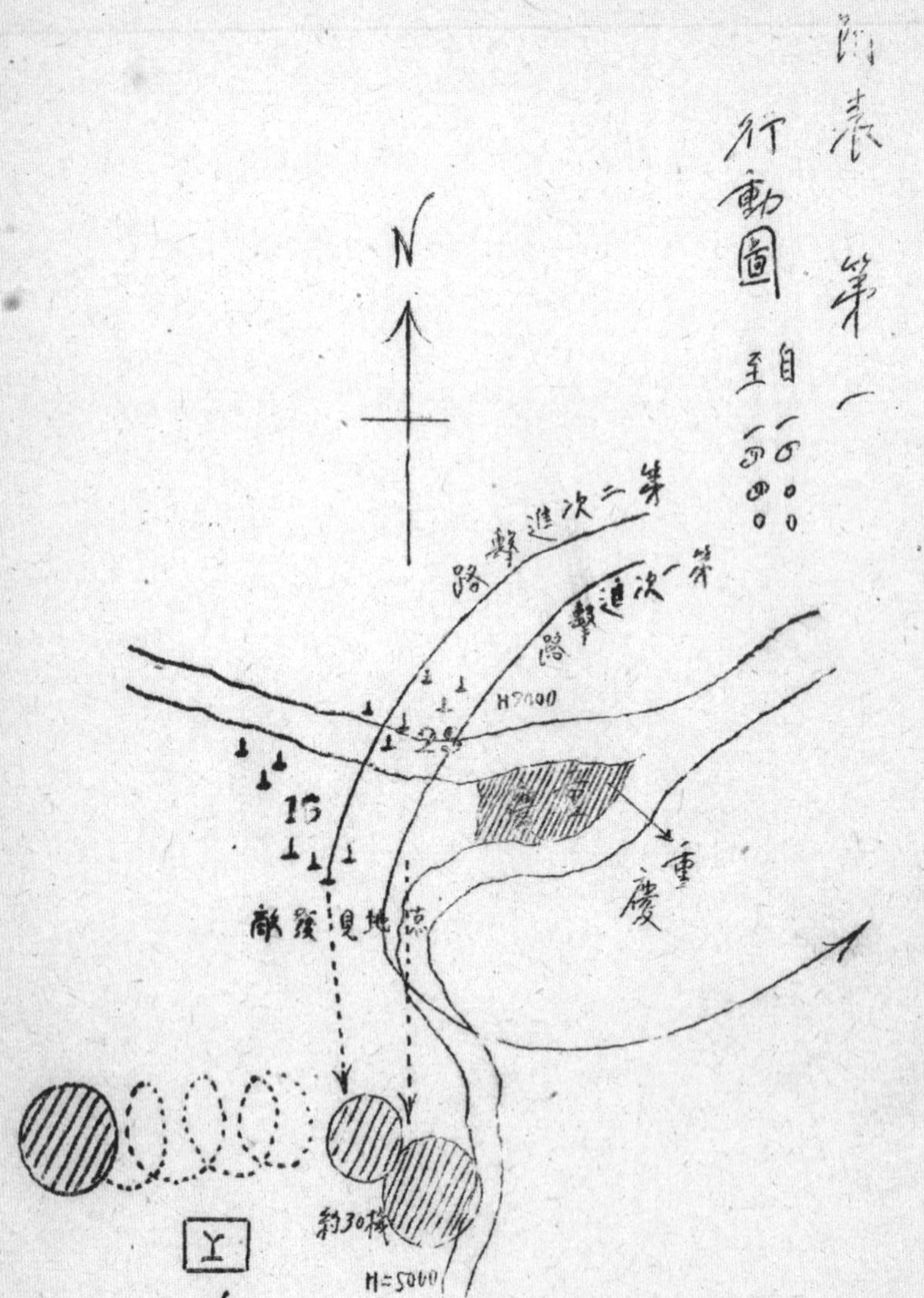
附表第一
行動圖
N
第二次進撃路
第一次進撃路
H9000
15
敵發見地点
重慶
約30機
H=5000
白市駅飛行場

附表第二 死傷者調査表

ナシ

附表第三 兵器故障欠損調査表

機番號	七・七粍 故障状況	七・七粍 原因	二〇粍 故障状況	二〇粍 原因
一六一	プロペラ射貫(二発)	焼夷弾自爆		
一六二	二〇発発射後 折針落ナス(左)	前後蓋接合軸抜出シ		
一六三	第四位(左右)	発射把握リ不充分		
一六五	第四位(右)	不給弾		
一六六				
一六七	第三位(右)	焼夷弾ノ自爆ニ依リ薬莢ノ為薬室ヲ汚損シ次弾ヲ装填シ得ズ		
一六九	第三位(左)			
一七〇				
一七一			両銃共発射弾ナシ	不
一七三			四六発目ニ発射停止(右)	打殻放出阻害
一七五	五〇発目ニ発射停止(左右)	心線ノ折損焼付		
一七六				
一七八	プロペラ射貫(二発) 第四位(右二回)	焼夷弾ノ自爆 不給弾		

附表第四 兵器消耗調査表

七・七粍弾薬包

徹甲弾薬包	六、一一九
曳跟 〃	三、〇六〇
焼夷 〃	三、〇五九
計	一二、二三八

二〇粍弾薬包

曳跟弾薬包	三三四
通常 〃	三三三
曳跟通常 〃	三三三
焼夷通常 〃	三一〇
合計	一、三一〇

附表第五 燃料潤滑油消費調査表

低圧航空九二揮發油 一〇二五〇立

航空鑛油 四五五立

附録 電報發受信読寫

十三日發 誘道†陸偵

B区高サ五〇〇〇米 戦斗機三十機 左廻リ 一二三五

發二十一基地

戦斗機隊ハ空戦ヲ實施逐次歸投シツヽアリ

現在八機着 多數撃墜セルモ味方被弾機アリ

一六〇五

發二十一基地

敵戦斗機隊ヲ撃滅セリ 一六一五

二十一基地機密第二二七番電 十三日 一六四〇

確實撃墜機數二十七機 零式艦戦一脚破損

残十二機飛行可能

中支空襲部隊機密第二八番電 十三日 一七三〇

本日重慶第二十五回攻撃ニ於テ我ガ戦斗機隊

(零戦十三機)ハ敵戦斗機隊(二十七機)ヲ敵

首都上空ニ捕捉其ノ全機ヲ確實ニ撃墜セリ

我全機無事歸還

中支航空部隊機密第二九番電　十四日　〇八三〇

中支航空部隊戦斗概報第九號（九月十三日）

昨十二日敵戦斗機三二機重慶上空ニ飛來シ其ノ行動ヲ確認セシ當隊ハ勇躍之カ捕捉撃滅ヲ期シ本日全力ヲ以テ重慶第三十五回攻撃ヲ實施シ四川戦斗機隊ノ主力二七機ヲ敵首都上空ニ捕捉殲滅スルト共ニ敵軍事施設ニ甚大ナル損害ヲ與ヘ所期ノ戦果ヲ收メ一九〇〇迄ニ全機歸着セリ

一、中攻隊

（一）中攻二七機（鈴木少佐）〇一五〇發進（三一〇〇涪州上空ニテ戦斗隊及艦爆隊ト合同重慶上

空ニ進撃一三三四D区ヲ爆撃（八〇番九一五番三六、六番七二）全弾命中四路ヲ中心トシ附近施設ヲ蔽ヒ一ヶ所大爆發ヲ生ジ甚大ナル損害ヲ與ヘタリ

（二）海棠溪其ノ他数ヶ所ヨリ相當熾烈ナル高角砲ノ射撃ヲ受ク　被弾機　一

二、艦爆隊

（一）艦爆八機（難波平中尉）一一四五宜昌發進涪州上空ニテ中攻隊ト合同重慶上空ニ進撃一三〇〇江南セメント工場及其ノ南方ノ新倉庫群ヲ爆撃　工場内二五番五命中内直撃三　南方倉庫ニ一弾直撃二弾至近弾ニ依リ両施設ニ甚大ナル損害ヲ與ヘタリ

附近数ヶ所ヨリ高角機銃ノ射撃ヲ受ケタルモ被害ナシ
他ノ一機ハ発動機不調ノタメ引返シ長陽ヲ爆撃（二五番一）セリ

三 戦斗隊

（一）敵機捕捉撃滅ノタメ我カ企図セシ戦法
昨日ノ陸偵ノ偵察ニ依リ敵戦斗機ノ行動ハ我カ攻撃後重慶上空ニ飛来シ「デモンストレーション」行動ヲナスノ算大ナリト判断シ戦斗機隊ハ攻撃隊ト合同重慶上空ニ進撃敵ヲ見ザレバ一時反転シテ行動ヲ韜晦シテ再度突撃ニ転ジ敵ヲ捕捉撃墜セントス

（二）零式艦戦（三機（進藤大尉）陸偵一機

⑮

（千早大尉）誘導ノ下ニ一二〇〇宜昌発進涪州上空ニテ攻撃隊ト合同シタル後北方ヨリ重慶上空ニ進撃セシモ敵戦斗機隊ヲ認メザリシヲ以テ企図セシ戦法ニ基キ蘭市附近ニ迄反転シ一三五五再度重慶上空ニ進撃（此ノ間誘導陸偵ヨリ敵機出現ノ電話通報ニ接ス）シ一四〇〇白市駅上空附近ニ約三〇機ヨリナル戦斗機隊ヲ発見スルヤ全機敵戦斗機群ニ突撃ヲ敢行セリ

（三）空戦状況
最初ノ一撃乃至二撃ニ依リ敵機約一〇機ヲ撃墜セシモ余ノ敵機ハ潰乱シ右往左往シテ一団トナリシヲ我カ戦斗機隊ハ包囲態勢ヲ

⑯

執リ單機又ハ協同攻撃ニ依リ撃墜スルト
共ニ低空ニ至ル迄徹底的追撃ヲ續行シ
地上ニ激突セシメ敵戰斗機ヲ殲滅セリ
(四) 敵機掃射
帰途ニ二機ハ白市驛飛行場ニE16一機(大破)
E15二機ヲ認メタルヲ以テE15二機ニ有効ナル掃射
ヲ加ヘタリ
(五) 撃墜機數確實　二七機
(六) 我ガ損害
被彈機　四機　火傷　下士官　一

四 偵察隊
(一) 陸偵二機重慶敵情偵察ヲ實施シ戰斗隊
及攻撃隊ニ緊密ニ協同セリ

(一) 敵機ノ情況
一二二六 戰斗機四機広陽壩離陸
一二四〇 戰斗機一機白市驛離陸
一三四五 戰斗機三〇機 高度五〇〇〇米(E16一〇 E15二〇)
一三五五 戰斗機二七機 高度五〇〇〇米
一三五八 空戰開始

五 收容隊
(一) 艦攻六機一二〇〇發進往途巴東爆撃後
一四一五ヨリ一五四五迄雲陽南方配備線上ニ
在リテ戰斗機ノ收容誘導ニ任ジタリ
(二) 巴東攻撃
全彈(六番三六)施設ニ命中甚大ナル損害
ヲ與ヘタリ

六、宜昌警戒隊

九六艦戦六機及艦爆二機宜昌上空及宜昌前程警戒ヲ實施スルト共ニ戦斗機ノ収容誘導ニ任ジタリ

六、被害

機番號	彈種	彈數	記事
二-一六七	七七粍	一	修理ノ上使用差支ナシ
二-一六九	十三粍 七七粍	二 一	同右
三-一七〇			同右
三-一七八	十三粍	二	整備不良ノタメ空戦中右脚約四五度開以後開閉不能トナリ二十一基地着陸ノ際大破

七、所見

零式戦斗機ニ依ル第一回ノ空中戦斗タリシ今次重慶空襲ハ進出巨離三〇〇浬ニ及ビ我戦斗機隊ノ参加機數ノ一三機ニ過ギザリシモ作戦ノ計画實施竝ニ各隊ノ協同極メテ巧妙適切ニ經過シ敵戦斗機隊約二十機ノ完全殲滅ニ成功セリ

我被害ノ皆無ナリシ点ト併セ未曾有ノ偉功ヲ奏シタルモノト謂フヲ得ベシ

固ヨリ大御稜威ノ然ラシムル所ト雖一度零式戦斗機隊重慶上空ニ進出スルヤ爾后敵戦斗機隊ハ專ラ逃避スルヲ常道トシ捕捉極メテ困難ナル状況トナリシニ拘ラズ零戦空襲第四次ニ於テ巧ニ敵ヲ捕捉シ所期以上ノ大戦果ヲ収メ得タル所以

51

ハ直接空戦ニ参加セシ搭乗員ガ総テ技倆優秀攻撃精神最モ旺盛ニシテ指揮官以下盡忠報國ノ熱誠發露ニ帰スルハ勿論ナリト雖モ適レ勝ナリシ機材ノ補給ヲ極力推進セラレタル各部ノ努力ト未ダ不完全ナリシ機材ノ整備並ニ操縦訓練ニ文字通リ寝食ヲ忘レテ邁進セル隊員ノ一ケ月間ノ努力ガ適切ナル作戦ノ指導ニ依リ結實セルモノト謂ハザル可カラズ零式戦斗機ノ功績又特筆スルヲ要スベク其ノ性能今次空戦ニ於テ遺憾ナク~~其ノ性能~~發揮セルモ大戦果ヲ收メ得タル原因ハ單ニ機材ノ優秀性ニ依ルノミニ非ズ敵機逃避状態ヨリ捕捉殲滅ニ至ル間ノ状況ニ想到セバ懸ツテ之ガ運用ノ如何ニ依ルヲ痛感セザル可カラズ

52

戦勝ノ原因次ノ如シ

1. 作戦ノ計畫
巧妙適切ニ計畫實施セラレ誘導陸偵及戦斗機隊ノ協同極メテ円滑ナリシコト

2. 精神力
攻撃精神極メテ旺盛ナリシコト

3. 搭乗員
特ニ精兵主義ヲ採用セシコト

4. 機材
零式戦斗機ノ飛行並ニ兵器性能優秀ニシテ加之整備極メテ良好ナリシコト

一、空中戦斗
今次ノ空中戦斗ハ優位対勢ヨリ開始セラレ零戦ノ優性能ヲ巧ニ利用シ終始同優位対勢ヲ持續シ遂ニ敵機ノ殲滅ニ成功セリ
ノ敵ハ我カ戦斗機隊ノ重慶進出后極力我ヲ回避スルカ如ク又空戦中モ落下傘降下ヲ以テ脱出スル者アリ全ク戦意ヲ喪失シアリシニ反シ我戦斗機隊ノ攻撃精神極メテ旺盛ニシテ五〇〇米ノ上空ヨリ地上附近ニ至ル迄常ニ敵ヲ圧倒セリ
胴体槽貫通ニヨルガソリンノ座席内ニ噴出セシモ拘ラズ攻撃ノ手ヲ緩メザリシ大木二空曹ノ如キ其ノ好適例ナリ

斯ノ如ク戦果ノ大ナリシハ實ニ精神力ノ相異ニ依ルモノニシテ既ニ會敵前敵ヲ呑ミ居タル結果ニ外ナラズ
2. 協同連繋密接ニシテ編隊空戦ノ目的ヲヨク達成セリ
依心傳心的ニ極メテヨク協同攻撃ノ實ヲ發揮シ上空ヨリ敵ヲ一個ノ嚢中ニ收メタルガ如ク逃レ出デントスルモノヲ攻撃敵ヲシテ再ビ嚢中ニ歸ルノ止ムヲ得ザルガ如ク味方互ニ連繋ヲ保チタル結果益々空戦ヲ容易ニ導クヲ得タリ
3. 搭乗員ハ總テ精兵主義ヲ以テセリ
古参搭乗員ノ講習訓練ヲ實施シ殆ンド

⑤⑤

下士官以上ノ編制ヲ以テ空戦ニ臨ミタリ此ノ為搭乗員ノ技倆極メテ優秀ニシテ空戦其ノ他ニ関スル不安等皆無ノ状態ニ於テ空戦ニ臨ムヲ得タリ

(ヘ) 零戦ノ性能優秀ニシテ殊ニ急上昇ノ性能敵ニ比シ遥カニ優レタル為急降下急上昇ヲ以テスル攻撃ノ反覆ニ依リ敵ヲ圧倒スルヲ得タリ

尚我二十粍機銃弾ノ威力極メテ大ニシテ一撃克ク必墜ヲ期シ得タルハ戦果擴大ノ一大原因ト謂フヲ得ヘシ

⑤⑥

(ニ) 新兵器ノ用法

(イ) 新兵器ハ参戦迄特ニ行動ヲ秘匿スルヲ要ス

零戦ノ奥地進撃ハ八月十九日重慶空襲ヲ以テ開始セラレタルガ之ヨリ先漢口基地ヘ空輸セラレタルハ第一回七月二十六日六機第二回八月十三日七機ニシテ空襲迄ノ一ケ月ノ間漢口基地ニ於テ零式戦斗機ノ実験訓練ヲ実施セリ

第一回空襲ニ於テ確実ニ敵ヲ捕捉殲滅シ得ベシト予想シタルニ今迄頑強ニ中攻隊ニ挑戦スルヲ例トセシ敵戦斗機隊ハ零戦重慶上空ニ進出スルヤ八月十九、二十日及九月十二日ニ亘ル三回共全ク姿ヲ現サズ九月十三日遂ニ我ヲ徒労ニ苦シメタリ

之明ラカニ零戦ヲ恐レテ逃避セル結果ニシテ
漢口ニ於ル準備期間一ヶ月ノ長時日ニ及ビシ
為敵ニ我ガ行動ヲ察知セラレタル疑少シトセズ
新兵器第一線使用ハ其ノ準備ヲ内地ニテ完
了実施シ急速移動ヲ以テ戦機ニ応ズル如ク
考慮スルヲ特ニ必要ト認ム

2. 第一回使用機数ハ予想敵機数捕捉殲滅ヲ期
シ得ル程度以上ヲ要ス
零戦十三機ヲ以テ概ネ三十機ノ敵ヲ殲滅シ得
タリシガ今次空戦ニ於テ之以上機数減少シア
ラバ完全殲滅ヲ果シ得ザリシモノト思考セラル
敵機ノ性能等ヲ充分比較考慮シ出来得ル
限リ第一回使用ニ於テハ充分ノ機数ヲ揃フル

⑰

ノ必要ト認ム

3. 要訓練期間
今次零戦使用ノ実状ニ鑑ミ九六戦ヨリ零戦
ニ移リ得ル為要スベキ訓練期間概ネ次ノ如シ
イ、古参搭乗員　二週間
ロ、新参搭乗員　一ヶ月

(三) 零式戦斗機ノ進出距離
1. 進出距離決定ノ要素
イ、空戦時間ヲ二十分間トス
ロ、空戦開始二十分後燃料槽何レカ一ヲ貫通
セラルヽモ帰投可能ノコト
ハ、天候良好ニシテ高度三〇〇〇米以上ノ飛行

⑱

可能ナルコト

ニ　航路上河川鉄道等ノ著明物標ヲ有シ航法容易ナルコト

ホ　搭乗員敵地上空進出時疲労甚シカラザルコト

2　進出可能距離

右要素ニ基ク進出可能距離ハ二九〇浬ナリ

但此ノ場合胴体槽ハ満載トセリ

今次宜昌ヨリ発進重慶空襲ニ於テ見ルニ其ノ距離概ネ二九〇浬ニシテ空戦中胴体槽ヲ貫カレタルモノ一機及嘴ノ操法ノ誤ニ依リ若干時間落下槽ニ燃料ヲ放出シタルモノ一二機アリタルモ宜昌ニ無事帰投セリ

重慶上空ニ於ケル飛行時間約一時間ニシテ内空戦ニ三十分ヲ要シタル結果右故障機ハ宜昌着陸時燃料残量五、六十立ニ過ギザリキ右ニ依リ見ルニ概ネ二九〇浬進出ハ可能ナルモ此ノ際特ニ敵上空制圧時間ト空戦時間ハ予定時間ヲ越ヘザル様厳守スルノ要アリ蓋シ宜昌、重慶間ノ二九〇浬ハ零戦ノ進出巨離ニハ比較的容易ノ巨離ト思考スルモ第一項進出巨離決定ノ要素ニ同シ特ニ深甚ノ考慮ヲ要スルモノト思考セラル

イ　航法

今次空襲ニ際シ進出及帰投ヲ容易ニ実施シ得タルハ天候良好ニシテ揚子江ノ流

域ヲ利用シタルト誘導陸偵ヲ附シ更ニ收容隊ヲ配セラレタル結果ニシテ此ノ要ハ常ニ其ノ一ヲモ缺カザル様考慮ヲ要ス但シ極メテ天候良好ニシテ揚子江ノ發見容易ナル時ニ限リ收容隊ノ配備ヲ撤シ差支ヘナキガ如シ

ロ、搭乗員ノ体力

零戦ニ依ル搭乗員ノ疲労ハ九六戦ニ比スレバ極メテ小ナルモ巡航速力極メテ大ニシテ概ネ一時間半乃至二時間後頃ヨリ疲労ヲ覚ヘ歸投時ハ眼球赤色ヲ呈シ眼縁赤膨シ疲労甚シキモノアリ斯ノ如キ場合ハ翌日直チニ戦斗ニ従事セシメ難シ

⑥①

尚又時間以上ノ単座機飛行ハ相當ノ体力ヲ有スルモノニ非ザレバ大ナル無理ヲ伴フモノト思考ス

(ハ) 戦斗機隊ノ誘導

今次空襲ニ當リテハ陸偵専ラ戦斗機隊ノ誘導ニ任ゼシメラレ概不適切ニ實施セラレタルモ尚他所轄他ノ隊ナル為通信連絡其ノ他運動等ニ完全協力困難ヲ感ズル点多々アリ又機種異ナル為戦斗ノ誘導不可能ノミナラズ行動共ニスルコト困難ナル場合アリ将来戦斗機隊ノ進出距離増大ノ傾向アルニ鑑ミ更ニ一考ヲ要スルモノト認ム

⑥②

(イ) 戦斗機ノ誘導ハ同機種ノ戦斗機ヲ複座ニ改造シテ之ヲ行フヲ可トス

進出時ノ集合及途中高度ノ変換空戦開始時ノ誘導等ニ現用陸偵ヲ以テシテハ甚シク不便ヲ感ズ故ニ多少機銃方面ノ犠牲ハ止ムヲ得サル場合アルモ同機種戦斗機ヲ六機ニ就キ一機程度ノ割合ニテ複座ニ改造使用セバ平戦両時ニ於テ戦斗機隊ノ行動極メテ容易ナルモノトナルベシ

(ロ) 誘導機

誘導機数多キ場合ハ空戦終了時帰投針路上著明物標上空（戦場上空ヨリ概ネ五十浬以内程度）ニテ集結スルヲ可トス

ナリ配備及合同困難ナル收容隊ヲ配スル等ノ手数ヲ省略シ得

尚誘導機ハ同一飛行分隊ニテ有スルヲ適當ト認ム

(五) 零式戦斗機ノ性能

ハ飛行機ノ性能

E16E15ニ比シ概ネ零戦ノ各種性能著シク優越セル為敵ノ旋回戦斗ニ捲キ込マントスルヲ避ケツツ急上昇急降下及優速ニ依リ容易ニ之ヲ殲滅セシメタリ

(イ) 急上昇急降下ノ戦法ニ適切ナリ

(ロ) 旋回圏大ナルヲ以テ劣性能ノ機種ニ対シ之

ニ捲キ込マレサル様戒心ヲ要ス
(ハ)後方視界不良ニ就キ見張ハ特ニ厳重ナルヲ要ス
(ニ)離陸滑走距離ハ比較的小ナルモ着陸滑走距離ハ相当大ニシテ宜昌飛行場ニ於テ八五〇米ノ場合不安ヲ感シタルモノ多数アリタリ前進基地等ニ於テ殊ニ落下槽ヲ有スルカ如キ場合着陸滑走路ノ最小距離ハ九〇〇米程度ト思考ス

2 機銃

(イ)恵式二十粍機銃ノ威力ハ極メテ大ニシテ敵機ニ命中弾ヲ得タル場合ハ敵機ハ火災ヲ生シ或ハ翼四散シテ空中分解ヲナスヲ

⑥⑤

一般トス
携行弾数片銃六十発ニテハ過少ナルニ依リ一五〇発程度ニ増加スル様特ニ改造ヲ希望ス
(ロ)発射故障ハ極メテ小数ナルモ尚二、三膅中炸裂ノ事項アリ対策研究緊要ナリ
(ハ)七粍七ニ於テ不給弾ノ故障及「プロペラ」射貫ノ故障極メテ多シ
(ニ)給弾装置関係及焼夷弾ノ研究改善ハ急ヲ要スルモノアリト思考ス

三 七粍七ノ焼夷弾着火ハ尚良好ト言ヒ難

⑥⑥

⑰

3. 改善希望事項其ノ他

(イ) 各燃料槽ト座席内ハ氣密遮断ヲナス如ク考慮ヲ要ス
「タンク」漏洩又ハ敵弾貫通ノ場合座席内ハ直チニ「ガソリン」充満シ搭乗員ヲシテ意識朦朧トナラシムルモノニシテ風房ヲ開ク時ハ更ニ生ノ「ガソリン」著シク噴出スル為風房ヲ開クヲ得ザル状況ナリ
「タンク」座席ノ氣密遮断ハ特ニ必要ナリ

(ロ) 長時間飛行ヲナス機會多キヲ以テ搭乗員ノ疲労防止上次ノ如キ考慮ヲ要ス
(一) 巡航飛行中座席ヲ後方ニ倒シ必要ニ應ジ現傾斜ニ復スルヲ得ル如クス

⑱

二 座席ガ「クッション」ハ背部ト共ニ良好ナルモノヲ艤装スルヲ要ス 現在背部ハ考慮サレ非ス鋲ノ突出セルモノアリ
三 各舵ハ修正ヲ座席内ニテ出来得ル様大型機ト同様修正装置ヲ要ス
修正装置無キ為左右ノ傾斜及ビ方向ノ保持ニ手足ヲ疲労セシムルコト甚シ
四 酸素ハ長時間高々度進撃用トシテ不足ヲ感ズ 酸素量ノ増加ヲ要ス

(ハ) 後方視界不良ノ為後方ヨリ奇襲ヲ受クル機會大ナルベキヲ考慮シ座席後部ニ等身形ノ防弾鈑ヲ装備スルヲ可トス

(ニ) 座席内ニ航空図 航法要具等ノ格納用

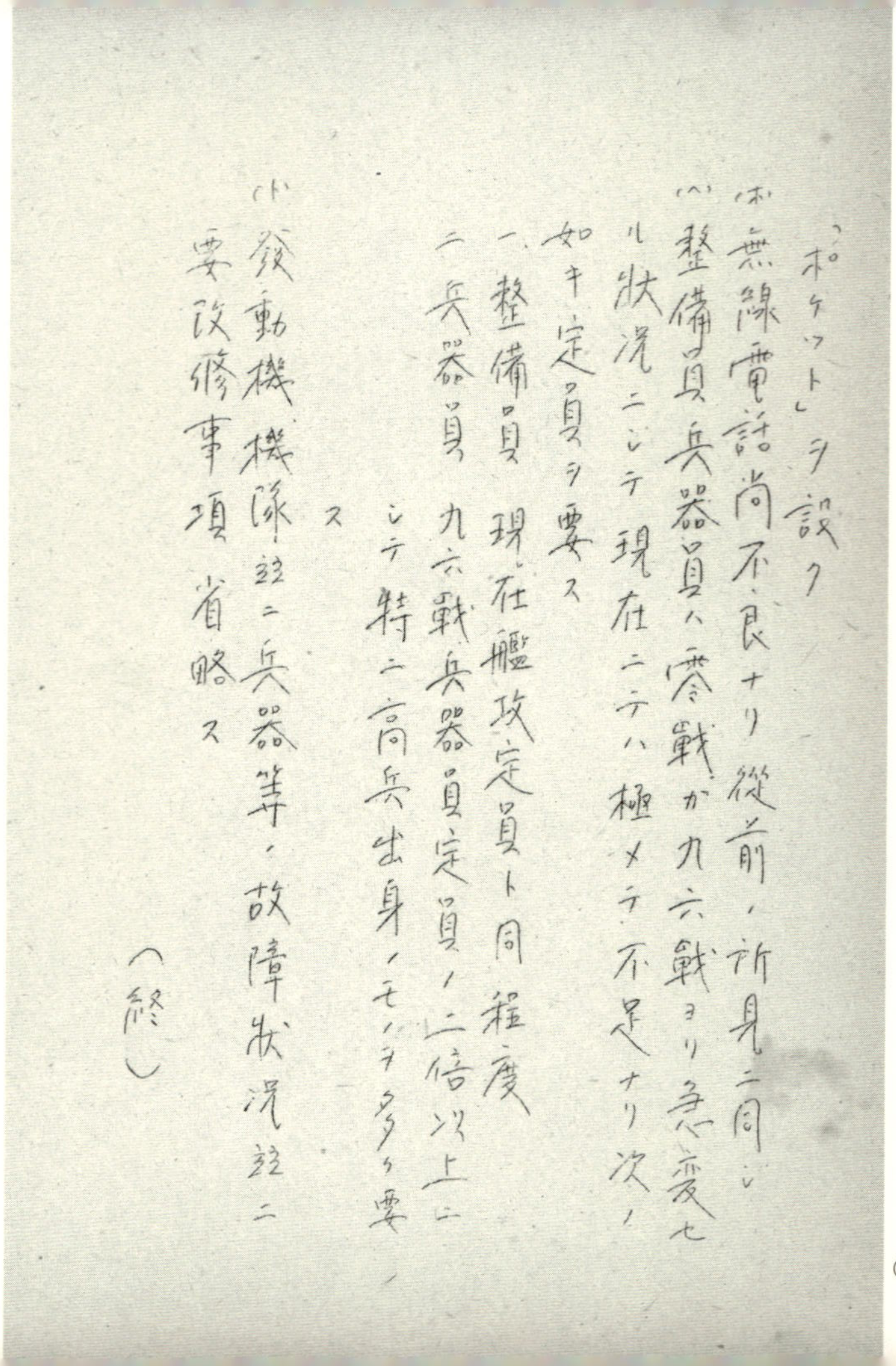

「ポケット」ヲ設ク

(ホ)無線電話尚不良ナリ従前ノ所見ニ同シ

(ヘ)整備員兵器員ハ零戦ガ九六戦ヨリ急変セル状況ニシテ現在ニテハ極メテ不足ナリ次ノ如キ定員ヲ要ス

一、整備員　現在艦攻定員ト同程度

二、兵器員　九六戦兵器員定員ノ二倍以上ニシテ特ニ高兵出身ノモノヲ多ク要ス

(ト)発動機機体兵器等ノ故障状況竝ニ要改修事項省略ス

（終）

⑳

史料Ⅱ　重慶上空ノ空中戰斗ニ依ル戰訓

〔表紙〕

參考資料（用濟後要燒却）

重慶上空ノ
空中戰斗ニ依ル戰訓
（昭和十五年九月十三日）

第十二航空隊

記

本記錄ハ昭和十五年九月十三日進藤大尉指揮ノ下ニ零式戰斗機ヲ以テセル第一回ノ空中戰斗タリシ重慶空襲經過並ニ所感ヲ翌十四日各參加搭乘員ニ口述又ハ記述セシメタルモノナリ

備考

戰斗ノ詳細並ニ所見ハ十二航空隊戰斗詳報（九月十三日重慶空襲）參照ノコト

（終）

一　空戰所見

（進藤大尉）此ノ度ノ重慶空襲ニ関スル全般的狀況次ノ如シ
涪州ニ於テ艦爆隊ト合同シ重慶ニ侵入ス　一旦重慶ヲ引返シ再度重慶ヲ襲ヒ一三三五重慶上空到達セリ
先ヅ一中隊一小隊三番機敵發見
其ノ時ノ彼我ノ狀況ハ上圖ニ示ス如クナリ

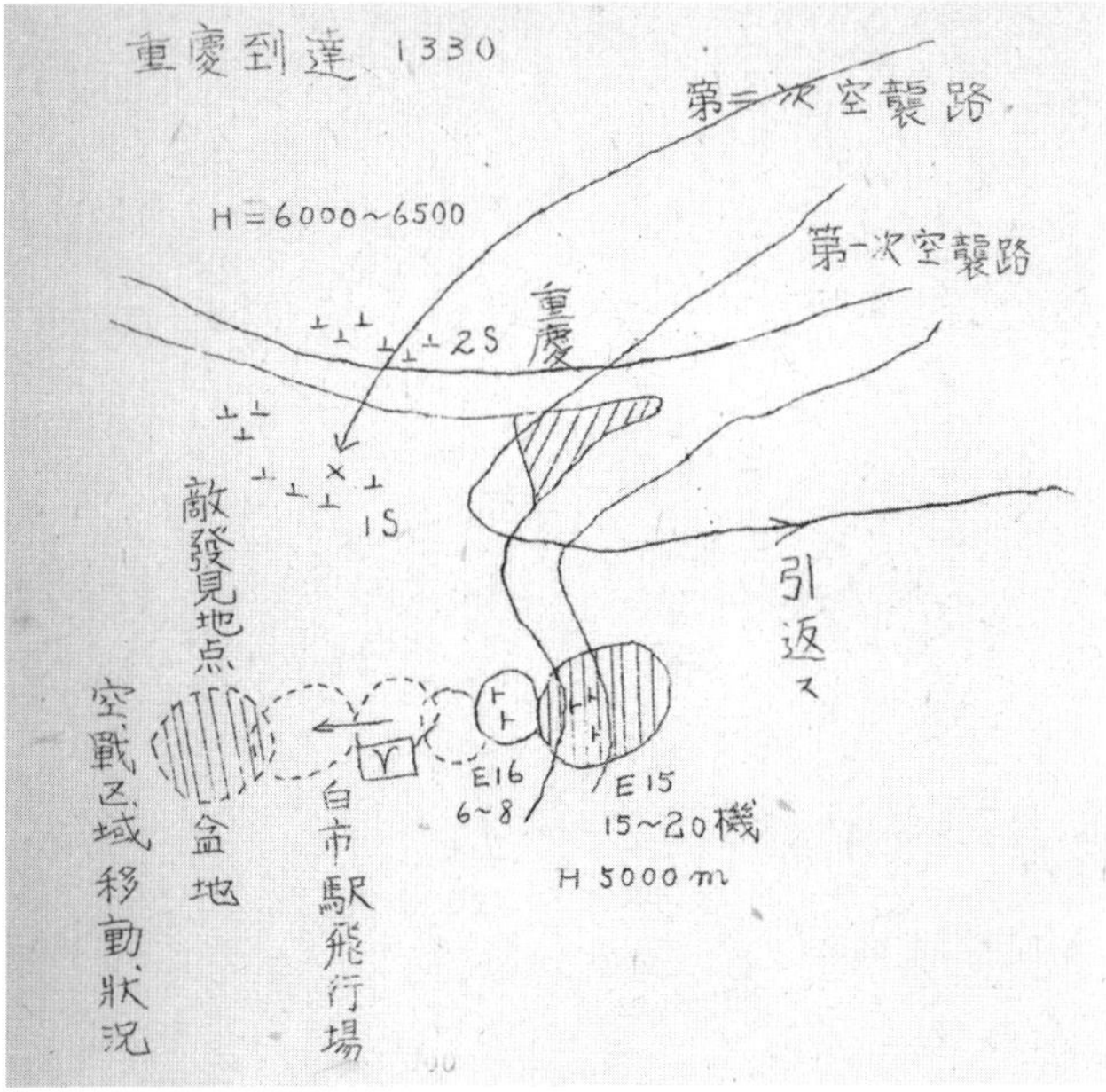

1D|1Sハ先ヅ敵ノ先頭E－一六ノ二機ニ突入スレバ敵ハ直チニ左旋回ヲ以テ射線ヲサケタリ
2D|1Sハ後方ノE－一六ノ集團ノ最右翼端ニ突進シ1D|2Sハ其ノ後方E－一五編隊ノ左避退中ノ右翼小隊ニ突入2D|2Sモ之ニ續行セリ
第一撃ハ角度深ク殆ンド射彈ハ送ラズ第二撃以後ハ乱戰ニ陥リ五〇〇〇米→五〇〇米ニ下ル迄ニ十機以上撃墜セリ
爾後敵ヲ白市駅ノ西方盆地ニ追ヒ込ミ空戰三十分後ニハ完全ニ之ヲ撃滅セリ
零式艦戰對E－一五E－一六ノ空中戰斗ニ對スル意見ヲ述ブレバE－一六ニ對シテハ零式艦戰ノ比較シテ速力旋回圏等ニ於テ類以セル爲極メテ容易ナル戰斗ヲ實施シ得
E－一五ニ對シテハ零式艦戰ト比較シテ速力旋回圏ガ極メテ小ナルタメ零式艦戰トシテハ過速ニ陥入リ易ク且ツヒネリ込マレル虞多ク斜又ハ後下方ヨリ射ツヨリ外射撃困難ナリ
低空ニ於テ角度深キズーマンドダイブハ不可能ニシテ外側ニ出デ射撃シ上方ヨリ射撃ス可キニアラズト信ズ
次ニ編隊空戰ニ就イテ
一中隊二中隊ノ目標撰定ハ良好ナリ。敵機ガ十機程度余リ味方機数多キ場合ハ散開隊形ヲトリ、我先ニ突入シ味方同志危険トナリ混乱スルコトヲ避ケ又自己ノ功名ニ奪ハレルコトナク、一部ハ支援ノ位置ニ立ツカ又ハ他ノ來襲ニ備フルヲ可トス
逃避セントスルモノヲ叩クモ可ナリ逃避中ノ一機ヲ他ニ多数散在スル場合射チ易キニ捉ハレ多数集マリ攻撃スルハ不可ナリ
零式戰斗機ノエンジンハ絶体ニ信頼スルニ價スルモノナリ。
二〇粍機銃彈ノ効果モ又甚大ナルヲ認ム
E－一五ノ左翼ニ當リタルニ相當大ナル穴アキ遮風板附近ニ當リタルハ機体吹飛ビ大破シスピンニ這入リソノマ、墜落スルヲ目認セリ
今少シ二〇粍彈数ノ多キヲ望ムナリ
現在携行彈数ヲ増スコト不能ナルニ付極力節約シ必要時ノミ使用スルヲ可トス
此度ノ重慶空襲ニ於テ体力的見地カラ考フレバ最モコタヘタルハ見張ナリ
特ニ重慶近辺ニ至ルニ及ビテ大ナリ。次ニ空戰中ニ於テ遠心力ニ依リ二回程眼ガクラミタリ。過速ハ嚴ニ戒ムヲ要ス
北畑一空曹　空戰前カツクノ切間違ガ間々アル様ナリ注意ス可キ事ナリ
ダイブシテ急ニ高空ヨリ低空ニ下レバ遮風板ガ曇ツテO・P・Lガ見エナクナリ困リタルコトアリ
空戰時ニ於ルカツクノ切換ハMENニテヤル可キト思フ。
燃料ハ成都空襲ノ際三十分間ノ空戰ハ可能ト信ズ　二〇粍

ノ効果ハ甚大ナリ

蓑輪隊長　經驗者ノ体驗談ハ突差ノ場合ニ於テ貴重ナル參考資料トナルヲ以テヨク頭ニ入レテ實行ス可キナリ

大木二空曹　胴体タンクヨリカツクニ至ルパイプヲ射抜カレ其處ヨリ漏ルガソリンノタメ肺ガ焼ケルガ如クナリ呼吸困難ヲ覺ユ。風防ヲ開クレバ生ノガソリンガ顔ニ振リカヽリ駄目ナレバ之ヲ止メ換気口ヲ開ケ顔ニ向ケレバ幾分樂ニナルヲ覺ユ

二〇粍機銃彈ヲ乱射セル携行アリ携行彈数ヲ現在ノ二倍乃至三倍ナルヲ欲求ス

三上二空曹　前者ノ場合酸素マスクヲ付ケ空戰ヲ續行セバ如何

大木二空曹　敵機多数ニシテ高度一〇〇〇米以下ナレバ酸素吸入器ハ作動シ居ラズ其ノ儘戰斗ヲ中止シ高々度ニ行キ酸素マスクヲツケル程戰意ヲ失ツテ居ラズ全般的見地ヨリ考ヘテ前述ノ如キ處置ヲトリタリ

蓑輪隊長　大木兵曹ノ如キ事故アリシ時棄鉢的氣持ニナリソノママヤツテシマヘト思場合多ケレ共今回大木兵曹ノ實施セル如ク斯ル氣持ヲ生ズル事ナク頑健ナル氣持ヲ以テ處置ヲ誤ラザル様注意ス可シ

藤原二空曹　空戰中ノ失敗事項

一、乱戰ニ陷入リシ事

二、過速ニシタ事（敵ニ乘ゼラレル機會多シ特ニ編隊空戰ニ於テ然リ）

空戰ハ理想的ニ行ハレ各機左旋回ヲナシ高度差ヲ常ニ一定ニ保チ有利ナル戰斗ヲナス

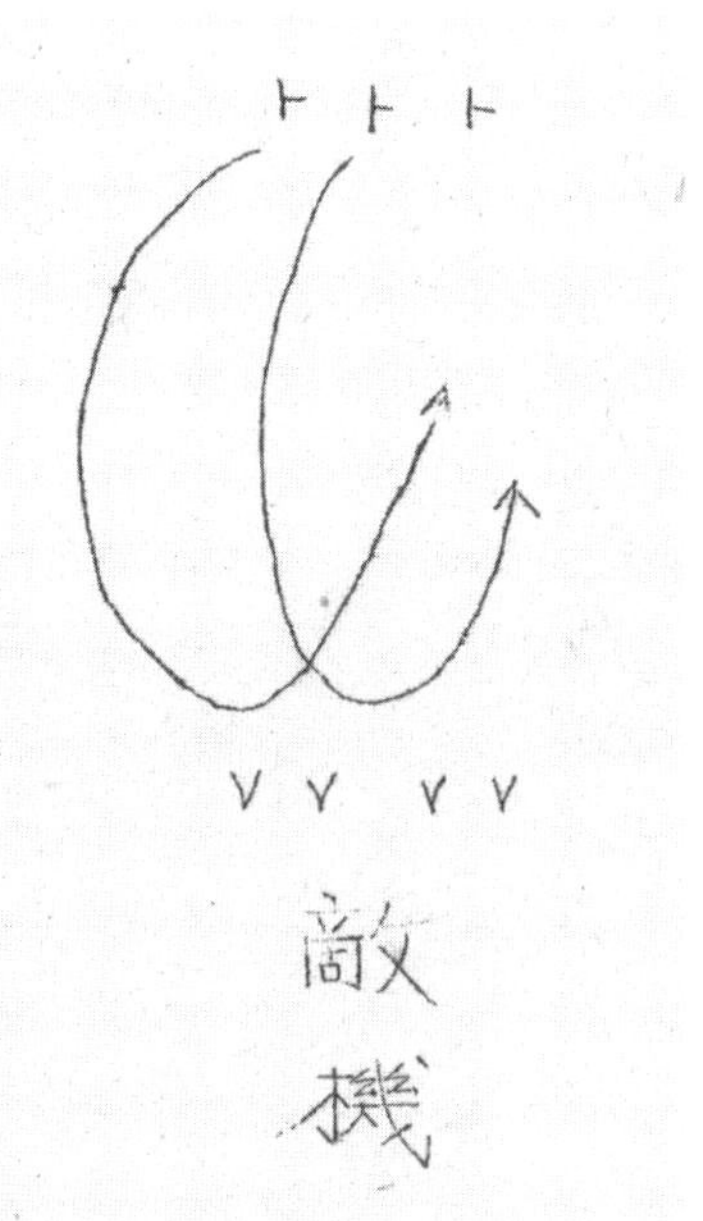

山下空曹長　E－一五ニ對シテハ空戰ヤリ難クE－一六ニ對シテ空戰ハ極メテ容易ニシテソノ原因ハ性能ノ然ラシムルトコロナリ

戰機ヲツカムコトノ必要ヲ感ゼリ

攻撃利ナシト認メタル場合ハ速カニ中止シ次ノ態勢ニ備フ可キナリ

混戰ニ於テ味方相討チニナルコト有リ注意ス可キナリ。

射点ハ機首ノ前方一〇米前ヲネラフヲ可トス。地上的物標射撃ニハ是非二〇粍彈ヲ必要トス

空戰中或ハ追撃中自己ノ機位ヲ確認スルハ最モ必要ナリ

進藤大尉　E－一五ニ對スル協同攻撃ニ就イテ気ノ付イタ處ヲ述ブレバ圖ニ示スガ如クCニ接敵射撃セントスルAアル場合BハAノ外側ニ出デAガ射撃セル爲Cガ其ノ射線ヲ避ケホツトシテ少シノ間水平飛行ヲナス此ノ機ニBハCヲ撃墜ス可キナリ

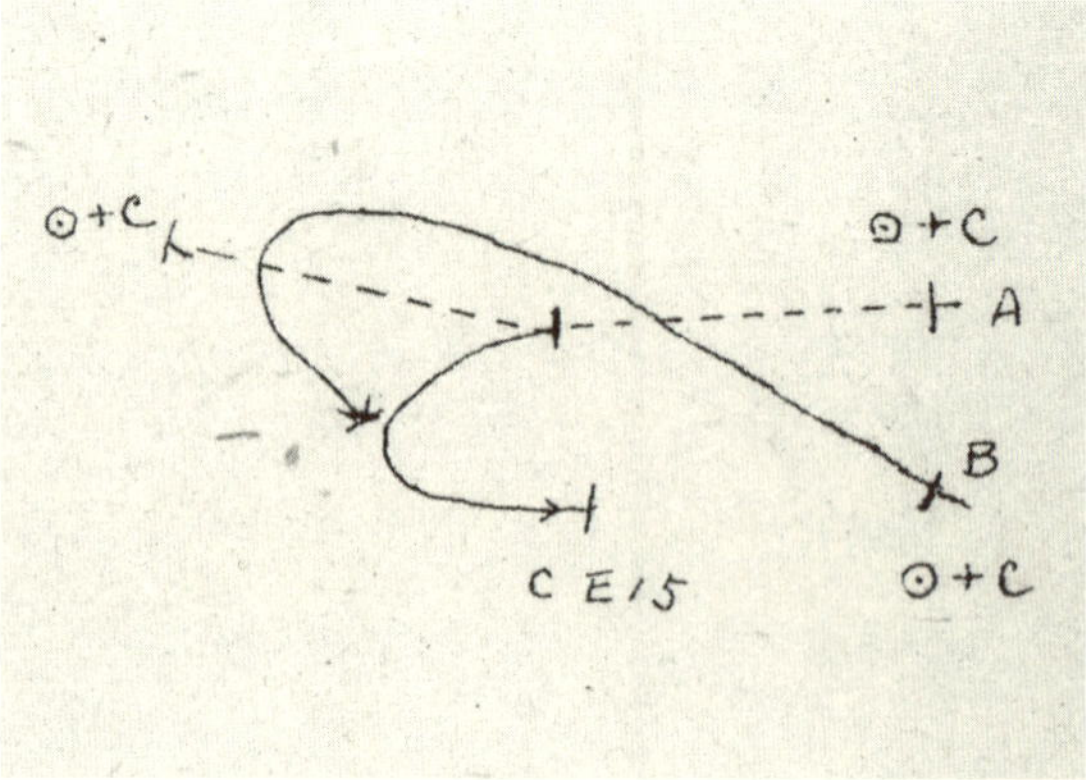

蓑輪隊長　昨日ノ協同攻撃ハ概ネ良好ナリ　協同精神必要ナリ

味方機多キ場合ハ殘余兵力ハ支援監視ノ位置ニ立ツハ良策ナリ編隊空戰ニ於テ平時ノ訓練心構ヲ必要トス。

末田二空曹　乱射防止ニ努メタリ

過速不利ヲ感ジ高度ヲ下ゲ混戰圏外ニ出ル敵機ヲ撃ツハ比較的容易ナリ。

戰斗中ニモ高度ヲ下ゲル決心ヲセルハ自己ノ上方ニ味方機ガ三機程旋回シ居レバナリ。

空戰中衝突ヲ二回許リセントセリ

自己ノ上空ニ数機味方機ガ居タノデアルガ之ハ精神的ニ非常ニ氣強ク思ヒ且戰法上非常ニ有利ナリト信ズ

各小隊ハ分離スルコトナク空戰ス可キナレドモ味方ガ優勢ナル場合ハ分離スルモ可ナラズヤ

蓑輪隊長　劣勢優勢ノ如何ニ関ハラズ小隊ハ分離ス可カラズ

進藤大尉　分離ス可キニ非ズ空戰ノ建前トシテ小隊長機ヲ認メテ空戰ス可キナリ

末田二空曹　味方多ク混戰ニ陥リタル場合小隊長機ヲ認メテ空戰ヲ實施スルハ甚ダ困難ナリ　故ニ附近ノ味方数機ガ協同攻撃スレバ可ナリト思フ

蓑輪隊長　味方乱戰トナリ見失ツタナラバ附近味方ノモノト協同シテヤルモ可ナレドモ精神ハ常ニ前述ノ通リナリ　間違ヒ無キ様注意ス可シ

山谷三空曹　空戰ニ夢中ニナリ高度ノ觀念ヲ忘レザル様注意ヲ要ス

初陣ニ於テ自己ノ戰果ニ醉ヒシバシ恍惚ノ状態トナリ高度

ノ観念ヲ失ヒタル感アリタリ
蓑輪隊長　山谷兵曹ノ敵ヲ地面ニ撃突セシメタルハ見事ナリ
然レ共常ニ之ニ始終スル事ナク時ト場合ニ依ルモノニシテ
其ノ点ヨク考慮シテ事ヲ爲ス可キナリ
白根中尉　高度差ノ判定困難
高度差大ナル爲空戰ヤリ難シ
長巨離飛行ノ際ハ厚着ヲス可キナリ疲労少シ
電話ノ良否ニ依リ精神狀態ニ影響アリ良好ナルハ甚ダ心強シ
山下空曹長　身体保温ノ件全ク同感ニシテ單ニ肉体ノミナラズ精神的ニモ影響スルモノナリ
光増一空曹　高々度飛行ニ於ケル酸素ニ對スル認識ヲ深メルコト
機位ノ確認ヲ必要ト認ム
必ズ航空羅針儀ニ反方位ヲ記シ置カバ地圖ヲ紛失シタル場合モ非常ニ役立ツモノナリ
蓑輪隊長　出發前身仕度ハ充分ニ爲セ酸素、電話ノ整備ハ完全ニナシ性能ヲ充分發揮出來得ル様準備ス可キナリ
白根中尉ノ言ヘル如ク下方ヨリ射チ上ゲルモ一策ナレドモ
初メカラ優位ノ高度ヲ下ゲルコトハ不可ナリ
岩井二空曹　落下傘降下セルヲ射撃セルガ其ノ良否如何
横山大尉　昨日ノ場合ハ他ニ未ダ目標ガアルトキニ之ヲ射ツベキデハナイ　又落下傘射撃ハ距離速力差ノ判定困難デアルカラ余リ之ヲ射ツコトハ感心スベキ事ニアラズ
高塚一空曹　出發前カツクノ事ニ就イテハ色々注意サレタニモ拘ラズ空戰前カツクヲＭＥＮニシテ増槽ノカツクヲ止ニシナカツタコトハ全ク不注意ナリキ
優位戰ニアリテハ側方ヨリ攻撃シ上方ヨリ圧迫ヲ加ヘル事ハ良策ト信ズ
第一撃ヲ加ヘタル時片脚ガ出タリ其ノ際ノ心境ハ壊シテモ良イカラ敵ヲ討タウト云フ考ヘナリシガ戰斗終了後宜昌ニ着陸スル時ハ壊シタクナイト思ヒタリ
然レ共遂ニ壊シタルハ遺憾トスル所ナリ
蓑輪隊長　カツクノ切換間違ニテ不時着シタル例ハ非常ニ多シ　平常ノ心構ヘガ大切ナリ
高塚兵曹ハ脚故障ノ爲飛行機ヲ壊シタノデアルガ其ノ處置ハ最初カラ最後迄最モ適切ニシテ満点ナリ
三上二空曹　Ｏ・Ｐ・Ｌ照準器ニ對シ体及顔ノ位置ニ依リ照準不可能トナル故ニ空戰前適當ノ位置ニ爲シ置ク可キナリ
蓑輪隊長　新ラシキ兵器ニ對シテハ出來得ル限リ上手ク使用出來得ル様研究ス可キナリ
平本三空曹　体力ニ明シテ昨日ハ風邪氣味ニテ六〇〇〇米以上ノ高度ヲ取ラバ視力衰ヘル如ク感ジ航空錠ニ依リ恢復ヲ計リタリ
横山大尉　模範的戰斗
一、見張發見早キコト
二、高度優勢ナルコト

三、編隊空戰適切ナルコト
四、警戒嚴ナルコト
五、左旋回シテ混乱セザルコト

見張第一

劣勢ナル時モ挽回可能ナリ

高度優勢ナレバ必ズ敵ヲ捕獲シ得ル

戰勢ニ依リテハ適切ナル獨断專行可ナルモ末田兵曹ノ場合ニ於ル如ク側下方ヨリノミ叩クハ一考ノ余地ナリ

伊藤大尉　敵ヲ發見シ之ヲ報ス時ノ第一義ハ前ニ出デバンクヲナス

彈丸ヲ射ツテ報ラセルハヤムヲ得ザル場合ノミニシテ自己ノ存在ヲ敵ニ感知セラルノ慮アリ

編隊ヲ離脱セル場合ニ於ル攻防力ハ極度ニ小トナル綜合威力ヲ發揮スル上ニ於テ三機一緒ニ行動スルハ絶対的ニ必要ナリ

蓑輪隊長　此レニテ研究會ヲ終ル　此ノ貴重ナル数々ノ参考資料、体驗失敗等談ヲ良ク頭ニ入レテ体ニ充分氣ヲ付ケテ来ル可キ戰斗ニ卽應シ得ル樣希望スル

一中隊一小隊二番機　一空曹　北畑三郎

時前ノ狀況

宜昌發進后約一時間二〇分后一三二〇分涪州上空ニ於テ燃料「コック」ガ主槽増槽共ニ使用中ナルヲ發見直ニ主「コック」ヲ止メトナシ主槽ノ殘量ヲ□スルニ左六〇立右七〇立ナリ以后敵發見マデ増槽ノミ使用　空戰モ増槽ヲ投下セズシテ實施ス

空戰概要

一四〇〇頃重慶南西約一五浬高度七〇〇〇米ニテ稍右寄リ反航スル敵戰斗機約三〇機發見「コツク」ヲ胴ニ切換ヘ右后上方ヨリ最右翼ニ占位スルN－一六ニ近接約一五〇米附近ヨリ射撃　敵ハ殆ンド分解狀態ニナリテ墜落　次デ切換シN16ヲ射撃兩翼後緣付根ニ二發胴体右側ニ一發約五〇糎程度ノ穴ガ明クノヲ見ルト同時ニ機首ヲ上ゲ次デ垂直降下トナリ稍水平ニ起キントシテ亦垂直降下ニ入ル撃墜不確實ナリ

以后乱戰僚機一〇機ト共ニN15七－八機ニ協同攻撃約一〇撃ヲ加フルモ白煙（燃料ノ噴出ナラン）ヲ吹ク程度ニテ撃墜出來ズ一四三〇頃之ノ戰斗圏外ヲ北方ニ逸走セントスルN15ヲ上方二〇〇米位ニ發見直チニ追跡ス　約二分ノ后下方ヨリ追尾射撃スルモ落シ得ズ、巴戰トナル敵ノ旋回半徑小サク射撃ノ機會ナシ我増槽アル故カ戰斗意ノ如クナラズ、一四三五之ヲ締メ元ノ場所ニ來ルニ己ノ僚機ノ姿ナシ　緩徐ナル旋回ヲ行ヒツツ空戰上空四〇〇〇ニ至ルモ僚機ナシ　白市駅上空四〇〇〇米ニテ飛行場ヲ見ルニ敵ラシキモノ二、三機アリ地上射撃ヲ企圖シ降下スルモ過速ニナリ不能ナリシカバ右旋回ヲナシツツ石馬州ヲ一五〇〇米ニテ偵察敵影ヲ認メズ次デ白市駅ニ

向フ
高度三〇〇〜一〇米マデ地上敵機及人（飛行機ニ約一〇米バカリ集リ居タリ）ヲ銃撃地上スレ〳〵マデ射撃スルモ炎上セズ燃料計器五〇立ト六〇立胴体ナシ増槽不明其ノ儘帰途ニ就ク
一四四〇白市駅發一四五五涪州上空着僚機ヲ認メ得ズ、單機ニテ歸投
一六〇五宜昌上空着　一六二〇着陸

所見

二〇粍機銃ハ極メテ有効ニシテ之ヲ以テスル撃墜極メテ容易ナリ　彈数ヲ今少シ多ク携行出來得ル様設計サレ度シ

一、低高度ノ空戰ハ零式ヲ以テシテハ複葉機ニ對シテ特ニ過速ニナリヤスシ

一、地面近クテ大角度ノ追躡射撃行ハントシテ地上ニ衝突セントセシコト一―二度アリ夢中ニナリテ敵ニ釣込マル故注意ヲ要ス
之ガ爲低高度空戰ハ極メテヤリ難シ（増槽ヲ附ケタル儘ナリシ爲其ノ関係アリシヤモ知レズ）

一、N15N16ハ座席非常ニ後方ナレバ中央翼附近ニ彈ノ入ルヲ認メルモ白煙ヲ噴ク程度ニテ落スニ時間ヲ要スル如ク感ゼラル

一、四〇〇浬進出シテ三〇分ノ空戰ハ零戰ヲ以テスレバ容易ナリ

後方視界悪ク空戰開始后硝煙ト油ニテ風房汚レ見張能力著シク低下ス
ＯＰＬ照準器ハ馴レルニ従ヒ非常ニ使ヒ良シ
本戰斗ハ絶好ノ協同攻撃トナリ非常ニ樂戰ナリキ
機銃七・七粍ノ故障中焼夷彈ニ依ルモノ大多数ナレドモ威力ノ大ナルヲ以テ片銃ノミデモ焼夷弾ヲ使用シ度シ

一中隊一小隊三番機　一空曹　大木芳男

一四〇〇重慶南西約一五浬ニテ前方高度約五千米附近ニ山岳ヲ背景トスル敵影二機ヲ認メコレヲ確ムルニ敵機約三十機ヲ發見セリ速カニ「バンク」及ビ機銃發射ヲ以テ中隊長ニ報告中隊長ノ突撃下令ニ依リ突撃ヲ敢行シ敵編隊ノ先頭ト覺シキＥ－十六ニ后上方攻撃一撃ヲ以テ撃墜速チニ引上ゲ宙返リヲ行ヒ第二撃ニ入ラントスルニ下方一面ニＥ－一五ガ飛散交走シ尚味方戰斗機ノ攻撃等アリテ目標選擇ニ暫シ逡巡スルガ如キ状況ナリ　編隊末尾ニ近ク逃ゲマドウＥ－一五ヲ捕捉シ後上側方攻撃二十粍彈命中ニ依リ敵機体ハ主翼飛散シ墜落セリ
以後乱戰ニ入リＥ－十五ヲ数撃射撃スルモ攻撃毎ニ目標を變換セルト二〇粍彈射盡セルヲ以ツテ容易ニ撃墜スルニ至ラズ時ニＥ－一六ノ降下逃避セントスルヲ發見コレヲ追尾攻撃セリ敵ハ上昇反轉ノ如キ姿勢ニテ避退セントセリコレヲ後下側方ヨリ保續攻撃セル時敵ハ火ヲ發セリ彼我ノ距離急激ニ近

接セリ敵搭乗者ハ火ヲ發スルト同時ニ落下傘ニテ脱出セリ

更ラニ高度ヲ上ゲ下方ニ乱戰中ノE－一五ニ對シ上方反覆攻撃ヲ行ヒタルモ過速ニ陷リ易ク舵ノ利キ重ク操作意ノ如クナラズ射撃困難ナリ從ツテ数撃攻撃スルモ撃墜スルニ至ラズ故ニ高度ヲ下ゲ角度アル追尾攻撃ニテE－一五ヲ捕捉シコレヲ至近ノ距離ニ追込ミ射彈ヲ浴ビセタル時敵ハ失速反轉ノ如ク引キ上ゲ頂点附近ニテ搭乗者ノ「ノケ反ル」ヲ認ム間モナク火ヲ發セリ時ニ左前上側方ヨリ味方戰斗機ニ追尾サレ降下シ來レルE－一五ノ爲ニ被彈一發同時ニ揮發油座席内ニ噴出シ濛気座席ニ充満シ呼吸困難トナレリ風房ヲ開キテ換気セントスレドモ風房ヲ開ク時ハ揮發油顔面ニ甚ダシクカヽリ効果ナシ再ビ全閉トナシ換気口ヲ全開トナシ風ヲ顔面ニ當テ少シク呼吸容易ニナルモ大シテ効ナシ今ハコレマデトE－一五ヲ数撃射撃セルモ有効ナル射撃出來ズ意識濛瀧ノ内ニ追尾攻撃セルE－一五ハ太キ白煙ヲ噴キ背面ノ儘降下セリ當時ノ呼吸極メテ困難ニシテ意識殆ンドナク最后ヲ見極ムル能ハズ撃墜不確實ナリ

一四三〇戰場ヲ引キ上ゲ燃料ニ自信ナキヲ以テ單獨二十一基地ニ一六〇〇帰着

降着ノ際敵彈ノ爲両車輪共「パンク」セルヲ知ル

所見

一、恵式二十粍ニヨル攻撃ハ命中効果共ニ極メテ良好ナリ、二十粍彈ヲ現在ノ二倍～三倍ノ携行シ得ルコトヲ切望ス。

一、七・七粍ノ焼夷彈ニ依ル故障空戰中三回アリ

一、低高度ニ於ル零式戰ノ空戰ハ過速ニ成リ易ク舵ノ利キ重ク相當困難ナリ從ツテ敵機撃墜ニ時間ヲ要ス

一中隊一小隊四番機　二空曹　藤原喜平

(一) 經過

一四〇〇重慶南西約十五浬高度約五〇〇〇米ニ敵戰斗機群約三十機發見

我高度七〇〇〇米ヨリ之ニ突撃E15型戰斗機ニ后上方ヨリ二〇粍射撃ヲ加ヘ二撃ニテ之ニ火災ヲ起サシメ撃墜ス。次E16型戰斗機空戰圏内ヨリ逃ゲルヲ發見之ヲ后上方ヨリ追撃スルニ敵ハ向首反撃互ニ射合ヲ行フ兩機共命中セズ

次ニ吾ノ左下方ニE15型戰斗機丁度良キ姿勢ニアルヲ以テ之ニ七・七粍機銃ニテ射撃三撃ニシテ座席前方ヨリ火ヲ吐キ左ニ傾キ墜落ス。以后味方機モ全機此ノ戰場ニ集合味方機優位左旋回「ズーマンダイヴ」ノ混戰ニナル

自分モ之ニ従ヒ良キ姿勢ノ敵機ニ捕捉射撃ヲ加ヘルモ墜落セズ、三撃ニシテ左銃故障（空中復旧不能）右銃ノミニテ射撃尓后E15型戰斗機發動機ヨリ白煙ヲ吐キツツ吾ノ下方（約五〇〇米）ニ發見之ニ攻撃過速ニナリ敵機ノ右下方避退時向首セラレ敵彈左翼端ニ四五發受ク

再ビ上昇切換ヘシ后上方ヨリ又一撃加ヘタルニ約十發ニシテ

打終ル時間一四三〇（空戰開始后三十分間）僚機ト共ニ帰途ニツク

宜昌着一六〇〇

本空戰ニ於テ撃墜機数E15型戰斗機二機（確實）

(二) 所見

零式戰斗機ヲ以テスル實戰ハ始メテニシテE15E16型戰斗機ニ對スル空戰ハ上昇力ニ絶体差アリ寧ロ高度差過ギタルタメ敵ニ向首反撃セラレ一撃必墜ヲ期シ難カリキ

(三) 機銃

二〇粍機銃ハ本空戰ニ鑑ミ其ノ威力大ニシテ必要欠クベカラザルモノト認ム

（二〇粍機銃ハ一撃ニシテ打盡シ七・七粍ノ左銃約400發射后第三位故障復旧不能ナリキ）

空曹長　山下小四郎

一、空戰性能（速力）差大ナル時敵機ニ對スル攻撃ハ過速ト成リ勝チニシテ彈丸命中率悪ク克尓后ノ攻撃ニ困難ヲ來ス事アリ過速トナサザル様注意ヲ要ス

一、零式戰対E－一五ノ如キ空戰ハ零式戰絶体優勢ナル為一機対数機トノ空戰モ容易ナリ（此ノ際敵ノ術中ニ墜ラザル様注意ヲ要ス）

一、旋迴圏少ナル敵機ニ対スル低空ニ於ケル空戰ハ高度差大ナルハ不可ニシテ二〇〇～三〇〇米附近ヨリハ後上方攻撃ヲ可ト認ム（高度差ナシノ垂直旋回ニ入ルハ此ノ際不可ト思考ス）

一、協同攻撃ヲ極力實施スルヲ可トス戰果極メテ大ナルヲ痛感ス、然レ共此ノ場合各機ハ見張ニ対シ充分ノ注意ヲ要ス

一二〇粍機銃ハ効果極メテ大ナレドモ携行彈数少キヲ以テ乱射セザル様特ニ注意肝要ナリ

一、空戰中彈丸ハ乱射トナリ勝ナルヲ以テ此ノ点充分注意ヲ要ス（射巨離遠キニモ拘ラズ射撃スルハ効果少ク吾ノ唯一ツノ武器ナル機銃彈ヲ消耗シ不利此ノ上ナシ）

一、奇襲ハ極メテ大ナレバ見張ヲ嚴ニナシ敵ニ先ンジテ敵ヲ發見シ奇襲スベキナリト思考ス

一、要スルニ空中戰斗ノ要訣ハ嚴重ナル見張ト旺盛ナル攻撃精神ノ發露ナリト思考ス

九月十三日重慶上空々戰經過概要

一中隊二小隊二番機　一空曹　末田利行

一三五五敵發見増槽落下高度六五〇〇敵高度四五〇〇附近小隊長ニ續イテ編隊攻撃ニ入ルモ過速ニテ射撃出來ズ引返ス此ノ時三八〇〇附近ニ落下傘降下セル敵一ヲ見ル下方二五〇〇附近ニE－一六E－一五十數機有ルヲ發見小隊長ト分離セル儘單機突撃E－一五ニ照準射撃敵機ハ稍右ニ傾斜シツツアル

トキ搭乗者ハ落下傘降下機ハ墜落セリ續イテ下方一三〇〇米附近ニ密集セル敵十機余リヲ味方六七機ト上方ヨリ連續射撃セリE－一五一機ハ左翼飛散火災ヲ起シテ墜落地上ニテ焼失シE－一五一機ハ垂直上昇ノ儘火ヲ發シ民家ノ五〇米附近横ニ墜落焼失セルヲ確認、此ノ時高度六〇〇米、此ノ時地上ヲ這ツテ逸走セントスル敵二機ヲ發見追撃ニ入リタル所恰度小隊長機ト合同シ共同シテ二機共地上ニ追ヒ詰メテ撃墜火災ヲ起シタルヲ確認シテ帰途ニツケリ時刻一四四〇途中白市駅飛行場ニ至リ地上E－一五ニ対シ掃射ヲ開始セル小隊長ニ續イテ掃射セルモ彈丸数發ニテ皆無トナリ小隊長ニ續イテ四撃スルモ照準威嚇ニ雷ル

一六一五分宜昌飛行場ニ小隊長ニ續イテ着陸

所見

一、乱戦時味方ト二回衝突ノ危険ニ合ヒ一度味方ノ射彈ガ頭上ヲカスメタリ

一、低空ニ於ケル空戦時敵機速力ノ少ト旋回圏ノ小サイ爲射撃ニ困難ヲ感ジタリ

一、敵機ノ反撃ニ数度逢フモ彈ハ左翼端及後方ニ流レタリ。空戦ハ殆ンド左空戦ノミ

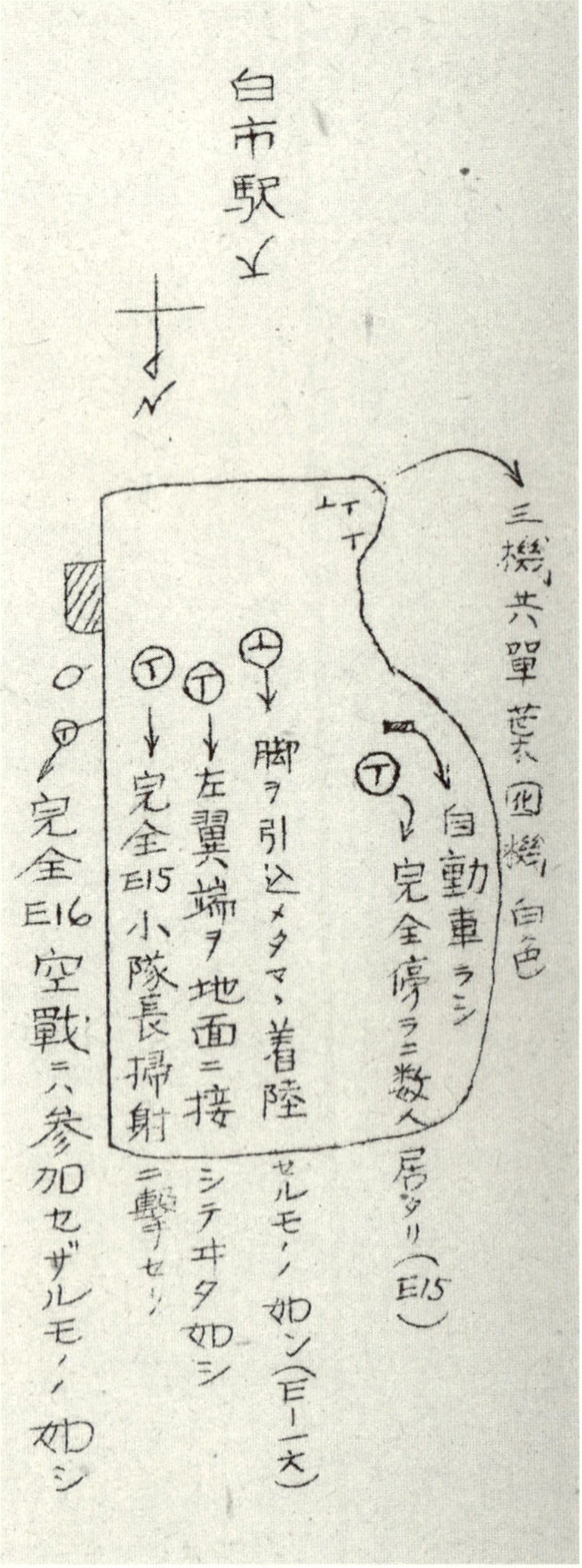

絶好ノ態勢ニ敵ヲ捕へ必墜ノ機會数回有リタルモ味方機ノ射彈及味方同志衝突予防ノ為射撃中止又ハ断念セルコト多シ

一、二〇粍七・七粍共全弾發射被弾ナシ

空戰經過概要　3/2D/1S　三空曹　山谷初政

一四〇〇E－一六E－一五ヨリナル敵戰斗機群約三十機發見一二番機ハ直チニ突撃開始セルモ我燃料嘴固キタメ増槽落下遅レ單機高度七〇〇〇米ニテ暫シ逡巡漸ク落下シ突撃ニ遷ラント降下シタルトキ白市駅飛行場西方ノ山ヲ超へ逃避セントスルE－一五三機ヲ發見、機ヲ逸セズ之ニ突撃ス敵高度約一〇〇〇米ナリ第一撃過速ニナリ攻撃止メ新対勢ヲトルモ敵気付カズ二撃目ニテ最後續機火災ヲ生ジ墜落三撃目ヲ開始セルトキ殘リノ後續機避退運動ヲスルモ前續機未ダ気付カヌ如ク水平飛行ノマヽ逃避セントセリ。之第三撃目ニ於テ「エンジン」ニ命中セルモノノ如ク白・黒ノ煙ヲ吐キツツ降下旋回ヲ初メタリト思フ間モナク操縦不能ラシク殆ンド垂直附近ノ姿勢ニテ地上ニ撃突セリ

（或ハ操縦者負傷シ居ルヤモ知レズト考フ勿論之ハ墜落前ノコト）

殘リ一機ニ攻撃開始セントスルトキ山脈ヲ越エテ約二〇機敵味方乱戰ノマヽ移動シ來レリ我モ殘リノ一機モ共ニ此ノ乱戰場ニ混入後漸次高度低下シ敵二〇〇米附近ノ時ニ敵六機程度味方ハカハル／＼三方ヨリ攻撃スルモ中々落ズ、ソノ中E－一五一機高度ヲトリツツ味方戰斗機ニ追尾スルモノノ如キ姿勢ヲトリタレバ直チニ之ヲ攻撃搭乗員ハ落下傘降下シ飛行機ハ地上撃突後低空ニテ索敵スルモ姿見エズ

又西方ノ山脈ヲ越エテ行クモ敵味方共見アタラズ單機歸途ニツク

途中味方戰斗機一機ガE－一五一機ヲ攻撃シタルヲ認メ之ニ参加、敵ハ白煙ヲ吐キツツ避退運動ヲトル、ソノ中味方又一機参加シ三機ニテ攻撃ス高度將ニ七〇米附近終ニ敵避退運動ヲトツタ拍子ニ地面ニ撃突火災ヲ生ゼリ時ニ一四三五ナリ後三機ニテ歸途ニツキ涪州一四五〇途中一中隊長ニ合同宜昌着一六〇〇ナリ

所見

一、二〇粍彈薬ヲ多量ニ欲シイ気ガセリ

一、後上方射撃后引上ゲル時尻ガ多分ニ痛シ

一、零式戰ニ於ル低空ノ空戰ハ過速ニナリ地上撃突ノオソレアリ注意ヲ要ス

空戰經過概要並所見　D/1D/2S　海軍中尉　白根斐夫

一、經過

指揮官機ト殆ンド同時敵機ヲ發見、我高度六〇〇〇米ヨリ突

撃シ
高度五〇〇〇米ヨリ降下逸走スル敵Ｅ－一五戰斗機群ニ突入其ノ一機ニ第一撃ヲ加フ二〇粍機銃ハ丁度敵機胴体ヲ挟ミ主翼后縁附近ニ集中セルモ過速ト角度深キタメ敵機ノ下方ニ避退急激ニ引起シタルタメ視力鈍リ該機ノ効果ヲ確認シ得ズ次イデ再ビＥ－一五ヲ求メ後上方ヨリ攻撃ニ移リケルニ高度差大ニ過ギ再度過速トナリ且僚機ノ全時ニ攻撃スルモノアルヲ認メ射撃セズシテ引返ス
尓后数旋回適當ニ高度差ヲツメ三度E15目掛ケテ後上方ヨリ第二撃ヲ加フ　之亦幾分過速気味ニテ敵ノ左急旋回避退追尾出來ズ第一撃同様効果ヲ認メズ敵機ノ下ニ避退引返ス　第三撃目全ジク敵Ｅ－一五ニ対シ射撃セシモ二〇粍左右各一發出タルノミニテ止リ七・七粍機銃出ズ直チニ上空ニ避退故障個所ヲ探究スルモ不明尓后空戰場上空ニテ見張監視ノ姿勢ヲトル
二、所見
一、今回空戰初期如キ敵機ノ一所集合スルニ対シ、多数機ニテ全時上方ヨリ攻撃スルタメ僚機ノ運動ニ相當制肘サレ見張リニモ注意ヲ殺ラシ充分ナル照準ガ出來ズ特ニ避退時ノ上方僚機ノ見張ニ意ヲ奪ハレル等編隊群空戰ノ經驗少キヲ遺憾ニ感ジタリ
二、實戰ニ於ル高度差ノ判定ノ困難ナルヲ痛感ス　特ニ零式ノ如キ高性能機ヲ以テＥ－一五戰ニ対スルトキハ直グ過速ト角度深キニ過ギ易キヲ以テ二〇〇乃至三〇〇米ノ高度差ヲ適當ト認ム
三、操縦装置ノ操作重ク且利キノ少キハ零式ノ缺点ナルモ今少シ軽ク且利キ良クスル手段ヲ考究スルノ要アリト認ム
四、機銃ハ戰斗機ノ魂ナリ故障絶無ニ対スル機銃ノ整備並ニ改良ノ要アリ
五、二〇粍機銃ノ乱射ヲ戒ムベキ七・七粍ト二〇粍トノ切換ヲ今少シ軽ク確實ナル装置ノ研究必要ナリ
六、長距離飛行並ニ高々度飛行ニ対シテハ充分ナル防寒用具ノ着装並ニ用意大切ナリ寒サノ疲勞ニ及ボス影響ハ極メテ大ナルモノアリト認ム
七、電話ノ完備ハ敵地上空ニ於ル搭乗員ノ精神狀態ニ非常ニ関係アリ。特ニ特別ナル敵情アルトキハ事前ニ其ニ対スル準備モ出来尓后相當有利ナル精神狀態ニテ戰斗シ得ベシ
八、攻撃精神旺盛ナル我ニ対シ敵ハ全ク戰意ナク戰斗ヲ通ジ終始絶体優勢ヲ保チ短時間ニ能ク敵ヲ殲滅シ得タルハ一ニ此ノ旺盛ナル攻撃精神ニ依ルモノナルヲ痛感ス

九月十三日重慶上空空戰經過概要

二中隊一小隊二番機　一空曹　光増政之

一四〇〇頃一中隊突撃ト同時ニ敵機多数（機数不明）ヲ發見ス高度約四〇〇米同時ニ小隊ヲ以テ突撃一撃后小隊長ト共ニ避退セシモ混戰トナリ小隊長機ヲ見失フト同時ニ増設槽落下

シ居ラザルニ気付キ一旦戰斗圏外ニ岁ゲ増設槽落下再ビ戰場ニ突入約四撃ニシテE－一五火災ヲ生ジ墜落漸次戰場ハ高度低下ト共ニ次第ニ北方ニ移動シ敵高度計器約五〇〇米味方高度計器一〇〇〇米ニ於テ敵機約十機ヲ包圍互ニ左旋回ヲ以テ淺キ后上方射撃ヲ以テ約十撃ニシテE－一五ノ操縦者ニ命中セルモノノ如ク一度機首ヲ上ゲ次ニ降下垂直旋回ノ如クナリテ墜落ス、暫時同戰場ニ於テ戰斗中E－一五一機離脱西方ニ逃走中ナルヲ發見直チニ之ヲ攻撃一撃ニシテ發動機ヨリ發煙セシモ墜落セズ引續キ反覆攻撃中暫時ニシテ味方機二機來リ共同反覆攻撃敵ハ避退シツツ高度ヲ低下シ畑中ニ突入ス。時ニ一四三五

依リテ三機集結涪州ニ向フ涪州ニ於テ一中隊長機ト合同歸投

一六〇〇頃宜昌着

被彈ナシ

所見

一、速力遲ク上昇力小ナル敵機ニ対シテハ淺キ後上方ヨリ速力ヲ殺シテ射撃セバ射撃時間長ク撃墜容易ナリ

一、高度低キ時敵ニ追尾敵避退セルヲ其ノ儘追尾セルハ過速トナル危険ナリ

一、機銃故障三撃ニシテ左銃前蓋後方止軸脱落射撃不能右銃四位故障

半装塡ヲ行ヒ發射可能トナルモ此ノ故障再三ニ止マラズ

二中隊一小隊三番機　二空曹　岩井　勉

經過概要　一四〇〇頃一中隊ノ突撃ニ依リ小隊長ト殆ンド同時ニ敵機夛数發見（敵高度四〇〇〇米附近二中隊高度七〇〇〇）直チニ増槽落下突入外側ニアリシE－一五一機ニ對シ後上方ヨリ入ル。其ノ時追尾中ノ他機之ヲ發火サシタルヲ以テ其ノ機ヨリ出タル落下傘ヲ一撃ス　其ノ直后高度ヲ下ゲ避退シアルE－一五一機ニ対シ后上方ヨリ一撃發火墜落セシム　敵機群高度ヲ下ゲタル爲味方モ一〇〇〇米以下ニ下グ混戰ニ入ル後上方ヨリ数撃行フモ高度低キ爲地面衝突ノ慮アルヲ以テ遠距離射撃ニ成ル一旦戰斗圏外ニ出デ高度ヲ下ゲ敵ト同高度附近ヨリ数撃二機E－一五ニ対シ燃料ヲ發セシム折カラE－一五一機圏外ニ避退セントスルヲ見後方ヨリ追撃發火墜落セシム　其ノ後圏内ニ戻リ二撃ス三撃目引金ヲ引クモ發射セズ一旦上方ニ引上ゲモウ一度把柄ヲ引クモ發射セズ

戰場上空ノ警戒ニ當ル（一四三一）

空戰開始后三十分ヲ過グ折カラ近接スル三上機ト合同（一四三五）宜昌ニ還ル（一五四五）萬縣ヨリ南東十五浬附近ニテ收容隊ノ一機ヲ見ル　被彈ナシ

所見

低空戰ニ於テハ（性能ノ相違大ナルトキ）優性能機ハ敵ト同高度附近マデ高度ヲ下ゲ速力ノ優勢ヲ利用シテ攻撃スレバ可ト思フ。高度ヲ優勢ニ保チ后上方ヨリ攻撃スルトキハ地面衝点

ノ慮レ大ニシテ必然遠巨離射撃ニナル
二〇粍ノ効果大ナリ、モウ少シ多数彈丸ノ携行出來ル事ヲ希望ス

1/2D/2S　一空曹　高塚寅一

一、経過

一四〇〇重慶西南約十五浬高度五〇〇〇米附近ニ敵戰斗機群約三〇機ヲ發見

我方高度七〇〇〇米直チニ突撃E15型戰斗機ニ后上方ヨリ第一撃ヲ加フ

二〇粍機銃彈兩翼根ニ同時ニ命中火災ト同時ニ兩翼分解撃墜ス。次ニ左翼後縁ニE15型戰斗機群發見高度差稍大キク思ハレルモ外側E15型戰斗機ニ后上方ヨリ攻撃ヲ加フ敵向首反撃ヲ以テ我ニ向フモ射撃セズ

上昇反轉ヲ行ヘル處ニ第二撃ヲ加フ敵ハ胴体両側ヨリ燃料ヲ噴キツツ垂直ニ降下視界外ニ出ル撃墜不確實ト認ム

此ノ戰斗中彼我戰斗高度低下シ大体高度二〇〇〇米附近トナル　我ガ方絶体優位戰トナリ敵ヲ下方八〇〇米乃至一〇〇〇米ニ追詰メタリ。我方期セズシテ左旋回トナリ攻撃ヲ継續

第三機目左旋回中空戰圏外ニ岁デントスルE15型戰斗機ニ後上方ヨリ攻撃一撃ニテ燃料噴出急降下ヲ以テ落下スルヲ見ルモ我方高度低ク急降下ノ爲引キ起シ視界外ニ出ル撃墜不確實ト認ム

此ノ攻撃ニ於テ高度差大キヲ認メ僚機旋回外ニ出デ敵機群ヨリ稍高キ高度ヨリ攻撃ヲ開始ス　二〇粍機銃彈ヲ三機目ニテ發射シ盡シ以后ハ七・七粍機銃ノミ使用　第四機目敵機群中稍高度アルE16型戰斗機圏内脱走ヲ認メ逸セズ追尾攻撃ヲ加ヘ高度約一二〇米附近迄追尾攻撃ス敵機ハ座席附近ヨリ眞白ナル煙ヲ噴キ急反轉ヲ以テ急降下脱走ヲ企テルニ我低高度ノ爲最后迄見届ルヲ得ズ急上昇ニウツル撃墜不確實ト認ム

本空戰ニ於テ

撃墜　確實　E15　一機
　　不確實　E15　二機
　　　　　　E16　一機

被彈　十三粍機銃彈？　二發

二、所見

(イ)　空戰

本空戰ニ於テ性能ノ異ナル敵機ヲ高度ヲ利シ上方ヨリ圧迫ヲ加ヘ期セズシテ僚機ハ左旋回ヲ以テ絶体優位攻撃ヲ行ヒタルハ特ニ良シト認メラル。

而シ乍ラ高度差稍多キ高度ヨリ急降下ニヨル攻撃ハ過速トナリ機ノ運動性ヲ欠ク点ヲ認ム依ツテ上方圧迫ヲ加ヘルト同時ニ編制勢力ノ何分ノ一カヲ側方攻撃實施ニ割クヲ良ト認メラル

(ロ)　機銃

二〇粍機銃ノ効果極メテ大ナリシ乍ラ携行彈数少ク二倍乃至三倍ノ携行彈数ヲ欲ス
七・七粍機銃ニ於テハ第四位ノ故障二回アリ　着陸后探究スルニ焼夷彈ニ依ルモノラシク認メラル　殘彈二〇〇發

2/2D/2S　二空曹　三上一禧

一、経過
一四〇〇重慶南西約十五浬高度五〇〇〇米ニ敵戰斗機約三十機ヲ發見
七〇〇〇米ヨリ直チニ突撃E15型戰斗機ニ対シテ二十粍射撃ヲ開始セバ右下方「エルロン」ヨリ直径一米位破損錐揉ミ墜下ス　次ノ攻撃ノ爲此ノ終局ヲ認メズ更ラニE－一五型ヲ捕捉稍追躡気味ノ射撃ヲ敢行スレバ墜落地上ニ撃突ス
上昇中味方零戰一機E16型ニ追躡中ヲ認メコレニ対シテ攻撃墜落スル迄追躡射撃ス
次ニE15型一機ト空戰敵ノ失速ヲ利用シテ射撃一撃ニテ命中地上撃突迄追躡ス
本空戰中ニ左翼ニ二發右翼ニ弾ノ敵彈ヲ受ケタル爲一四二〇單機帰途ニ就キ一五四五時二十一基地着陸
二、所見
(1)　今時空戰ノ如ク常ニ優位ヨリ攻撃スル場合ハ極端ナル高度差ハ極メテ射撃ニ困難ヲ來タス直チニ敵ハ向首反撃ニ移ル爲効果概シテ大ナラズ
(2)　敵ハ大キク運動シ舵ノ動キノ悪イ場合高度差二五〇～三〇〇ヨリ接敵スレバ追躡気味ノ射撃可能ニシテ効果大ナリ
(3)　二〇粍ノ機銃ノ威力極メテ大ナリ
飛行機ニ対スル破壊力モ大ナルガ附近ニ飛ブ二十粍機銃ノ彈片ニヨル精神的効果ノ戰斗ニ及ス点モ見逃スヲ得ズ

3/2D/2S　三空曹　平本政治

一四〇〇頃高度七〇〇〇米ニテ索敵中重慶西南約一五浬高度五〇〇〇米附近ニ約三十機ノ敵戰斗機群ヲ發見　小隊長ニ續イテ突入高度差ガアリ過ギテ第一撃ハ巧ク照準出來ズ第二撃目ニ速力ヲ殺シテ後上方ヨリ追尾ニ入リ敵ノ引上ゲタル處ヲ距離五〇―三〇米附近ニテ射彈ヲ浴セレバ忽チ黒煙ニ包マレテ火災ヲ吐キ墜落ス。后ニ火災ノ狀況ヲ考ヘルニ二〇粍彈ガ最モ奏効シタモノト思ハレル
尓后混戰狀態ニ入リ敵ニ数撃加フルモ容易ニ火災ヲ起サズ
敵機ノ高度四、五百米ニ下リ一機追尾シテ射彈ヲ送レドモ容易ニ落チズ殆ンド地面スレ〳〵迄追ヒツメ引上ゲルト敵ハ其ノ儘水田ニ突入大破シテ火災ヲ起ス
尓后低高度ニ於テ何十回トナク攻撃ヲ加ヘタルモ遂ニ仕止メルトコロ迄認メラレズ
途中一時機銃停止シ見レバ右銃既ニ殘彈ナク左銃ノミ殘ル

再ビ装塡シテ片銃ノミニテ攻撃ヲ加フ
聽テ時間モ迫リ附近ニ機影モ見エナクナリタルヲ以テ帰途ニ
ツク
光増兵曹ニ銃撃ヲ加ヘラレテ一機細イ煙ヲ吐イテ緩旋回中ノ
敵機ヲ認ム
見レバ今一機山谷機ト交戰中ノモノアリ
敵機ハ容易ニ墜落セズコノママ不時着シ搭乗員ハ助カルヤモ
知レズト思ヒ最后ノ一撃ヲ加ヘテ引上ゲルト敵機ハ畑ニ撃突
大破ス（以上三機何レモE－一五型）

一四三五　三機ニテ帰途ニツク　被彈ナシ
所見
終始戰斗ハ左戰斗ニテ混雜緩和シ攻撃ハ容易ニ行ハル　二〇
粍ノ効果ハ極メテ大ナルモノト認ム　携行彈数ヲ今少シ得タ
シ　E－一五型機ニ対シテハ攻撃ヲ加ヘテ后全力上昇スルト
高度差ガツキ過ギ尓后ノ攻撃至難トナル
空戰中尾脚出デ黄灯点ズ、燃料ハ胴体翼デ約二五〇立残り居
タリ

（終）

海軍搭乗員の階級呼称

区分		昭和4年5月10日より	昭和16年6月1日より	昭和17年11月1日より	参考・陸軍
士官	将官	海軍大将 海軍中将 海軍少将			
士官	佐官	海軍大佐 海軍中佐 海軍少佐			
士官	尉官	海軍大尉 海軍中尉 海軍少尉			
准士官		海軍航空兵曹長(空曹長)	海軍飛行兵曹長(飛曹長)	海軍飛行兵曹長(飛曹長)	准尉
下士官		海軍一等航空兵曹(一空曹) 海軍二等航空兵曹(二空曹) 海軍三等航空兵曹(三空曹)	海軍一等飛行兵曹(一飛曹) 海軍二等飛行兵曹(二飛曹) 海軍三等飛行兵曹(三飛曹)	海軍上等飛行兵曹(上飛曹) 海軍一等飛行兵曹(一飛曹) 海軍二等飛行兵曹(二飛曹)	曹長 軍曹 伍長
兵		海軍一等航空兵(一空) 海軍二等航空兵(二空) 海軍三等航空兵(三空) 海軍四等航空兵(四空)	海軍一等飛行兵(一飛) 海軍二等飛行兵(二飛) 海軍三等飛行兵(三飛) 海軍四等飛行兵(四飛)	海軍飛行兵長(飛長) 海軍上等飛行兵(上飛) 海軍一等飛行兵(一飛) 海軍二等飛行兵(二飛)	兵長 上等兵 一等兵 二等兵

注・支那事変以降、海軍では一般的に、「大佐」を「だいさ」、「大尉」を「だいい」といった。

零式艦上戦闘機各型の要目と性能

三二型	一一型 二一型	一二試艦戦	型式	
A6M3	A6M2	A6M1	略号	
11,000	〃	12,000	メートル	全幅
〃	9,060	8,660	メートル	全長
21.53	〃	22.44	平方メートル	翼面積
1,806	1,671	1,652	キロ	自重
2,644	2,389	2,343	キロ	全備重量
129	106	104	キロ/平方メートル	翼面荷重
栄二一型	栄一二型	瑞星一三型	発動機	
1,130	940	780	離昇馬力	
1100/2,850	950/4,200	875/3,600	一速　馬力/高度（メートル）	公称馬力
980/6,000			二速　馬力/高度（メートル）	公称馬力
2.7	2.5	2.7	キロ/馬力	馬力荷重
294/6,000	288/4,550	265/3,600	ノット/高度（メートル）	速力
7-19/6,000	7-27/6,000		分秒/高度（メートル）	上昇力
11,050	10,300		メートル	上昇限度
480-500	520	520	リットル	燃料搭載量
	1,250/180		カイリ/ノット	航続力
〃	〃	7.7ミリ×2 20ミリ×2	機銃	兵装
〃	〃	60キロ×2	爆弾	兵装
制限速力 360ノット	増槽使用時の航続力 1,890/180 速力（航本資料） 275/5,000	落下増槽容量 320〜330リットル （以下同じ）	備考	

＊速力の単位ノットは1時間に1カイリ（約1.852キロ）を進む速さを表わす。

零式艦上戦闘機各型の要目と性能

五四型丙	六 三 型	五二型丙	五二型乙	五二型甲	五 二 型	二 二 型
A6M8c	A6M7	A6M5c	A6M5b	A6M5a	A6M5	A6M3
〃	〃	〃	〃	〃	11,000	12,000
9,237	〃	〃	〃	〃	9,121	〃
〃	〃	〃	〃	〃	21.30	22.44
	〃	2,155	〃	1,894	1,786	1,867
3,300	〃	3,150	〃	2,743	2,723	2,710
155	〃	148	〃	129	128	121
金星六二型	〃	〃	〃	〃	〃	〃
1,500	〃	〃	〃	〃	〃	〃
1,350/2,000	〃	〃	〃	〃	〃	〃
1,250/5,800	〃	〃	〃	〃	〃	〃
2.6	〃	3.7	〃	2.8	2.8	2.8
309/6,000	293/6,000	290/3,350	〃	302/6,000	308/6,000	292/6,000
6-58/6,000	9-58/8,000		〃	7-1/6,000	5-40/5,000	
10,780	10,180	11,050			11,740	
	〃	500	〃	〃	570	580
	820/200					
20ミリ×2		20×2 13×3	20ミリ×2 13×1 7.7×1	〃	〃	〃
小型ロケット	250キロ	ロケット 爆弾	〃	〃	〃	〃
生産機は、六四型と呼ぶ予定 翼燃料槽は自動消火に戻す	落下増槽（150リットル）を翼下に装備	防弾鋼板	防弾ガラス 自動消火	ベルト給弾 制限速力 400ノット	制限速力 360ノット	制限速力 340ノット

——零戦搭乗員会編「海軍戦闘機隊史」より

さらにそれぞれの運命――あとがきに代えて

本書のメインテーマである、昭和十五（一九四〇）年九月十三日、重慶上空の「零戦初空戦」から七十八年が過ぎた。

試みに昭和十五年の七十八年前は、とみると、文久二（一八六二）年。武蔵国橘樹郡生麦村で、島津久光の行列を横切ったイギリス人たちを、供回りの薩摩藩士たちが殺傷した「生麦事件」が起きた年（旧暦八月二十一日、太陽暦で九月十四日）である。つまり、零戦のデビュー戦は、昭和十五年当時の人が、江戸時代末期の生麦事件を振り返るに等しいほどの、遠い昔の出来事となってしまったのだ。

いまや、参加搭乗員中、唯一存命の三上一禧氏のほかに、支那事変当時の零戦の戦いを知る人はおそらくいない。技術関係者も、零戦の漢口基地進出のとき、空技廠から派遣された高山捷一造兵大尉（のち技術少佐、空将）が平成二十九（二〇一七）年三月五日、百二歳の天寿を全うしたことで、もはや、新たに当事者の生の声を拾い集めることは不可能となった。

この空戦で零戦と戦った中華民国空軍のパイロットも、三上氏と徐華江氏が奇跡の「再会」を果たした平成十（一九九八）年現在、大陸に残って音信不通の者をのぞき、台湾で五名の健在が確認されていた（当時の日本側生存者は三名）が、生存パイロットの要であった徐氏が亡くなったことで、消息をたずねるすべがなくなった。戦争を生き抜いたつわものたちも、寿命から逃れることはできない。過去の取材ノートを読み返し、資料をひも解きながら、ときの流れの非情さを実感している。

だが、ここ数年で、新たに判明したこともある。そのうちのいくつかは、私自身が、当事者へのインタビューをもとに、これまで書いてきたことを覆すものだった。本書を著すにあたっては、そのあたりの人の「記憶」と残された「記録」とをいま一度虚心に洗い直し、改めるべきは改めることにつとめた。

新しくつながった人との「縁」もあった。零戦初出撃のときの十二空先任分隊長横山保大尉（のち中佐）の長女・方子さんと、慰霊祭で出会えたことである。

本書にもしばしば登場する横山中佐は、零戦隊を代表する指揮官の一人。「零戦初空戦」の指揮こそ進藤三郎大尉に譲ったが、特に中国大陸から開戦劈頭のフィリピン空襲にはじまる零戦隊の活躍は、その名を抜きにしては語れない。

横山氏は昭和五十六（一九八一）年三月三日、癌のため七十一歳で亡くなっていて、インタビューの機会がなかったことを返す返すも残念に思っていた。それだけに、娘の方子さんから、父・保氏の思い出を聞くことができたのは望外の喜びだった。

横山中佐（中佐進級は昭和二十年九月五日）は明治四十二（一九〇九）年八月十一日、横須賀で生まれた。十二空で零戦隊を率いたのちは、一空、三空、大村空で飛行隊長を務め、さらに二〇四空飛行長、南東方面艦隊兼第十一航空艦隊参謀などを歴任。筑波海軍航空隊（茨城県）飛行長を経て、九州の制空を担う第二〇三海軍航空隊飛行長として築城基地（福岡県）で終戦を迎えた。方子さんによると、横山中佐は復員後、筑波空勤務のときに居を構え、家族を残していた茨城県笠間市に戻り、地元の磯倉酒造に雇われて戦後の九年間を過ごした。

筑波空に食肉を納入していた業者の世話で、笠間稲荷の境内の一角に建つ、八畳二間に四畳半一間、それに二十畳程度の広さの土間がある家で暮らすことになったが、そこに横山夫妻と子供四人、弟家族五人、それに横山氏を頼ってきた旧部下たちなど、常時二十人前後もの人が暮らし、押し入れのなかでまで人が寝るようなありさまだった。人手はあるから、土間を利用して飲食店もやっていた。海兵でクラスメートの戦闘機乗り・新郷英城氏、小福田租氏、そして「初空戦」指揮官の進藤三郎氏などもしばしば訪ねてきたという。「そんなとき、父はほんとうに楽しそうでした。一緒に自衛隊に入る話で盛り上がったり……。生き残った仲間との友情は格別だったんじゃないでしょうか」

と、方子さんは回想する。その間、横山氏は笠間市の教育委員長にも選ばれている。

ところが、昭和二十九（一九五四）年、発足した航空自衛隊に二等空佐として入り、浜松基地（静岡県）の第一航空団副司令となった父に随って転校した小学五年生の方子さんを待っていたのは、世間の、自衛隊に対するすさまじいばかりの反感と偏見、それにともなう虐めだった。

「棒でたたかれ、石を投げられて……。副官が運転する車で父が出勤途中に襲撃されたこともありましたが、当時はそれが新聞記事にもならなかったですね。事件の翌日から父は私服で出勤するようになりました」

横山氏は、方子さんが中学三年だった昭和三十三年には、入間基地（埼玉県）の中部航空方面隊幕僚長となって、東京都の杉並、次いで小平市に転居する。

「埼玉県の高校に進学したんですが、そこでも先生が、『税金泥棒の子供は試験は受けなくていい』と言って、私と、もう一人いた自衛官の子供には定期試験の用紙を配ってくれないんです。父のことを税金泥棒と言われたのはショックでしたね」

平成が終わろうとするいま、幾多の大災害で自衛隊の活躍をまのあたりにし、多くの国民が自衛隊に親しみを持ち、敬意を抱くようになっている。そんな状況からは想像しにくいことだが、かつては、「自由」や「平和」、「人権」を標榜しながら自衛官を蔑視し、その家族の人格まで否定するような「世間」の風潮が、確実にあった。これは、忘れてはならない日本の戦後史の一断面である。

自衛隊時代の横山氏について、方子さんは、自宅に贈り物が届いてもいっさい受け取らず、手紙をつけて送り返していたことを憶えている。「李下に冠を正さず」、業者との癒着を疑われたり、後ろ指を指されたりすることを未然に防ぐ姿勢の表われだったのだろう。

昭和三十九年、空将補で航空自衛隊を退職、日本油脂株式会社（現・日油）に再就職したが、その頃から、夜になると深酒をするようになった。

「昭和四十年代、父が子供向けのテレビ番組に出て、零戦の話をするようになって初めて、戦争中の父のことを知ったんです。それまで家では、自分の海軍時代の話はいっさいしなかったですから。筑波空で、特攻隊を水杯で見送った話は衝撃でした……。番組を見た子供たちから手紙が届くと、その全部に丁寧に返事を書いていました」

方子さんは昭和十八年生まれだから、戦中の父の姿を憶えていないのは当然のことではある。だが、横山中佐に限らず、周囲や家族に、自らの戦争体験を語らなかった当事者は多い。歴戦の元軍人ほど、その傾向が強いように見受けられる。多くの戦友を亡くし、思い出したくない悲惨な過去の思い出、ということもあるだろう。だが、戦争中は英雄扱いで持ち上げておきながら、戦後、掌を返したように旧軍人を戦犯呼ばわりしたり、戦没者を無駄死に呼ばわりするようなメディアや「世間」に対し、沈黙を貫くことだけが、せめてもの抵抗だったのかもしれない。彼らの多くがようやく重い口を開くようになったのは、概ね戦後半世紀が過ぎた頃のことである。だが、語らぬままに寿命が尽き、鬼籍に入る人も少なくなかった。

そんな意味で、まさに戦後五十年の節目の年であった平成七（一九九五）年、横山氏の腹心の部下だった羽切松雄中尉と会えたことは、私にとって幸運だった。羽切氏は、一空曹だった昭和十五年十月四日、横山大尉（当時）率いる零戦八機の一員として成都空襲に参加、敵飛行場に着陸する離れ業を演じた「ヒゲの羽切」その人である。昭和十六年夏、過労による胃痙攣で内地に送還されたのち、筑波空教員を経て横須賀海軍航空隊で各種飛行実験にあたり、昭和十八（一九四三）年七月、ラバウルの第二〇四海軍航空隊に転勤。ソロモン諸島上空の激戦に参加した。

「八機を率いた最初の出撃で、敵上陸用舟艇を銃撃し、帰還して初めて、二機いなくなっていることに気づいた。二機がいつやられたかもわからず、改めてソロモンの戦いの激しさを思い知らされました。支那事変とは戦争の質が全然違っていましたね」

そして約二ヵ月、二〇四空のまさに要として戦い続けたが、九月二十三日、ブーゲンビル島ブイン基地上空の邀撃戦で被弾、重傷を負ってしまう。この日、早朝から空襲警報で発進した零戦二十七機が、ブイン西方で敵戦闘機約百二十機と激突。たちまち激しい空戦が繰り広げられた。羽切氏は二機を撃墜して三機めを攻撃しようとした瞬間、ものすごい衝撃を感じた。

「一瞬、操縦席が真っ暗になり、竜巻に放り込まれたようでした。機は海面めがけて墜落してゆく。操縦桿をいくら引き起こしても機首が起きない。

とっさに操縦桿に目を向けて驚きました。一生懸命引き起こしているはずの操縦桿に右腕はなく、勝手に座席の右下で汽車のピストンのように激しく上下している。『やられた！　右腕だ！』……やっと気づいて、私は左手で右手を持ち上げると、両手で操縦桿をぐっと引き起こすと同時に、エンジンのスイッチを切りました」

右肩の後方からグラマンF4Fの十二・七ミリ機銃弾が貫通、鎖骨、肩甲骨を粉砕する重傷で、二度と操縦桿は握れない、という軍医の診断だった。内地に送還されることになり、十月十日、病院船「高砂丸」でラバウルをあとにした。ラバウルを離れるその日、南東方面艦隊の航空参謀になっていた横山保少佐（当時）が、わざわざブインから見送りに来てくれた。

「羽切、もう戦闘機乗りはあきらめて、内地で療養に専念して、一日も早く元気になって後輩の指導をしてくれ。頼むぞ」

しかし、内地に帰った羽切氏は、驚異的な精神力でリハビリに励み、肩より上には絶対に上がらないと言われていた右腕を、棒を使って上げる訓練を一日何千回となく繰り返した。そして、ついにはふたたび操縦桿を握れるまでに回復し、わずか半年後の昭和十九（一九四四）年三月には三たび横空附となり、大空に復帰した。数次の本土防空戦で押し寄せる敵機と戦い続け、昭和二十（一九四五）年四月十二日、B-29の大編隊を邀撃したさいにふたたび被弾、右膝を砕かれる重傷を負い、入院中に終戦を迎える。

戦後は弟たちとトラック会社を興し、富士トラック株式会社を経営、さらに富士市議会議員を三期十二年、静岡県議会議員を四期十六年務めた。八年にわたり静岡県トラック協会会長も務めている。

昭和五十五年、三十数年ぶりに横山保中佐と再会したが、いつから歩行困難になったのか、付き添いの人の肩につかまってようやく歩く姿に愕然とし、疎遠を詫びたという。

「ぼくは思い返してみるとね、戦後三十何年というもの政治に没頭して、戦争のことを考えることはほとんどなかった。もったいないことをしたと思っています。

政治家として二十八年、海軍は十三年でそのうち戦闘機に乗っていたのが約十年。しかしその十年がね、言うに言えない充実感があった。欲も得もなく純粋に一生懸命に生きて、苦しいこと、楽しいこと、いつまで経っても忘れられない思い出がたくさんあります。海軍の頃は、自分自身の働きについても満足しているし、誇りにも感じています。人生振り返って、ぼくはやはり、政治家であるより戦闘機パイロットだった」

羽切氏は、私が出会った平成七年秋には、すでに癌におかされていた。家族には前立腺癌で手遅れ、と宣告されていたが、本人には告知されていなかったという。平成九（一九九七）年一月十五日、死去。享年八十三。

「重慶上空零戦初空戦」に続く、「成都敵飛行場強行着陸」について、後世、戦史家から激しい非難を浴び、それに対して羽切氏自身が遺稿となった手記のなかで反論していることは、本文に述べた通りである。強行着陸した搭乗員四名のうち、羽切氏をのぞく三名はのちに戦死している。

東山市郎空曹長は、第二六一海軍航空隊分隊長として、昭和十九年三月三十一日、ペリリュー島上空に来襲したグラマンＦ６Ｆと空戦した際、被弾、落下傘降下するも大火傷を負った。そしてサイパン島に送還されたが、そこで動けぬままに米軍の上陸を迎え、玉砕。戦死時、中尉。

中瀬正幸一空曹は、十二空から第三航空隊に転じ、開戦劈頭のフィリピン空襲を皮切りに第一線で活躍を続けたが、昭和十七年二月九日、セレベス島マカッサルで敵装甲車を銃撃したさい、敵の対空砲火を浴び自爆した。戦死時、一飛曹、二階級進級で少尉。昭和十八年一月一日付の「機密聯合艦隊告示（布）第二號」によると、

〈戦闘機小隊長トシテ菲島《ひとう》及東印作戦ニ従事攻撃參加十三回單独敵機十二機ヲ撃墜三機ヲ炎上セシメ友軍機ト協同十二機ヲ撃墜セリ〉

とある。乙種予科練五期を二番の成績で卒業した俊秀で、操縦技倆は天才的とも称され、その早すぎる死が惜しまれた。

大石英男一空曹は、昭和十九年九月十二日、二〇一空の一員として展開していたフィリピン・セブ基地が敵機動部隊艦上機による空襲を受けた際、基地指揮官だった飛行長中島正少佐の判断ミスで邀撃発進が遅れ、離陸直後の不利な態勢からの空戦で戦死した。当時、飛曹長。

十月四日の成都空襲で、上空支援にまわった四機の搭乗員も、横山大尉のほかの三名はのちに戦死している。白根斐夫中尉、山谷初政三空曹については、「零戦初空戦」にも参加しているので本文で述べた。残る有田位紀三空曹は、昭和十八年八月三十日、二五一空の一員としてブイン基地上空の邀撃戦でボートシコルスキーＦ４Ｕコルセアと空戦、未帰還となり戦死。当時、上飛曹。

いま一人、昭和十五年十一月一日付で漢口基地の十二空に加わり、のちに横山中佐と、妻どうしが姉妹の義兄弟となる蓮尾隆市中尉は、大尉となって、日米開戦後も三空分隊長としてつねに横山氏と行動をともにし、零戦の快進撃を支えた。その後、北千島防空を担う第二八一海軍航空隊飛行隊長、次いで飛行長となり、

米軍の中部太平洋侵攻を受けて昭和十八年十一月、マーシャル諸島ルオット島に進出。来襲する米軍機と激しく戦ったが、やがて零戦の大部分は地上で破壊され、昭和十九年二月一日、米軍の上陸を迎える。ルオットの守備隊は二月六日に玉砕、飛行機を失った二八一空の隊員たちも陸戦隊とともに戦ったはずだが、部隊が全滅したため、蓮尾大尉の最期の状況はわからない。玉砕後、米軍が鹵獲した日本軍書類のなかから蓮尾大尉の航空記録が発見され、戦後、日本に返還された。

大東亜戦争（太平洋戦争）が日本の降伏により終結してから、平成三十年で七十三年。

終戦時、三千九百六名いたとされる零戦搭乗員は、戦後五十年の平成七年には千百名になり、戦後六十年の平成十七年には約六百名、いまや約百五十名を残すのみとなった。存命搭乗員の最年長は、大正六年五月生まれ、百一歳の三上一禧氏、最年少は昭和三年十一月生まれの九十歳である。

零戦や大東亜戦争の、当事者の証言を新たに掘り起こすことはもはや困難だが、遺された資料や、私自身が四半世紀近いインタビューを通じて積み重ねた、数百名――いまやほとんどが故人である――におよぶ証言から、いまだ語られざる事実を発掘し、スポットを当ててゆく試みは、これからも地道に続けていきたいと思っている。

遠い昔の話ではあるけれど、「戦時中」はけっして、現代と断絶した過去ではない。「零戦初空戦」を戦った三上一禧氏が、その日から七十八年を経てなお健在であるように、現在は、過去から連続した時間の延長線の上にこそ成り立っているのだ。

歴史は、途切れることのない時間軸を取り巻く、人々の行為や情念の積み重ねである。「あの戦争」を現代の高みから見下ろすだけでなく、当時の視線で正しく認識することこそが、ふたたび同じ過ちを繰り返さないための第一歩になるのではないだろうか。

最後に、本書の取材にご協力くださったすべての皆様、出版の労をとってくださった潮書房光人新社の坂梨誠司氏に、心より御礼申し上げます。重慶上空で戦い抜いた中華民国空軍パイロットの健闘をたたえ、大空に散った敵味方の戦士たちのみたま安かれと祈りつつ。

平成三十年十二月

神立尚紀

取材協力、資料・談話提供者

海軍関係

青木與、青戸廣二、淺村敦、吾妻常雄、阿部三郎、阿部安次郎、荒井敏雄、飯野伴七、池田良信、生田乃木次、壹岐春記、石井惇、石川四郎、泉山裕、伊藤仙七、一宮栄一郎、稲田正二、井上広治、今泉利光、今中博、岩井勉、岩倉勇、岩下邦雄、岩田勇治、植松眞衛、内田稔、梅林義輝、江上純一、江原三郎、大石治、大川原要、大澤重久、大竹典夫、大西貞明、大原亮治、長田利平、尾関三郎治、小野清紀、小野了、香川克己、香川宏三、笠井智一、柏倉信弥、加藤清、香取穎男、神山猛次、北沖道行、木名瀬信也、栗林久雄、黒澤丈夫、桑原和臣、国分道明、小町定、佐伯正明、佐伯美津男、佐伯義道、坂井三郎、堺周一、榊原喜與二、坂本武、相良六男、佐々木原正夫、佐藤繁雄、真田泉、澤田祐夫、志賀淑雄、島地保、下山栄、新庄浩、進藤三郎、杉田貞雄、須崎静夫、鈴木實、鈴木英男、鈴村善一、高岡迪、高田幸雄、高原希國、多胡光雄、立澤富次郎、田中公夫、田中國義、田中昭吉、田中友治、谷口正夫、谷水竹雄、田淵幸輔、千脇治、角田和男、椿孟、津曲正海、寺島幸夫、堂本吉春、戸口勇三郎、豊田一義、内藤徳治、内藤千春、内藤宏、内藤祐次、長先幸太郎、中島大八、中島正、中島三教、中西健三、長野道彦、中村輝雄、中村佳雄、中谷芳市、西村友雄、野田新太郎、羽切松雄、橋本勝弘、畠山金太、花川秀夫、林常作、林藤太、速水経康、原田要、土方敏夫、日高盛康、平野晃、藤田怡与蔵、藤田昇、藤本速雄、藤本道弘、細川八朗、細田圭一、前原正三、松崎豊、松田章、松村正二、丸尾穂積、丸山泰輔、三上一禧、水木泰、三森一正、宮崎勇、宮本治郎、望月慶太郎、本島自柳（大淵珪三）、森永隆義、柳井和臣、柳谷謙治、山川光保、山岸茂助、山口慶造、山田良市、山本精一郎、湯野川守正、横山岳夫、吉岡六郎、吉田勝義、吉野治男、渡辺正、渡辺秀夫（以上搭乗員）

池田正、伊勢田達也、伊藤安一、岡田貞寛、岡野允俊、梶原貞信、加藤種男、角信郎、川口正文、桑島斉三、河本広中、児玉武雄、小林貞八郎、小谷野伊助、塩崎博、清水芳人、砂田正二、竹内釼一、武田光雄、竹林博、陳亮谷、寺田健、豊島俊夫、中山弘二、萩原一男、羽田正、萬代久男、日野虎雄、福山孝之、冨士信夫、前田茂、松永市郎、村上俊博、本村哲郎、森敏夫、門司親徳、守屋清、山鳥次郎

遺族・親族

青木春日、岡部哲治、佐藤千代、樫村千鶴子、進藤和子、鈴木隆子、樽谷博光、富樫ヨコ、羽切貞子、日比野まり子、松井方子、水木初子、宮野善靖、宮崎その、宮崎守正、宮崎行弘、山下佐知

技術

緒方研二、風見博太郎、川口宏、高山捷一、松平精

一般・その他

徐華江、柴田武彦（防衛庁防衛研究所主任研究官）、吉良敢、菅野寛也、高城肇、中村泰三、服部省吾、三田宏也、森川貴文、渡

辺洋二

中華民国空軍軍官学校、中華民国空軍第四聯隊、（財）海原会、全国甲飛会、丙飛会、二〇四空会、二〇五空会、三四三空剣会、五八二空花吹会、海軍ラバウル方面会、伊藤忠ネイビー会、交詢社ネービー会、昭八会、八千代会、零戦搭乗員会、ＮＰＯ法人零戦の会

参考文献・資料

市販書籍

『修羅の翼』角田和男著・光人社、『道を求めて』黒澤丈夫著・上毛新聞社、『空と海の涯で』門司親徳著・毎日新聞社、『回想の大西瀧治郎』門司親徳著・光人社、『伝承・零戦』（第一集〜第三集）秋本実編・光人社、『回想のラバウル航空隊』守屋清著・光人社、『カメラと戦争』小倉磐夫著・朝日ソノラマ、『日本系譜総覧』日置昌一編・講談社、『必中への急降下』『闘う海鷲』『闘う零戦』『異端の空』『遥かなる俊翼』渡辺洋二著・文藝春秋、『首都防衛三〇二空』『大空の戦士たち』『大空のエピソード』渡辺洋二著・朝日ソノラマ、『戦闘機屋人生』前間孝則著・講談社、『マッカーサーの日本』カール・マイダンス写真集・講談社、『ヤンキー放浪者』デビッド・ダグラス・ダンカン写真集・ニッコールクラブ、『秘蔵の不許可写真1、2』毎日新聞社、『あゝ航空隊　続日本の戦歴』毎日新聞社、『高木海軍少将覚書』毎日新聞社、『日本軍艦戦記』文藝春秋、『日本航空戦記』文藝春秋、『阿見と予科練』阿見町、『航空賛歌五十年』伊藤良平著・日本評論社、『あゝ予科練』産経新聞社、『等身大の予科練』常陽新聞社、『日本ニュース映画史』毎日新聞社、『特攻の思想』草柳大蔵著・文藝春秋、『あの戦争〜太平洋戦争全記録（上、中、下巻）』産経新聞社、『海軍予備学生零戦空戦記』土方敏夫著・光人社、『小松物語』浅田勁著・かなしん出版、『真珠湾攻撃総隊長の回想　淵田美津雄自叙伝』・講談社、『高松宮日記（全八巻）』中央公論社、『戦史叢書（10・ハワイ作戦ほか、海軍関係全三十二巻）』防衛研修所戦史室・朝雲新聞社、『戦時行刑實録』戦時行刑實録編纂委員会編・矯正協会、『坂井三郎空戦記録』坂井三郎著・出版協同版、講談社版、『大空のサムライ（正・続・戦話編）』坂井三郎著・光人社、『写真・大空のサムライ』・光人社、『敷島隊の五人』森史郎著・光人社、『空母零戦隊』岩井勉著・文藝春秋、『大空の決戦』羽切松雄著・文藝春秋、『日本空母戦史』木俣滋郎著・図書出版社、『零戦―日本海軍の栄光』マーチン・ケイディン著・産経新聞社、『日本海軍艦艇写真集（各巻）』光人社、『海軍中将中澤佑』中澤佑刊行会編・原書房、『軍艦長門の生涯』『山本五十六』『米内光政』『井上成美』『春の城』阿川広之著・新潮社、『日本海軍に捧ぐ』阿川弘之著・ＰＨＰ研究所、『高松宮と海軍』阿川弘之著・中央公論社、『カウラの突撃ラッパ』中野不二男著・文藝春秋、『海軍技術戦記』・図書出版、『ミッドウェー戦記』亀井宏著・光人社、『ミッドウェー』奥宮正武、淵田美津雄著・出版協同社、『神風特別攻撃隊』中島正、猪口力平著・出版協同社、『零戦』堀越二郎、奥宮正武著・出版協同社、『指揮官空戦記』小

福田租著・光人社、『空母艦爆隊』山川新作著・光人社、『自伝的日本海軍始末記』高木惣吉著・光人社、『戦時用語の基礎知識』北村恒信著・光人社、『海軍航空隊全史』奥宮正武著・朝日ソノラマ、『零式戦闘機』柳田邦男著・文藝春秋、『空母翔鶴海戦記』福地周夫著・出版協同社、『ラバウル海軍航空隊』奥宮正武著・朝日ソノラマ、『予科練のつばさ』乙七期会・光人社、『バラレ海軍設営隊』佐藤小十郎著・プレジデント社、『海軍アドミラル軍制物語』『海軍ジョンベラ軍制物語』雨倉孝之著・光人社、『大東亜戦争　海軍作戦写真記録Ⅰ・Ⅱ』大本営海軍部・朝日新聞社、『ソロモン戦記』福山孝之著・光人社、『不滅の零戦』・潮書房、『無敵の戦闘機・紫電改』・潮書房、『スーパー零戦　烈風図鑑』・潮書房、『海鷲の航跡』海空会編・原書房、『海軍戦闘機隊史』零戦搭乗員会編・原書房、『日本の軍装　1930〜1945』中西立太著・大日本絵画、雑誌『大洋』昭和十九年六月号「海軍戦闘機隊座談会」・文藝春秋

私家版

『大西瀧治郎』故大西瀧治郎海軍中将伝刊行会編、『英霊の島を訪ねて』門司親徳著、『神風特別攻撃隊員之記録』零戦搭乗員会編、『特別攻撃隊』（財）特攻隊戦没者慰霊平和祈念協会、『商船が語る太平洋戦争＝商船三井戦時船史』野間恒編、『飛魂〜海軍飛行科第九期、第十期予備学生出身者の記録』、『海軍想い出すまま』岡田貞寛著、『ミッドウェー海戦と源田参謀の無能』柴田武雄著、『六十期回想録』昭八会編、『無二の航跡』海兵六十二期会編、『第六十五期回想録』海兵六十五期会編、『海軍神雷部隊』神雷部隊戦友会編、『三四三空隊史』三四三空会編、『ひと筋に歩んできた道』内藤祐次著、『海軍中攻史話集』中攻会編、『海軍時代と戦後の思い出』高橋敬道著、『航空魚雷ノート』九一会、『ブインよいとこ』守屋清著、『航空母艦蒼龍の記録』蒼龍会編、『佐多大佐を偲ぶ』、『空将新郷英城追想録』、『川田要蔵君を偲ぶ』、『日本海軍史（全十一巻）』（財）海軍歴史保存会著、『三菱重工名古屋航空機製作所二十五年史』、『山本長官の想ひ出』三和義勇著、『江田島の契り（正、続）』海兵六十六期会編、『二〇一空戦記』二〇一空会編、『海空時報』（合本・上、下）海空会編、『日本海軍航空史』海空会編、『海軍空中勤務者（士官）名簿』海空会編、『旧海軍の常設航空隊と航空関係遺跡』海空会編、『五甲飛空ゆかば』五甲飛会・文藝春秋、『ソロモンの死斗』ソロモン会編、『予科練の群像』大分県雄飛会編、『第三五二海軍航空隊の記録』三五二空会編、『海軍ラバウル方面会会報』

未公刊資料・その他

徐華江中尉（中華民国空軍）日記および手記、中華民国空軍第四聯隊隊史館所蔵資料、中華民国空軍軍官学校所蔵資料、藤原喜平少尉航空記録、蓮尾隆市大尉航空記録、黒澤丈夫少佐航空記録、青木與一空曹航空記録、羽切松雄中尉航空記録、角田和男中尉航空記録、壹岐春記少佐航空記録、山本栄大佐陣中日記、宮野善治郎大尉日記、角田和男中尉日記、橋本勝弘中尉手記、佐々木原正夫少尉日記、大野竹好中尉手記（遺稿）、中澤政一一飛曹日記（遺稿）、進藤三郎少佐手記、鈴木實中佐手記、長田利平一飛曹手記、杉田貞雄一飛曹手記、林藤太大尉手記、吉野治男少尉手記、

丸山泰輔少尉手記、大西貞明少尉手記、羽切松雄中尉手記、今泉利光上飛曹手記、志賀淑雄少佐手記、山口慶造飛曹長手記、門司親徳主計少佐手記、江間保少佐手記、島毅軍医大尉手記、周防元成少佐・志賀淑雄少佐 空技廠テスト飛行ノート、『空母加賀戦闘機隊空戦記』柴田武雄著、『二〇四空概史』柴田武雄著、『二〇四空隊員座談会速記録』二〇四空会、十二空記念アルバム、海兵六十期記念アルバム、海兵六十二期記念アルバム、海兵六十五期記念アルバム、海兵六十六期記念アルバム、海兵六十二期兵学校教科書（各科目）、『偵察員須知』第十三聯合航空隊司令部、『零式艦上戦闘機五二型取扱説明書』晃部隊（三六一空）、航空図各種、『昭和十九年度元山空飛行機操縦法参考』元山空、『昭和十九年度日米主要軍用機要目一覧表』元山空、『オーラル・ヒストリー山田良市（元航空幕僚長）』防衛研究所、『Air Powerとその変遷』山田良市著・航空自衛隊、『源田實元空幕長を偲んで』山田良市著・航空自衛隊、軍機布哇作戦（原本・個人蔵）、戦闘機隊奥地空襲戦闘詳報（原本・個人蔵）、十四空戦闘詳報（原本・個人蔵）、飛行機隊戦闘行動調書（十二空、二空、三空、四空、六空、台南空、谷田部空、筑波空、横空、二〇一空、二〇二空、二〇四空、二一〇空、二二一空、二五一空、二五二空、二五三空、二八一空、三〇一空、三三一空、五〇一空、五八二空、七〇一空、七〇五空、七五三空、鳳翔、龍驤、赤城、加賀、蒼龍、飛龍、翔鶴、瑞鶴、隼鷹、飛鷹、龍鳳、瑞鳳ほか。防衛省防衛研究所蔵）、飛行機隊戦闘詳報、戦時日誌（一聯空、二聯空、三聯空、十二空、十三空、十四空、十五空、鹿屋空、一空、木更津空、二〇二空、二〇五空、三四三空ほか。防衛省防衛研究所蔵）、海軍航空本部支那事変日記（防衛省防衛研究所蔵）、「S戦闘機隊戦時日誌」三三一空、三八一空、「二十六航戦先任参謀覚書」柴田文三大佐（防衛省防衛研究所蔵）、「二一〇空編制表」、「厚木空編制表」、「機密聯合艦隊告示者名簿」（防衛省防衛研究所蔵）、「辞令広報（海軍省・各号）」（防衛省防衛研究所蔵）、「海軍航空基地略号」（防衛省防衛研究所蔵）、「横空戦闘機隊名簿」昭和十九年、二十年、「昭八会名簿」、「海兵六十六期生名簿」、「海兵七十期生名簿」、『海軍兵学校出身者（生徒）名簿』、『海軍義済会員名簿（昭和十七年七月一日調）』、零戦搭乗員会会報「零戦」創刊号（昭和五十三年）～四十九号（平成十四年）、「月刊豫科練（各号）」財団法人海原会、「甲飛だより（各号）」全国甲飛会、「雄飛（各号）」雄飛会、「へいひ（各号）」丙飛会、昭和12年～20年新聞各紙

装幀　熊谷英博

零戦隊、発進！
「無敵零戦」神話の始まり

2019年 1月11日 第1刷発行

著　者　神立尚紀

発行者　皆川豪志

発行所　株式会社　潮書房光人新社

〒100-8077
東京都千代田区大手町 1-7-2
電話番号／03-6281-9891（代）
http://www.kojinsha.co.jp

印刷製本　サンケイ総合印刷株式会社

定価はカバーに表示してあります。
乱丁、落丁のものはお取り替え致します。本文は中性紙を使用
 ISBN978-4-7698-1667-6 C0095